高等院校小学教育专业系列教材

数与代数项目化教程

主　编　刘毛生
副主编　刘　乐　王娜娜
参　编　梁海燕　徐　璇　李　琴

同意发行
臧延新
2022.10.19

西安电子科技大学出版社

内容简介

本书在充分调研了小学教育专业学生对高等代数基础知识掌握理解的基础之后，采用“任务驱动”模式进行编写，力图借助“教、学、做”一体化的教学模式，达到学以致用的效果. 本书共设置5个项目，分别是预备知识、一元多项式、行列式、线性方程组与矩阵、矩阵的运算及初等矩阵. 本书编写模式新颖，案例贴近生活，增加了知识性和趣味性，内容结构合理，层次清楚.

本书既可作为本科和高职高专小学教育专业的教学用书，又可作为工科学生的参考用书.

图书在版编目(CIP)数据

数与代数项目化教程/刘毛生主编. —西安：西安电子科技大学出版社，2022.9
ISBN 978-7-5606-6636-5

Ⅰ. ①数…　Ⅱ. ①刘…　Ⅲ. ①高等代数　Ⅳ. ①O15

中国版本图书馆CIP数据核字(2022)第160208号

策　　划　李鹏飞　李伟
责任编辑　于文平
出版发行　西安电子科技大学出版社(西安市太白南路2号)
电　　话　(029)88202421　88201467　　邮　　编　710071
网　　址　www.xduph.com　　电子邮箱　xdupfxb001@163.com
经　　销　新华书店
印　　刷　陕西天意印务有限责任公司
版　　次　2022年9月第1版　2022年9月第1次印刷
开　　本　787毫米×1092毫米　1/16　印张13.5
字　　数　281千字
印　　数　1～3000册
定　　价　45.00元
ISBN 978-7-5606-6636-5/O

XDUP 693800　1-1

如有印装问题可调换

前　言

本书是在调查了解了小学教育专业对高等代数知识需求的前提下，分析了小学教育专业教学改革的趋势，同时结合“行动导向教学法”，对知识模块进行重构的项目化教材. 为达到小学教育专业人才培养方案中的要求，通过实际生活中的案例或专业案例引入相关知识，形成“教、学、做”一体化的学习模式，突出对学生分析能力、实践能力和解决问题能力的培养，强化职业技能训练. 本书的专业应用案例和拓展模块(小学数学教学应用)，把代数知识和小学教育专业知识相结合，力图使学生感到学有所需、学有所用，变“要我学”为“我要学”，激发学生的学习积极性.

本书具有以下特点：

(1) 立足专业特点，贴近小学教育专业. 充分考虑了小学教育专业的需求，舍弃了难度大的证明过程，降低了学习难度，便于学生的学习.

(2) 编写模式新颖，以任务驱动为主线，进行项目化教学.

(3) 案例贴近生活，通过生活中常遇到的问题，使数学由抽象变具体.

(4) 设置专业应用案例和拓展模块(小学数学教学应用). 注重小学教育专业技能培养.

(5) 增加了知识性和趣味性. 每个项目的数学文库主要介绍本章节数学内容产生历史，从而提高学生学习数学的兴趣.

(6) 渗透爱国主义教育. 从不同的角度挖掘思政元素，充分激发学生探索数学的热情，进而培养学生的爱国情怀.

本书分五个项目，由刘毛生担任主编，刘乐、王娜娜担任副主编，梁海燕、徐璇、李琴参与了编写. 在编写过程中我们得到了学校、师范学院、数学教研室领导和老师以及宜春市第九小学彭江红、宜春市黄颇小学黄金萍、宜春市芦洲小学彭书婷的大力支持与帮助，在此一并感谢.

由于时间仓促，书中难免有不妥之处，真诚希望广大读者批评指正.

编　者

2022 年 5 月

目　录

项目一　预备知识

【数学文库】　　数的发展史

数是各种具体量的抽象概念. 从历史上看，人类对于数的认识，大体上是按照以下的逻辑顺序进行的：

自然数→正有理数→非负有理数→有理数→实数→复数

自然数的产生，起源于人类在生产和生活中计数的需要. 开始只有很少几个自然数，后来随着生产力的发展和记数方法的改进，人们逐步认识了越来越多的自然数. 从某种意义上说，幼儿认识自然数的过程，就是人类祖先认识自然数过程的再现.

随着生产的发展，在土地测量、天文观测、土木建筑、水利工程等活动中，都需要进行测量. 在测量过程中，常常会发生度量不尽的情况，如果要更精确地度量下去，就必然产生自然数不够用的矛盾. 这样，正分数就应运而生. 据数学史书记载，三千多年前埃及纸草书中已经记有关于正分数的问题.

最初人们在记数时，没有"零"的概念. 后来，在生产实践中，需要记录和计算的东西越来越多，逐渐产生了位值制记数法. 有了这种记数法，零的产生就是不可避免的了. 我国古代筹算中，利用"空位"表示零，公元 6 世纪，印度数学家开始用符号"0"表示零，但是，把"0"作为一个数是很迟的事. 后来，为了表示具有相反意义的量，负数概念就出现了.

数的概念的又一次扩充源于古希腊. 公元前 5 世纪，古希腊毕达哥拉斯(Pythagoras，约公元前 580 年～前 500 年)学派发现了单位正方形的边长与对角线是不可公度的，为了得到不可公度线段比的精确数值，无理数便产生了. 当时只是用几何的形象来说明无理数的存在，至于严格的实数理论，直到 19 世纪 70 年代才建立起来.

数的概念的再一次扩充，是为了解决数学自身的矛盾. 16 世纪前半叶，意大利数学家塔尔塔利亚发现了三次方程的求根公式，大胆地引用了负数开平方的运算，得到了正确答案. 由此，虚数作为一种合乎逻辑的假设得以引进，并在进一步的发展中加以运用，成功地经受了理论和实践的检验，最后于 18 世纪末至 19 世纪初确立了虚数在数学中的地位.

直到 19 世纪初，从自然数到复数的理论基础并未被认真考虑过. 后来，由于数学严密性的需要以及公理化倾向的影响，人们开始认真研究整个数系的逻辑结构. 从 19 世纪中叶起，经过皮亚诺(G. Peano)、康托尔(G. Cantor)、戴德金(R. Dedekind)、威尔斯特拉斯

(K. Weierstrass)等数学家的努力，建立整个数系逻辑的工作得以完成.

近代数学关于数的理论是在总结数的发展历史的基础上，用代数结构的观点和比较严格的公理系统加以整理而建立起来的. 首先建立自然数系，并将其作为数的理论系统的基础，然后逐步将其加以扩展. 一般采用的扩展过程是：

$$\underset{(\text{自然数集})}{\mathbf{N}} \longrightarrow \underset{(\text{整数集})}{\mathbf{Z}} \longrightarrow \underset{(\text{有理数集})}{\mathbf{Q}} \longrightarrow \underset{(\text{实数集})}{\mathbf{R}} \longrightarrow \underset{(\text{复数集})}{\mathbf{C}}$$

任务 1　数的概念

※任务内容

(1) 完成数的概念相关的工作页；

(2) 学习自然数、实数、复数的概念及复数的运算.

※任务目标

(1) 了解自然数产生的历史背景；

(2) 理解自然数、实数、复数的概念；

(3) 掌握复数的运算.

※任务工作页

1. 珠穆朗玛峰的高度为________.

2. 复数 3－i 的实部为________，虚部为________.

3. 两个复数相等的条件是________.

4. 实数包括________和________.

5. 奇数一定能写成两平方数之差吗？如果能，请写出.

1.1　相关知识

数的概念是在人类社会生产与生活中产生和发展起来的，数学理论的研究和发展也推动着数的概念的发展，数已经成为现代社会生活与科学技术研究都离不开的科学语言和工具. 数的出现是为满足人类生产生活的需求，因此在人类生产生活不断进步的时代，数学理论的进一步研究与发展的同时，也带动着数的发展.

如今，数学被应用在不同的领域，包括工程、医学和经济等学科. 数学在这些领域的应用通常被称为应用数学，这促进了全新学科的发展，并导致了新数学理论的产生及发展.

1.1.1　自然数

【案例引入】

在远古时代，人类在捕鱼、狩猎和采集果实的劳动中产生了计数的需要. 起初人们用手指、绳结、刻痕、石子或木棒等实物来计数. 例如：表示捕获了 3 只羊，就伸出 3 个手指；用 5 个小石子表示捕捞了 5 条鱼；一些人外出捕猎，出去 1 天，家里的人就在绳子上打 1 个结，用绳结的个数来表示外出的天数.

这样经过较长时间，随着生产和交换的不断增多以及语言的发展，渐渐地数从具体事物中被抽象出来，先有数目 1，以后逐次加 1，得到 2，3，4，…，这样逐渐产生和形成了自然数.

定义 1　把表示物体个数，用以计量事物的件数或表示事物次序的数称为自然数，即用数码 0，1，2，3，4，…所表示的数.

自然数具有有序性、无限性的性质，由 0 开始，一个接一个，组成一个无穷的集体，又称非负整数. 自然数分为偶数和奇数，合数和质数等.

自然数是人们认识的所有数中最基本的一类. 任意自然数都有两重意义：一是表示数量的意义，即被数物体有“多少个”，这种用来表示事物数量的自然数，称为基数；二是表示次序的意义，即被数到的物体是序列中的“第几个”，这种用来表示事物次序的自然数称为序数.

定义 2　全体非负整数组成的集合称为自然数集，常用 **N** 来表示.

为了使数的系统有严密的逻辑基础，19 世纪的数学家建立了自然数的两种等价的理论——自然数的基数理论和序数理论，使自然数的概念、运算和有关性质得到了严格的论述.

基数理论　把自然数定义为有限集的基数，认为自然数表示一切等价有限集合中元素的个数. 这种理论提出，两个可以在元素之间建立一一对应关系的有限集具有共同的数量特征，这一特征叫作基数. 这样，所有单元素集$\{x\}$，$\{y\}$，$\{a\}$，$\{b\}$与 1 个手指组成的集合可建立一一对应关系，具有同一基数，基数记作 1. 类似地，凡与两个手指组成的集合可建立一一对应关系的所有集合，它们的基数相同，基数记作 2，等等.

序数理论　是意大利数学家 G. 皮亚诺提出来的. 他总结了自然数的性质，用公理法给出了自然数的如下定义：

自然数集是指满足以下条件的集合：

(1) **N** 中有一个元素，记作 1.

(2) **N** 中每一个元素都能在 **N** 中找到一个唯一的元素作为它的后继者.

(3) 1 不是任何元素的后继者.

(4) 不同元素有不同的后继者.

(5) (归纳公理)对于 **N** 的任一子集 M，如果 $1\in M$，并且只要 x 在 M 中就能推出 x 的后继者也在 M 中，那么 $M=\mathbf{N}$.

例如，在排队时，人们会习惯性地数一数自己排在了第几. 如果某人排在第 9 个，那么我们可以这样理解：在他以及他的前面共有 9 个人，这对应的是自然数的基数意义；他排在这个队伍的第 9 个，这是自然数的序数意义. 如果将这一问题抽象成数轴上的数，那么 9 既表示“9”这个点到原点的距离是 9 个单位(基数意义)，也表示“9”是从原点向右的第 9 个非零自然数(序数意义).

自然数的序数意义在生活中往往表现得更丰富多彩. 例如，古人同辈的排序有伯、仲、叔、季之序；干支纪年法以甲、乙、丙、丁、戊、己、庚、辛、壬、癸十天干和子、丑、寅、卯、辰、巳、午、未、申、酉、戌、亥十二地支按照顺序组合起来纪年；26 个英文字母也具有序数的意义.

定义 3 正整数、负整数及 0 称为整数，即

$\cdots, -n-1, -n, \cdots, -3, -2, -1, 0, 1, 2, 3, \cdots, n, n+1, \cdots$

我们以 **Z** 表示全体整数组成的集合.

定理 1 (盒子原理) 设 n 是一个自然数，现有 n 个盒子和 $n+1$ 个物体，无论怎样把这 $n+1$ 个物体放入这 n 个盒子中，一定有一个盒子中被放了两个或两个以上的物体.

证明(反证法) 假设结论不成立，即每个盒子中至多有一个物体，那么，这 n 个盒子中总共有的物体个数 $\leqslant n$. 与有 $n+1$ 个物体放到了这 n 个盒子中相矛盾. 证毕.

1.1.2 实数

定义 4 整数(正整数、0、负整数)和分数统称为有理数. 有理数集通常用 **Q** 表示.

定义 5 不能写作两整数之比的数为无理数，也称为无限不循环小数.

若将无理数写成小数形式，小数点之后的数字有无限多个，并且不会循环. 常见的无理数有非完全平方数的平方根、π 和 e. 无理数最早由毕达哥拉斯学派弟子希伯索斯发现.

定义 6 所有有理数和无理数的集合为实数集，通常用大写字母 **R** 表示.

实数的运算法则：

(1) 交换律：

加法：$a+b=b+a$

乘法：$a\times b=b\times a$

(2) 结合律：

加法：$(a+b)+c=a+(b+c)$

乘法：$(a\times b)\times c=a\times(b\times c)$

(3) 分配律：

$a\times(b+c)=a\times b+a\times c$

实数的运算顺序为：先算乘方和开方，再算乘除，最后算加减，若遇到括号则先计算括号里的运算.

例 1 若 $\sqrt{2-x}-\sqrt{x-2}-y=6$，求 y^x 的立方根.

解 由于 $\begin{cases}2-x\geqslant 0\\ x-2\geqslant 0\end{cases}$，因此 $x=2$.

当 $x=2$ 时，$y=-6$. $y^x=(-6)^2=36$. 所以 y^x 的立方根为 $\sqrt[3]{36}$.

例 2 比较 $\frac{\sqrt{3}-1}{5}$ 与 $\frac{1}{5}$ 的大小.

解 由于 $\frac{\sqrt{3}-1}{5}\div\frac{1}{5}=\sqrt{3}-1<1$，因此 $\frac{\sqrt{3}-1}{5}<\frac{1}{5}$.

例 3 比较 $\sqrt{2004}-\sqrt{2003}$ 与 $\sqrt{2005}-\sqrt{2004}$ 的大小.

解　因为

$$\frac{1}{\sqrt{2004}-\sqrt{2003}}=\sqrt{2004}+\sqrt{2003}$$

$$\frac{1}{\sqrt{2005}-\sqrt{2004}}=\sqrt{2005}+\sqrt{2004}$$

又因为

$$\sqrt{2004}+\sqrt{2003}<\sqrt{2005}+\sqrt{2004}$$

所以

$$\sqrt{2004}-\sqrt{2003}>\sqrt{2005}-\sqrt{2004}$$

1.1.3　复数及其运算

随着科学技术的进步，复数理论已越来越显出它的重要性，它不但对于数学本身的发展有着极其重要的意义，而且为证明机翼上升力的基本定理起到了重要作用，并在解决堤坝渗水的问题中显示了它的威力，也为建立巨大水电站提供了重要的理论依据.

定义 7　形如 $a+bi$ 的数叫作复数($a, b\in\mathbf{R}$)，其中 a 叫作复数的实部，b 叫作虚部. 复数的分类如下：

实数：当 $b=0$ 时，复数 $a+bi$ 为实数.

虚数：当 $b\neq0$ 时，复数 $a+bi$ 为虚数.

纯虚数：当 $a=0$，$b\neq0$ 时，复数 $a+bi$ 为纯虚数.

定义 8　如果两个复数实部相等且虚部相等，那么这两个复数相等.

例如，如果 $a+bi=c+di$，则 $a=c$ 且 $b=d$，另外当 $a+bi=0$ 时，$a=0$ 且 $b=0$.

注：两个虚数($b\neq0$)是不能比较大小的，即使是纯虚数也是不能比较大小的. 例如：

(1) $3+i$ 与 $8+2i$，虽然后面虚数的实部跟虚部都大于前面的虚数，但是不能比较大小.

(2) $2+i$ 与 $4+2i$，虽然后面虚数的实部与虚部分别是前面虚数的 2 倍，但是前后这两个虚数不能比较大小.

(3) $3i$ 与 $5i$，两个都是纯虚数，也不能比较大小.

定义 9　当两个复数实部相等，虚部互为相反数时，这两个复数互为共轭复数.

例如，$z=a+bi$ 的共轭复数是 $\bar{z}=a-bi$.

定义 10　复数 $z=a+bi$ 的模记作 $|z|$ 或 $|a+bi|$，且 $|z|=\sqrt{a^2+b^2}$.

设 $z_1=a_1+b_1i$，$z_2=a_2+b_2i$，则有以下复数的运算：

(1) 加法运算：

$$z_1+z_2=a_1+b_1i+a_2+b_2i=(a_1+a_2)+(b_1+b_2)i$$

(2) 减法运算：

$$z_1-z_2=a_1+b_1i-(a_2+b_2i)=(a_1-a_2)+(b_1-b_2)i$$

(3) 乘法运算：

$$z_1z_2=(a_1+b_1\mathrm{i})(a_2+b_2\mathrm{i})=a_1a_2+a_1b_2\mathrm{i}+b_1a_2\mathrm{i}+b_1b_2\mathrm{i}^2=(a_1a_2-b_1b_2)+(a_1b_2+b_1a_2)\mathrm{i}$$

(4) 除法运算：

$$\frac{z_1}{z_2}=\frac{a_1+b_1\mathrm{i}}{a_2+b_2\mathrm{i}}=\frac{(a_1+b_1\mathrm{i})(a_2-b_2\mathrm{i})}{(a_2+b_2\mathrm{i})(a_2-b_2\mathrm{i})}=\frac{(a_1a_2+b_1b_2)(b_1a_2-a_1b_2)\mathrm{i}}{{a_2}^2+{b_2}^2}$$

注：① $\mathrm{i}^1=\mathrm{i}$，$\mathrm{i}^2=-1$，$\mathrm{i}^3=-\mathrm{i}$，$\mathrm{i}^4=1$.

求 i^n 只需将 n 除以 4，看余数是几就是 i 的几次方.

② $\mathrm{i}^n+\mathrm{i}^{n+1}+\mathrm{i}^{n+2}+\mathrm{i}^{n+3}=0$.

③ $(1+\mathrm{i})^2=2\mathrm{i}$，$(1-\mathrm{i})^2=-2\mathrm{i}$.

④ 若 $z=a+b\mathrm{i}$，则 $z\cdot\bar{z}=|z|^2=a^2+b^2$.

例 4　如果复数 $(a+\mathrm{i})(1-\mathrm{i})$ 的模为 $\sqrt{10}$，求实数 a 的值.

解　因为 $(a+\mathrm{i})(1-\mathrm{i})=(a+1)+(1-a)\mathrm{i}$，于是

$$|(a+\mathrm{i})(1-\mathrm{i})|=\sqrt{(a+1)^2+(1-a)^2}=\sqrt{2+2a^2}$$

所以 $\sqrt{2+2a^2}=\sqrt{10}$，解得 $a=\pm 2$.

例 5　化简 $\dfrac{1-3\mathrm{i}}{1+\mathrm{i}}$.

解

$$\frac{1-3\mathrm{i}}{1+\mathrm{i}}=\frac{(1-3\mathrm{i})(1-\mathrm{i})}{(1+\mathrm{i})(1-\mathrm{i})}=-1-2\mathrm{i}$$

例 6　若复数 $z=m^2+m-2+(2m^2-m-3)\mathrm{i}(m\in\mathbf{R})$ 的共轭复数 $\bar{z}$ 对应的点在第一象限，求实数 m 的集合.

解　由题意得 $\bar{z}=m^2+m-2-(2m^2-m-3)\mathrm{i}$，于是

$$\begin{cases}m^2+m-2>0\\-(2m^2-m-3)>0\end{cases}，即\ \begin{cases}m^2+m-2>0\\2m^2-m-3<0\end{cases}$$

解得 $1<m<\dfrac{3}{2}$.

1.2　专业应用案例

例 7　某巡警骑摩托车在一条南北大道上来回巡逻. 一天早晨，他从岗亭出发，中午停留在 A 处，规定向北方向为正，当天上午连续行驶情况记录如下(单位：千米)：

$$+5，-4，+3，-7，+4，-8，+2，-1$$

(1) A 处在岗亭何方？距离岗亭多远？

(2) 若摩托车每行驶 1 千米耗油 a 升，这一天上午共耗油多少升？

解　(1) 因为 $+5-4+3-7+4-8+2-1=-6$，又因为规定向北方向为正，所以 A 处在岗亭的南方，距离岗亭 6 千米.

(2) 因为 $|+5|+|-4|+|+3|+|-7|+|+4|+|-8|+|+2|+|-1|=34$，又因为

摩托车每行驶1千米耗油 a 升，所以这一天上午共耗油 $34a$ 升.

例8 某工厂生产一批零件，根据要求，圆柱体的内径可以有0.03 mm的误差，抽查5个零件，超过规定内径的记作正数，不足的记作负数，检查结果如下：

$$+0.025,\ -0.035,\ +0.016,\ -0.010,\ +0.041$$

(1) 指出哪些产品合乎要求?

(2) 指出合乎要求的产品中哪个质量好一些?

解 (1) 第一、三、四个产品符合要求，即(+0.025，+0.016，−0.010).

(2) 其中第四个零件(−0.010)误差最小，所以第四个质量好些.

例9 学校组织学生们去游览迎泽公园、儿童公园、晋祠公园，规定每人最少去一处，最多去两处游览，那么至少应有多少个学生才能保证有两人游览的地方相同?

解 每人去一处有3种选择：迎泽公园、儿童公园、晋祠公园.

每人去两处有3种选择：迎泽公园—儿童公园，迎泽公园—晋祠公园，儿童公园—晋祠公园. 把这6种情况看成6个盒子，要保证两人游览的地方相同，根据盒子原理至少应有7个学生.

思政课堂

中国古代数学著作——《周髀算经》

中国古代文献《周易·系辞(下)》有“上古结绳而治，后世圣人，易之以书契”之说. “结绳而治”即结绳记事或结绳记数，“书契”就是刻划符号. 在现存的中国古代数学著作中，《周髀算经》是最早的一部.《周髀算经》作者不详，是一部讨论西周初年(公元前1100年左右)天文测量中所用数学方法(“测日法”)的著作，成书年代据考应不晚于公元前2世纪西汉时期，但书中涉及的数学、天文知识有的可以追溯到西周(公元前11世纪—前8世纪). 这部著作实际上是从数学上讨论“盖天说”宇宙模型，反映了中国古代数学与天文学的密切联系. 从数学上看，《周髀算经》主要的成就是分数运算、勾股定理及其在天文测量中的应用，其中关于勾股定理的论述最为突出.《周髀算经》卷上记载了西周开国时期周公与大夫商高讨论勾股测量的对话，商高答周公问时提到了“勾广三，股修四，径隅五”，这是勾股定理的特例.《周髀算经》主要以文字形式叙述了勾股算法. 中国数学史上先完成勾股定理证明的数学家，是公元3世纪三国时期的赵爽. 赵爽注《周髀算经》，作“勾股圆方图”，其中的“弦图”相当于运用面积的出入相补证明了勾股定理.

任务2　数的整除

※任务内容

（1）完成数的整除相关的工作页；

（2）学习整除的概念、整除的性质.

※任务目标

（1）理解整除的概念；

（2）掌握整除的运算及其性质.

※任务工作页

1. 如果 $3|x$，$5|x$，那么 $15|x$ 成立吗？

2. 有 3 个不同的自然数，至少有两个数的和是偶数，为什么？

3. 李老师为学校一共买了 28 支价格相同的钢笔，共付人民币 9⊙. 2⊙元. 已知⊙处数字相同，请问每支钢笔多少元？

2.1　相关知识

整除是初等数论最基础的理论，由它可以衍生出许多数论定理. 掌握整除的性质及某些特殊数的整除特征，可以简单快捷地解决许多整除问题.

2.1.1　整除的概念

【案例引入】

15 名学生参加夏令营，他们想分成人数相等的几个小组进行活动，可以怎样分组呢？

解　由于每组人数必须相等，因此人数应该是 15 的因子，可以分为 3 人或 5 人一组.

由上述例子引出整除的概念.

定义 11　设 a，b 是整数，$a\neq 0$，如果存在整数 q，使得 $b=aq$ 成立，则称 b 可被 a 整除，记作 $a|b$，且称 b 是 a 的倍数，a 是 b 的约数(也可称为除数、因数). b 不能被 a 整除就记作 $a\nmid b$.

由定义及乘法运算的性质，可推出整除关系具有下面的性质.

（注：符号 $a|b$ 本身包含了条件 $a\neq 0$.）

2.1.2 整除的性质

定理 2

(1) $a|b \Leftrightarrow (-a)|b \Leftrightarrow a|(-b) \Leftrightarrow |a|\,|\,|b|$;

(2) $a|b$ 且 $b|c \Rightarrow a|c$;

(3) $a|b$ 且 $a|c \Leftrightarrow$ 对任意的 x, $y\in\mathbf{Z}$ 有 $a|(bx+cy)$;

(4) 设 $m\neq 0$, 那么 $a|b \Leftrightarrow ma|mb$;

(5) $a|b$ 且 $b|a \Rightarrow b=\pm a$;

(6) 设 $b\neq 0$, 那么 $a|b \Rightarrow |a|\leqslant|b|$.

证明 (1) $b=aq$, $b=(-a)(-q)$, $-b=a(-q)$, $|b|=|a||q|$, 由以上式子两两等价可推出.

(2) 由 $b=aq_1$, $c=bq_2$ 可推出 $c=a(q_1q_2)$.

(3) 必要性:由 $b=aq_1$, $c=aq_2$ 可推出 $bx+cy=a(q_1x+q_2y)$.

充分性:取 $x=1$, $y=0$ 及 $x=0$, $y=1$ 可推出.

(4) 由乘法相消率可知,当 $m\neq 0$ 时, $b=aq$ 等价于 $mb=maq$.

(5) 由 $b=aq_1$, $a=bq_2$ 知 $a=aq_1q_2$, 又 $a\neq 0$ 所以 $q_1q_2=1$, $q_1=\pm 1$.

(6) 由(1) $|b|=|a||q|$. 当 $b\neq 0$ 时, $|q|\geqslant 1$. 证毕.

定理 3 设整数 $b\neq 0$, d_1, d_2, $\cdots$, d_k 是它的全体约数($b=d_1q_1$, $b=d_2q_2$, $\cdots$, $b=d_kq_k$), 那么 q_1, q_2, $\cdots$, q_k 也是它的全体约数.

例如:当 $b=12$ 时, 12 的全体约数如下:

$$d=\pm 1, \pm 2, \pm 3, \pm 4, \pm 6, \pm 12$$

此时 $q=\pm 12, \pm 6, \pm 4, \pm 3, \pm 2, \pm 1$, 也是 12 的全体约数.

例 10 证明:若 $2|b$ 且 $5|b$, 则 $10|b$.

证明 由 $2|b$, 知 $b=2q$, 所以 $5|2q$. 又 $5|5q$ 得 $5|(5q-2\times 2q)$, 即 $5|q$. 因此 $10|b$.

例 11 若 a, b 是整数,且 $7|(a+b)$, $7|(2a-b)$, 证明: $7|(5a+2b)$.

证明 由 $7|(a+b)$, $7|(2a-b)$, 知 $7|[3(a+b)+(2a-b)]$, 因此 $7|(5a+2b)$.

例 12 若 x 和 y 是整数, $13|(9x+10y)$, 求证: $13|(4x+3y)$.

证明 由已知 $13|(9x+10y)$, 又 $13|13(x+y)$, 于是 $13|[13(x+y)-(9x+10y)]$, 因此 $13|(4x+3y)$.

例 13 设 $a=2t-1$. 若 $a|2n$, 则 $a|n$.

证明 由 $a|2tn$ 及 $2tn=an+n$ 得 $a|(2tn-an)$, 即 $a|n$.

例 14 设 a, b 是两个给定的非零整数,且有整数 x, y, 使得 $ax+by=1$, 证明:若 $a|n$ 且 $b|n$, 则 $ab|n$.

证明 由 $n=n(ax+by)=(na)x+(nb)y$, 及 $ab|na$ 且 $ab|nb$ 即得所要结论.

2.2　专业应用案例

例 15　小丽买了 3 支铅笔、3 支圆珠笔、8 本笔记本和 12 块橡皮，总共花了 19 元 4 角. 已知笔记本 1 元 8 角一本，问售货员的账算得对不对？

解　小丽买了 3 支铅笔、3 支圆珠笔，那么铅笔和圆珠笔的总价一定能被 3 整除. 笔记本 1 元 8 角一本，18 能被 3 整除，因此笔记本的总价能被 3 整除. 橡皮买了 12 块，橡皮的总价一定能被 3 整除.

因此，四种商品的价格一定能被 3 整除，而售货员收了 19 元 4 角，不能被 3 整除，所以售货员的账算得不对.

例 16　一个班级有 20 多人，男生人数比女生人数多 2/3，全班有多少人？

解　本例在全班人数不确定的情况下，给出了男生与女生人数上的关系，人数是一个整数，那就是说女生被看成了 3 份，女生人数一定是 3 的倍数，而男生相对于女生而言多了 2 份，那么男生人数就应当是 5 份，即男生人数一定是 5 的倍数，全班人数就是 8 份，在总人数为 20 到 30 之间且是 8 的倍数有且仅有 24，所以全班有 24 人.

例 17　如果六位数 1993⊙⊙能被 105 整除，那么，它的最后两位数是多少？

解

$$105=3\times 5\times 7$$

根据这个六位数能被 5 整除的特征，可知它的个位数可以是 0 或 5. 由能被 3 整除的特征可知，这个六位数有如下 7 种可能：199320、199350、199380、199305、199335、199365、199395. 再根据能被 7 整除的特征可知，这个六位数的末三位数字所表示的数与末三位以前的数字所表示的数的差(以大减小)能被 7 整除. 所以这个六位数是 199395.

例 18　四位数 8⊙98 能同时被 17 和 19 整除，那么这个四位数的百位上是多少？

解　因为 17 和 19 互质，所以这个四位数能被 $17\times 19=323$ 整除. 又 $323\times 30=9690$ 且 9690＞8⊙98，四位数 8⊙98 的个位是偶数 8，$323\times 26=8398$，因此这个四位数的百位上是 3.

思政课堂

中国古代数学家——刘徽

从公元 220 年东汉分裂，到 581 年隋朝建立，史称魏晋南北朝. 这是中国历史上的动荡时期，但同时也是思想相对活跃的时期. 在数学上也兴起了论证的趋势，许多研究以注释《周髀算经》《九章算术》的形式出现，实质是要寻求这两部著作中一些重要结论的数学证明. 这方面的先锋是前面已介绍过的赵爽，而最杰出的代表是刘徽和祖冲之父子，他们的工作使魏晋南北朝成为中国数学史上一个独特而丰产的时期.

《隋书》“律历志”中提到“魏陈留王景元四年刘徽注九章”，由此知道刘徽是公元 3 世纪魏晋时人，其于公元 263 年(景元四年)撰《九章算术注》.《九章算术注》包含了刘徽本人的许多创造，完全可以看成独立的著作，奠定了这位数学家在中国数学史上的不朽地位.

刘徽数学成就中最突出的是“割圆术”和体积理论.

刘徽在《九章算术》方田章“圆田术”注中，提出将割圆术作为计算圆的周长、面积以及圆周率的基础. 割圆术的要旨是用圆内接正多边形去逐步逼近圆. 刘徽从圆内接正六边形出发，将边数逐次加倍，并计算逐次得到的正多边形的周长和面积. 他指出：“割之弥细，所失弥少，割之又割，以至于不可割，则与圆合体而无所失矣. ”刘徽从圆内接正六边形出发，并取半径为1尺，一直计算到192边形，得出了圆周率精确到小数后二位的近似值$\pi\approx 3.14$，化成分数为$\frac{157}{50}$，这就是有名的“徽率”. 刘徽倾力于面积与体积公式的推证，并取得了超越时代的漂亮结果. 刘徽的面积、体积理论建立在一条简单而又基本的原理之上，这就是所谓的“出入相补”原理. 他在推证《九章算术》中的一些立体体积公式时，灵活地运用了两种无限小方法——极限方法与不可分量方法.

任务3　唯一分解定理

※任务内容

(1) 完成质数、合数的概念相关的工作页；

(2) 学习唯一分解定理.

※任务目标

(1) 理解质数、合数的概念；

(2) 掌握唯一分解定理.

※任务工作页

1. 20 以内的质数有____________.

2. 将 720 分解质因数：720=____________.

3. 50 乘自然数 a，得到一个平方数，则 a 的最小值为____________.

4. 自然数中除了质数就是合数吗？

3.1　相关知识

质数，就是一个除了本身和 1 以外，没有任何其他因子的整数. 例如，2、3、5、7 是质数，而 4、6、8 则是合数.

以前的人们总把整数当作最基本的数，其他的数都由整数衍生而来. 但是专门研究整数的人却不这样认为，他们认为质数才是最基本的数. 中国古代数学家把质数叫作“数根”，意思是数的根本. 高斯曾经在《算术探究》这本书里说过：“区分质数和合数，并且将合数分解成质因数，是算术中最重要，又最有意义的问题. ”这句话中，高斯很清楚地指出了质数的重要. 所以人们相信在远古时期就已经发现了质数.

3.1.1　质数和合数

整数 $a\neq 0$，它的所有倍数是

$$qa，其中\ q=0，\pm 1，\pm 2，\cdots$$

零是所有非零整数的倍数. 但对于一个整数 $b\neq 0$，它的约数有多少呢？显然，± 1，$\pm b$ 一定是 b 的约数，它们称为 b 的显然约(因、除)数，当 $b=\pm 1$ 时只有 2 个；如果 b 有其他约数，称为是 b 的非显然约(因、除)数，或真约(因、除)数. 由定理 2(6) 知 $b\neq 0$ 的约数只有有限个，比如当 $b=18$ 时，它的全体约数如下：

$$\pm 1，\pm 2，\pm 3，\pm 6，\pm 12，\pm 18$$

其中非显然约数有 8 个. 当 $b=5$ 时，它的全体约数如下：

$$\pm 1,\ \pm 5$$

它没有非显然约数.

因此，有的数只有显然约数. 这种数在整数中有特别重要的作用，为此引进如下定义及定理.

定义 12　设整数 $p\neq 0$，± 1. 如果它除了显然约数 ± 1，$\pm p$ 外没有其他的约数，那么 p 就称为质数(或素数). 若 $a\neq 0$，± 1 且 a 不是素数，则称 a 为合数.

当 $p\neq 0$，± 1 时，由于 p 和 $-p$ 必同为素数或合数，因此，如果没有特别说明，质数总是指正的. 例如：

$$2,\ 3,\ 5,\ 7,\ 11,\ 13,\ 17,\ 19,\ 23,\ 29$$

都是质数.

定理 4　质数有无穷多个.

证明(反证法)　假设质数的个数有限，记为 p_1，p_2，…，p_k.

考虑 $a=p_1p_2\cdots p_k+1$，显然，$a>2$. a 是合数，则必有质数 p，使得 $p|a$. 由于质数为有限个，则 p 必等于某个 p_i，因而 $p=p_i$ 一定整除 $a-p_1p_2\cdots p_k=1$，但质数 $p_i\geqslant 2$，这是不可能的，矛盾. 因此假设是错误的，即质数有无穷多个.

3.1.2　唯一分解定理

定理 5(唯一分解定理)　设 $a>1$，那么必有

$$a=p_1p_2\cdots p_s \tag{3.1}$$

其中 $p_j(1\leqslant j\leqslant s)$ 是质数，且在不计次序的意义下，上述表达式是唯一的.

证明　以下用数学归纳法先证明式(3.1)的存在性.

当 $a=2$ 时，结论显然成立.

假设对于 $2\leqslant a\leqslant k$，式(3.1)成立，即 $a=p_1p_2\cdots p_s$. 以下证明式(3.1)对于 $a=k+1$ 也成立.

如果 $k+1$ 是质数，那么式(3.1)显然成立. 如果 $k+1$ 是合数，则存在质数 p 与整数 d，使得 $k+1=pd$. 由于 $2\leqslant d\leqslant k$，因此 $k+1=pp_1p_2\cdots p_s$，即式(3.1)成立.

再证明分解式(3.1)是唯一的.

不妨设 $p_1\leqslant p_2\leqslant\cdots\leqslant p_s$，若又存在分解式：

$$a=q_1q_2\cdots q_r,\ q_1\leqslant q_2\leqslant\cdots\leqslant q_r$$

$q_i(1\leqslant i\leqslant r)$ 是质数，我们来证明必有 $r=s$，$p_j=q_j(1\leqslant j\leqslant s)$. 不妨设 $r\geqslant s$. 由于 $a=p_1p_2\cdots p_s=q_1q_2\cdots q_r$，则 $q_1|p_1p_2\cdots p_s$，那么必有某个 p_j 满足 $q_1|p_j$. 又 q_1 和 p_j 是质数，所以 $q_1=p_j$. 同理，由 $p_1|a=q_1q_2\cdots q_r$，知必有某个 q_i 满足 $p_1|q_i$，因而 $p_1=q_i$. 由于 $q_1\leqslant q_i=p_1\leqslant p_j$，所以 $p_1=q_1$. 这样就有

$$q_2q_3\cdots q_r=p_2p_3\cdots p_s$$

同样地论证，依次可得 $q_2=p_2$，…，$q_s=p_s$，且

$$q_{s+1}\cdots q_r=1$$

上式是不可能的，除非 $r=s$，即不存在 q_{s+1}，…，q_r. 证毕.

3.2 专业应用案例

例 19 班主任王老师带领五(1)班同学去种树，全班同学恰好可以平均分成 3 组. 如果老师与学生每人种树的棵数一样多，则共种了 364 棵树. 五(1)班有学生多少人？每人种树多少棵？

解

$$364=2\times2\times7\times13=7\times52$$

五(1)班有学生(52－1＝)51 人，每人种树 7 棵.

例 20 用 216 元去买一种钢笔，正好将钱用完. 如果每支钢笔便宜 1 元，则可以多买 3 支钢笔，钱也正好用完. 问共买了多少支钢笔？

解

$$216=2\times2\times2\times3\times3\times3=8\times27=9\times24$$

如果钢笔 9 元一支，可买 24 支；如果 8 元一支，则可买 27 支. 正好多买(27－24＝)3 支，符合题意. 所以共买了 9 元 1 支的钢笔 24 支.

例 21 有 4 个小朋友，他们的年龄一个比一个大 1 岁，年龄相乘的积是 360. 问其中年龄最大的是几岁？

解 $360=2\times2\times2\times3\times3\times5=3\times4\times5\times6$，因此年龄最大的是 6 岁.

思政课堂

祖冲之与圆周率

刘徽的数学思想和方法，到南北朝时期(公元 420—589)被祖冲之和他的儿子祖暅推进和发展了.

祖冲之(公元 429—500)活跃于南朝宋、齐两代，出生于历法世家，做过南徐州(今镇江)从事史和公府参军，都是地位不高的小官，但他却成为历代为数很少能名列正史的数学家之一. 球体积的推导和圆周率的计算是祖冲之的两大数学成就，只可惜关于这两项工作的原始著作已不能看到. 祖冲之的代表性数学著作是《缀术》.《南齐书·祖冲之传》说祖冲之"注九章，造缀术数十篇"，但《缀术》也未能留传下来. 我们现在对祖冲之这两项成就的了解，得于其他一些零散的史料. 祖冲之关于圆周率的贡献记载在《隋书》中，《隋书·律历志》说："祖冲之更开密法，以圆径一亿为一丈，圆周盈数三丈一尺四寸一分五厘九毫二秒七忽，朒数三丈一尺四寸一分五厘九毫二秒六忽，正数在盈朒二限之间. "这就是说，祖冲之算出了圆周率数值的上下限：3.1415926(朒数)$<\pi<$3.1415927(盈数).

史料上没有关于祖冲之推算圆周率"正数"方法的记载. 一般认为这个"正数"范围的获得是沿用了刘徽的割圆术. 事实上，如果按刘徽割圆术从正六边形出发连续算到 24 576 边

形，那么恰好可以得到祖冲之的结果.

曾使刘徽绞尽脑汁的球体积问题，到祖冲之时代终于获得了解决. 这一成就被记录在《九章算术》“开立圆术”李淳风注中，李淳风是唐代数学家，他在注文中将球体积的正确解法称为“祖暅之开立圆术”. 祖暅之即祖暅，是祖冲之的儿子，在数学上也有很多创造. 祖暅推导几何图形体积公式的方法是以出入相补原理与祖氏原理这两条原理为基础的，即幂势既同，则积不容异.

任务4 最大公因数和最小公倍数

※任务内容

(1) 完成最大公因数和最小公倍数的概念相关的工作页；

(2) 学习最大公因数、最小公倍数的概念及其运算.

※任务目标

(1) 理解最大公因数和最小公倍数的概念；

(2) 掌握最大公因数和最小公倍数的运算.

※任务工作页

1. 6，12，18 的最大公因数为__________.

2. 198，252 的最小公倍数为__________.

3. $(2n, 2n+1)=$__________.

4. 写出 72，-60 的全体公因数____________________.

4.1 相关知识

最大公因数也称为最大公约数、最大公因子，指两个或多个整数共有约数中最大的一个. a，b 的最大公因数记为(a, b)，同样地，a，b，c 的最大公因数记为(a, b, c)，多个整数的最大公因数也有同样的记号. 与最大公因数相对应的概念是最小公倍数，a，b 的最小公倍数记为$[a, b]$.

4.1.1 最大公因数

【案例引入】

学校有 2 根绳子，一根长 45 米，一根长 30 米，为了组织学生在大课间跳长绳活动，需要剪成相等长的小段，而且没有浪费. 最长每段多少米？一共可以剪成多少段？

解 因为 2 根绳子要剪成相等长的小段，而且没有浪费，所以绳子长度应同时是 45 和 30 的因数：3、5、15. 因此绳子最长每段是 15 米，可以剪成 5 根.

由上述例题引入公因数的概念.

定义 13 设a_1，a_2是两个整数，如果$d|a_1$且$d|a_2$，那么d就称为a_1和a_2的公因数. 一般地，设a_1，a_2，…，a_k是k个整数. 如果$d|a_1$，$d|a_2$，…，$d|a_k$，那么d就称为a_1，a_2，…，a_k的公因数.

例如，$a_1=12$，$a_2=16$，它们的公因数是±1，±2，±4. $a_1=8$，$a_2=10$，$a_3=-9$，它们的公因数是±1. n 和 $n+1$ 的公因数是±1. 当a_1，a_2，…，a_k有一个不为零时，它们公因数的个数有限.

定义 14 设 a_1，a_2是两个不全为零的整数，我们把 a_1和 a_2的**公因数**中的最大的称为 a_1和 a_2的**最大公因数**，记作(a_1, a_2). 一般地，设 a_1，…，a_k是 k 个不全为零的整数. 我们把 a_1，…，a_k的**公因数**中的最大的称为 a_1，…，a_k的**最大公因数**，记作$(a_1, \cdots, a_k)$.

我们用 $\mathscr{L}(a_1, \cdots, a_k)$表示 a_1，…，a_k的所有公因数组成的集合，当 $k=1$ 时，它表示由 a_1的全体因数组成的集合. 容易证明：

$$\mathscr{L}(-a_1)=\mathscr{L}(a_1),\ \mathscr{L}(a_1)\subseteq \mathscr{L}(a_2),\ a_1|a_2 \tag{4.1}$$

当且仅当 $a_2=\pm a_1$时等号成立. 由公因数定义可得

$$\mathscr{L}(a_1, \cdots, a_k)=\mathscr{L}(a_1)\cap\cdots\cap \mathscr{L}(a_k) \tag{4.2}$$

这样，当 $k\geqslant 2$ 时，有

$$(a_1, \cdots, a_k)=\max(d: d\in \mathscr{L}(a_1, \cdots, a_k)) \tag{4.3}$$

当 $k=1$，$a_1\neq 0$ 时，约定$(a_1)=|a_1|$，所以上式也成立.

前面举的例子可以表示成：

$$\mathscr{L}(12, 16)=\{\pm 1, \pm 2, \pm 4\},\ (12, 16)=4$$

$$\mathscr{L}(8, 10, -9)=\mathscr{L}(n, n+1)=\{\pm 1\},\ (8, 10, -9)=1,\ (n, n+1)=1$$

由定义可推出以下性质：

定理 6 (1) $(a_1, a_2)=(a_2, a_1)=(-a_1, a_2)$；一般地

$(a_1, a_2, \cdots, a_i, \cdots, a_k)=(a_i, a_2, \cdots, a_1, \cdots, a_k)=(-a_1, a_2, \cdots, a_i, \cdots, a_k)$

(2) 若 $a_1|a_j$，$j=2, \cdots, k$，则

$$(a_1, a_2)=(a_1, a_2, \cdots, a_k)=(a_1)=|a_1|$$

(3) 对任意的整数 x，有$(a_1, a_2)=(a_1, a_2, a_1x)$，且

$$(a_1, \cdots, a_k)=(a_1, \cdots, a_k, a_1x)$$

(4) 对任意的整数 x，有$(a_1, a_2)=(a_1, a_2+a_1x)$，且

$$(a_1, a_2, a_3, \cdots, a_k)=(a_1, a_2+a_1x, a_3, \cdots, a_k)$$

(5) 若 p 是质数，则

$$(p, a_1)=\begin{cases} p, & p|a_1 \\ 1, & p\nmid a_1 \end{cases}$$

一般地，

$$(p, a_1, \cdots, a_k)=\begin{cases} p, & p|a_j,\ j=1, 2, \cdots, k \\ 1, & \text{其他} \end{cases}$$

证明 我们来证 $k=2$ 的情形，一般情形可同理证明. 由式(4.2)和式(4.1)可得

$$\mathscr{L}(a_1, a_2)=\mathscr{L}(a_2, a_1)=\mathscr{L}(-a_1, a_2)=\mathscr{L}(a_1)\cap \mathscr{L}(a_2)$$

$$\mathscr{L}(a_1, a_2)=\mathscr{L}(a_1)\cap \mathscr{L}(a_2)=\mathscr{L}(a_1),\ a_1|a_2$$

$$\mathscr{L}(a_1, a_2, a_1x)=\mathscr{L}(a_1)\cap \mathscr{L}(a_2)\ \mathscr{L}(a_1x)=\mathscr{L}(a_1)\cap \mathscr{L}(a_2)=\mathscr{L}(a_1, a_2)$$

利用式(4.3)，由以上各式可分别推出定理 6(1)、(2)、(3). 由任务 2 定理 2(3)知 $\mathscr{L}(a_1, a_2)=\mathscr{L}(a_1, a_2+a_1x)$，由此及式(4.3)可推出定理 6(4).

由质数定义及定理 6(2)可推出定理 6(5). 证毕.

定义 15 若$(a_1, a_2)=1$, 则称 a_1 和 a_2 是既约的, 也称 a_1 和 a_2 是互质的. 一般地, 若$(a_1, \cdots, a_k)=1$, 则称$(a_1, \cdots, a_k)$是既约的, 也称$(a_1, \cdots, a_k)$是互质的.

例如, 3 和 5 既约; 10, 15, −18 是既约的, 但它们中任意两个数不既约, 因为$(10, 15)=5$, $(10, -18)=2$, $(15, -18)=3$.

定理 7 设 $m>0$, 我们有

$$(ma_1, \cdots, ma_k)=m(a_1, \cdots, a_k)$$

定理 8 设正整数 $m|(a_1, \cdots, a_k)$, 有

$$m\left(\frac{a_1}{m}, \cdots, \frac{a_k}{m}\right)=(a_1, \cdots, a_k)$$

特别地有

$$\left(\frac{a_1}{(a_1, \cdots, a_k)}, \cdots, \frac{a_k}{(a_1, \cdots, a_k)}\right)=1$$

定理 9 设$(m, a)=1$, 我们有$(m, ab)=(m, b)$.

定理 10 设$(m, a)=1$, 若 $m|ab$, 则 $m|b$.

例 22 求最大公因数:

(1) $(30, 45, 84)$; (2) $(21n+4, 14n+3)$, $n\in \mathbf{Z}$.

解 (1) $(30, 45, 84)=(30, 15, 84)=(15, 84)=(15, -6)=(3, -6)=3$

(2) $(21n+4, 14n+3)=(7n+1, 14n+3)=(7n+1, 1)=1$

4.1.2 最小公倍数

定义 16 设 a_1 和 a_2 是两个均不等于零的整数, 如果 $a_1|l$ 且 $a_2|l$, 则称 l 是 a_1 和 a_2 的公倍数. 一般地, 设 $a_1, \cdots, a_k$ 是 k 个均不等于零的整数, 如果 $a_1|l, \cdots, a_k|l$, 则称 l 是 $a_1, \cdots, a_k$ 的公倍数.

定义 17 设 a_1 和 a_2 是两个均不等于零的整数, 我们把 a_1 和 a_2 的正的公倍数中最小的称为 a_1 和 a_2 的最小公倍数, 记作$[a_1, a_2]$. 一般地, 设 $a_1, \cdots, a_k$ 是 k 个均不等于零的整数, 我们把 $a_1, \cdots, a_k$ 的正的公倍数中的最小的称为 $a_1, \cdots, a_k$ 的最小公倍数, 记作$[a_1, \cdots, a_k]$.

由定义可推出以下性质(证明略):

定理 11 (1) $[a_1, a_2]=[a_2, a_1]=[-a_1, a_2]$, 一般地有

$[a_1, a_2, \cdots, a_i, \cdots, a_k]=[a_i, a_2, \cdots, a_1, \cdots, a_k]=[-a_1, a_2, \cdots, a_i, \cdots, a_k]$

(2) 若 $a_2|a_1$, 则$[a_1, a_2]=|a_1|$; 若 $a_j|a_1(2\leqslant j\leqslant k)$, 则

$$[a_1, \cdots, a_k]=|a_1|$$

(3) 对任意的 $d|a_1$, 有

$$[a_1, a_2]=[a_1, a_2, d];\ [a_1, \cdots, a_k]=[a_1, a_2, \cdots, a_k, d]$$

(4) $[a_1, a_2]$等于$|a_1|, 2|a_1|, \cdots, k|a_1|, \cdots$中第一个被 a_2 整除的数.

定理 12 设 $m>0$. 有

$$[ma_1, \cdots, ma_k]=m[a_1, \cdots, a_k]$$

最大公因数和最小公倍数的求法主要有质因数分解法、短除法、辗转相除法、更相减损法四种.

1. 质因数分解法

把每个数分别分解质因数，再把各数中全部公有的质因数提取出来连乘，所得的积就是这几个数的最大公因数. 把各数中全部公有的质因数和独有的质因数提取出来连乘，所得的积就是这几个数的最小公倍数.

例如，求 24 和 60 的最大公因数. 先分解质因数，得 $24=2\times2\times2\times3$，$60=2\times2\times3\times5$，24 与 60 的全部公有的质因数是 2、2、3，它们的积是 $2\times2\times3=12$，所以，$(24, 60)=12$.

例如，求 6 和 15 的最小公倍数. 先分解质因数，得 $6=2\times3$，$15=3\times5$，6 和 15 的全部公有的质因数是 3，而 6 的独有质因数是 2，15 的独有质因数是 5，$2\times3\times5=30$，且 30 是 6 和 15 的公倍数中最小的一个，所以$[6, 15]=30$.

2. 短除法

短除法求最大公因数，即先用这几个数的公因数连续去除，一直除到所有的商互质为止，然后把所有的除数连乘起来，所得的积就是这几个数的最大公因数. 把所有的除数和商连乘起来，所得的积就是这几个数的最小公倍数.

例如，求 24、36 的最小公倍数.

$$[24, 36]=2\times2\times3\times2\times3=72$$

3. 辗转相除法

辗转相除法是求两个自然数的最大公因数的一种方法，也叫欧几里德算法.

用辗转相除法求几个数的最大公因数时，可以先求出其中任意两个数的最大公因数，再求这个最大公因数与第三个数的最大公因数，依次求下去，直到求得最后一个数为止. 最后所得的那个最大公因数就是所有这些数的最大公因数.

例如，求$(319, 377)$：

因为 $319\div377=0$(余 319)，所以$(319, 377)=(377, 319)$；

因为 $377\div319=1$(余 58)，所以$(377, 319)=(319, 58)$；

因为 $319\div58=5$(余 29)，所以 $(319, 58)=(58, 29)$；

因为 $58\div29=2$(余 0)，所以 $(58, 29)= 29$；

因此$(319, 377)=29$.

4. 更相减损法

更相减损法也叫作更相减损术，是出自《九章算术》的一种求最大公因数的算法，它原本是为约分而设计的，然而它也适用于任何需要求最大公因数的场合.

《九章算术》是中国古代的数学专著，其中的“更相减损术”可以用来求两个数的最大公因数，即“可半者半之，不可半者，副置分母、子之数，以少减多，更相减损，求其等也. 以等数约之.”

翻译成现代语言如下：

第一步，任意给定两个正整数，判断它们是否都是偶数. 若是，则用 2 约简；若不是，则执行第二步.

第二步，以较大的数减较小的数，接着把所得的差与较小的数比较，并以大数减小数. 继续这个操作，直到所得的减数和差相等为止.

则第一步中约掉的若干个 2 与第二步中等数的乘积就是所求的最大公因数.

其中所说的“等数” 就是最大公因数. 求“等数”的方法是“更相减损”法，所以更相减损法也叫作等值算法.

例如，用更相减损术求 98 与 63 的最大公因数.

由于 63 不是偶数，把 98 和 63 以大数减小数，并辗转相减：

$$98-63=35$$

$$63-35=28$$

$$35-28=7$$

$$28-7=21$$

$$21-7=14$$

$$14-7=7$$

所以，98 和 63 的最大公因数等于 7.

这个过程可以简单地写为

$$(98,63)=(35,63)=(35,28)=(7,28)=(7,21)=(7,14)=(7,7)=7$$

4.2　专业应用案例

例 23　有 3 根钢丝，一根长 15 米，一根长 18 米，一根长 27 米，要把它们截成同样长的小段，不许剩余，每段最长有几米？

解

$$(15,18,27)=3$$

所以，铁丝每段最长有 3 米.

例 24　某工厂加工一批部件，每个部件需要 1 个双头螺栓、3 个螺母、7 个螺栓，已知每个工人每小时可完成 3 个双头螺栓或 12 个螺母或 18 个螺栓. 要想均衡生产，使每个零件都配上套，生产这 3 种零件至少各需安排多少人？

解　因为$[3,12,18]=36$，所以加工双头螺栓需

$$\frac{36}{3}=12(\text{人})$$

加工螺母需

$$\frac{36}{12}\times 3=9(\text{人})$$

加工螺栓需

$$\frac{36}{18}\times 7=14(\text{人})$$

思政课堂

宋元时期的数学

宋元时期(960—1368)，商业的繁荣、手工业的兴盛以及由此引起的技术进步(四大发明中有三项——指南针、火药和活字印刷在宋代完成并获得了广泛应用)，给数学的发展带来了活力. 这一时期被称为“宋元四大家”的杨辉、秦九韶、李治、朱世杰，在世界数学史上占有光辉的地位；而这一时期印刷出版、记载着中国古典数学最高成就的宋元算书，也是世界文化的重要遗产.

宋元时期数学最突出的成就之一是高次方程数值求解，它是《九章算术》开平方和开立方的继承和发展. 目前有明确记载保留下来的最早的高次开方法是贾宪创造的“增乘开方法”.

贾宪是北宋人，约1050年完成了一部《黄帝九章算术细草》的著作，原书丢失，但其主要内容被南宋数学家杨辉著《详解九章算法》(1261)摘录. 根据杨辉的摘录，贾宪的高次开方法以一张“开方作法本源”的图为基础. 在高次方程数值求解领域的集大成者，是南宋数学家秦九韶. 秦九韶 (约1202－1261)在他的代表著作《数书九章》中，将增乘开方法推广到了高次方程的情形. 他将自己的这种方法称为“正负开方术”. 正负开方术是求高次代数方程的完整算法. 秦九韶，字道古，四川安岳人，先后在湖北、安徽、江苏、浙江等地做官，1261年左右被贬至梅州. 他早年在杭州“访习于太史，又尝从隐君子受数学”，1247年写成《数书九章》.《数书九章》全书共18卷，81题，分九大类(大衍，天时，田域，测望，赋役，钱谷，营建，军旅，市易).

习　题

任　务　1

一、选择题(每小题只有一项是符合题目要求的)

1. 已知 a，$b\in\mathbf{R}$，则 $a=b$ 是 $(a-b)+(a+b)\mathrm{i}$ 为纯虚数的(　　).

A. 充要条件　　B. 充分不必要条件

C. 必要不充分条件　　D. 既不充分也不必要条件

2. $\dfrac{10\mathrm{i}}{2-\mathrm{i}}=$(　　).

A. $-2+4\mathrm{i}$　　B. $-2-4\mathrm{i}$

C. $2+4\mathrm{i}$　　D. $2-4\mathrm{i}$

3. 若 $w=-\dfrac{1}{2}+\dfrac{\sqrt{3}}{2}\mathrm{i}$，则 w^4+w^2+1 等于(　　).

A. 1　　B. 0

C. $3+\sqrt{3}\mathrm{i}$　　D. $-1+\sqrt{3}\mathrm{i}$

4. 已知 $\dfrac{\bar{z}}{1+\mathrm{i}}=2+\mathrm{i}$，则复数 $z=$(　　).

A. $-1+3\mathrm{i}$　　B. $1-3\mathrm{i}$

C. $3+\mathrm{i}$　　D. $3-\mathrm{i}$

二、填空题

1. $\mathrm{i}^{4n}+\mathrm{i}^{4n+1}+\mathrm{i}^{4n+2}+\mathrm{i}^{4n+3}=$__________($n$ 为正整数).

2. 已知 $\dfrac{(1-\mathrm{i})^3}{1+\mathrm{i}}=a$，则 $a=$__________.

三、解答题

若复数 $z=3m^2-2m-1-(m^2-2m-3)\mathrm{i}(m\in\mathbf{R})$ 的共轭复数 $\bar{z}$ 对应的点在第四象限，求实数 m 的集合.

任　务　2

一、选择题(只有一项是符合题目要求的)

学校学生参加技能培训，参加英语培训的有 17 人，参加语文培训的有 16 人，参加数学培训的有 14 人，参加 2 项以上的人占培训总人数的三分之二，三者都参加的有 2 人，求一共有多少人参加培训？(　　)

A. 28 人　　B. 27 人　　C. 26 人　　D. 25 人

二、判断以下结论是否成立，错误的举出反例.

1. 若 $d|a$，$d|(a^2+b^2)$，则 $d|b$.　　　　2. 若 $a^4|b^3$，则 $a|b$.

三、解答题

若 $a|b$ 且 $c|d$，则 $ac|bd$.

任　务　3

一、判断以下结论是否成立，错误的举出反例.

1. 互质数是没有公因子的两个数.

2. 成为互质数的两个数一定是质数.

3. 只要两个数是合数，那么这两个数就不能成为互质数.

任　务　4

一、填空题

1. 甲 $=2\times3\times5$，乙 $=2\times3\times7$，甲和乙的最大公因子是__________.

2. 自然数 a 除以自然数 b，商是 15，那么 a 和 b 的最大公因子是__________.

二、解答题

1. 求以下数组的最小公倍数.

(1) 198，252；　　　　(2) 482，1687.

2. 求最大公因数.

(1) $(2t+1, 2t-1)$；　　　　(2) $(2n, 2(n-1))$；

(3) $(5n, 5(n+1))$；　　　　(4) $(6n, 6(n+2))$.

综 合 练 习

一、选择题(每小题只有一项是符合题目要求的)

1. 复数 $\left(\frac{2i}{1+i}\right)^2$ 等于(　　).

A. 4i　　B. $-4i$　　C. 2i　　D. $-2i$

2. 复数 $1+\frac{2}{i^3}=$(　　).

A. $1+2i$　　B. $1-2i$　　C. -1　　D. 3

3. 复数 $i^3(1+i)^2=$(　　).

A. 2　　B. -2　　C. 2i　　D. $-2i$

4. 复数 $z=\frac{1}{1-i}$ 的共轭复数是(　　).

A. $\frac{1}{2}+\frac{1}{2}i$　　B. $\frac{1}{2}-\frac{1}{2}i$　　C. $1-i$　　D. $1+i$

5. 已知复数 $z=1-\mathrm{i}$，则 $\dfrac{z^2-2z}{z-1}=$(　　).

A. $2\mathrm{i}$　　B. $-2\mathrm{i}$　　C. 2　　D. -2

6. 若 $\sqrt{x-1}-\sqrt{1-x}=(x+y)^2$，则 $x-y$ 的值为(　　).

A. -1　　B. 1　　C. 2　　D. 3

7. 估计 $\sqrt{10}+1$ 的值(　　).

A. 在 2 和 3 之间　　B. 在 3 和 4 之间

C. 在 4 和 5 之间　　D. 在 5 和 6 之间

8. 在所给的数据 $\sqrt{2^2}$，$\sqrt[3]{-5}$，$\dfrac{1}{3}$，π，0.57，0.585 885 888 588 885…(相邻两个 5 之间 8 的个数逐次增加 1 个)，其中无理数的个数为(　　).

A. 2 个　　B. 3 个　　C. 4 个　　D. 5 个

9. 设 $a=2^0$，$b=(-3)^2$，$c=\sqrt[3]{-9}$，$d=\left(\dfrac{1}{2}\right)^{-1}$，则 a、b、c、d 按由小到大的顺序排列正确的是(　　).

A. $c<a<d<b$　　B. $b<d<a<c$

C. $a<c<d<b$　　D. $b<c<a<d$

二、填空题

1. 设 $z\in\mathbf{C}$，$z+|\bar{z}|=2+\mathrm{i}$，则 $z=$________.

2. 定义 $a※b=a^2-b$，则 $(1※2)※3=$________.

三、判断以下结论是否成立，错误的举出反例.

1. 若 $(a, b)=(a, c)$，则 $[a, b]=[a, c]$.

2. 若 $(a, b)=(a, c)$，则 $(a, b, c)=(a, b)$.

3. 若 $a^2|b^3$，则 $a|b$.

4. 若 $a^2|b^2$，则 $a|b$.

5. $ab|[a^2, b^2]$.

6. $[a^2, ab, b^2]=[a^2, b^2]$.

7. $(a^2, ab, b^2)=(a^2, b^2)$.

8. $(a, b, c)=((a, b), (a, c))$.

9. 若 $d\,|(a^2+1)$，则 $d\,|(a^4+1)$.

10. 若 $d\,|(a^2-1)$，则 $d\,|(a^4-1)$.

11. 两个均不为零的自然数分别除以它们的最大公约数，商是互质数.

四、解答题

1. 计算 $\left(\dfrac{1}{2}+\dfrac{\sqrt{3}}{2}\mathrm{i}\right)^3$.

2. 已知复数 $z=\dfrac{(1-\mathrm{i})^2+3(1+\mathrm{i})}{2-\mathrm{i}}$，若 $z^2+az+b=1-\mathrm{i}$，试求实数 a、b 的值.

3. 设 $z=(a^2-a-6)+\frac{a^2+2a-15}{a^2-4}\mathrm{i}(a\in\mathbf{R})$，试判断复数 z 能否为纯虚数？并说明理由.

4. 已知一个数的平方根是 $2a-1$ 和 $a-11$，求这个数.

5. 奇数一定能表示成两平方数之差.

6. 判断以下方程有无整数根，若有整数根，则求出所有这种根.

(1) $x^4+6x^3-3x^2+7x-6=0$；　　(2) $x^3-x^2-4x+4=0$.

7. 四位数 2⊙9⊙，能同时被 3 和 5 整除，求所有满足条件的四位数.

8. 一位马虎的采购员买了 36 套桌椅，洗衣服时把购货发票洗烂了，只能依稀看到 36 套桌椅，单价⊙3. ⊙⊙元，总价 1⊙24. 5⊙元，求桌椅的单价和总价.

9. 若 $3|b$ 且 $7|b$，则 $21|b$.

10. 求以下数组的全体公因子，并由此求出它们的最大公因子.

(1) 84，-60；(2) -120，56；(3) 168，-180，495.

11. 给出四个整数，它们的最大公因子是 1，但任何三个数都不既约.

12. 某市场是 20 路和 21 路汽车的起点站. 20 路汽车每 3 分钟发车一次，21 路汽车每 5 分钟发车一次. 这两路汽车同时发车以后，至少再过多少分钟又同时发车？

13. 有一盘水果，3 个 3 个地数余 2 个，4 个 4 个地数余 3 个，5 个 5 个地数余 4 个，问盘子里最少有多少个水果？

14. 有一个电子表，每走 9 分钟亮一次灯，每到整点响一次铃，中午 12 点整，电子表既响铃又亮灯，请问下一次既响铃又亮灯是几点钟？

15. 甲、乙、丙三人早晨在体育场跑步，甲跑完一圈要 3 分钟，乙跑完一圈要 7 分钟，丙跑完一圈要 6 分钟，三人同时从起点出发，经过多长时间三人再次在起点处相遇？

16. 一次聚餐提供三种饮料，餐后统计三种饮料共用了 65 瓶，平均每 2 人饮用一瓶 A 饮料，每 3 人饮用一瓶 B 饮料，每 4 人饮用一瓶 C 饮料，请问参加聚餐的有多少人？

拓展模块

1. 奇数与偶数

整数可以分为奇数和偶数两大类.

奇数和偶数的运算性质如下:

(1) 奇数±奇数=偶数, 偶数±偶数=偶数, 奇数±偶数=奇数.

(2) 奇数个奇数的和(或差)为奇数, 偶数个奇数的和(或差)为偶数. 任意多个偶数的和(或差)为偶数.

(3) 奇数×奇数=奇数, 偶数×偶数=偶数, 奇数×偶数=偶数.

(4) 若干个数相乘, 若其中有一个因数是偶数, 则积为偶数. 若所有的因数都是奇数, 则积为奇数.

(5) 在整除的前提下, 奇数不能被偶数整除, 一个奇数若能被某个奇数整除, 则其商必是奇数. 若一个偶数能被某个奇数整除, 则其商必是偶数. 若一个偶数能被某个偶数整除, 则其商可能是偶数, 也可能是奇数.

(6) 偶数的平方能被 4 整除, 奇数的平方被 4 除余 1.

灵活运用以上性质, 可以巧妙地解决许多有趣的问题.

例 1　任意取出 1994 个连续自然数, 它们的总和是奇数还是偶数?

解　任意取出 1994 个连续自然数时, 无论最小的是奇数还是偶数, 奇数和偶数的个数都是偶数个, 因此总和是偶数.

例 2　有"1""2""3""4"四张数字卡片, 每次取 3 张组成三位数, 其中是偶数的有多少个?

解　从 4 张卡片中每次取 3 张, 可能组成的三位数有

$$4\times3\times2=24(\text{个})$$

而四张卡片中奇偶数各占一半, 所以组成的 24 个三位数中奇偶数也各占一半.
即有偶数 12 个.

例 3　有一列数 1、1、2、3、5、8、13、21、34、55、…, 从第三个数开始, 每个数都是它前两个数的和. 那么在前 500 个数中, 有多少个奇数?

解　这列数的排列规律是每 3 个数为一组, 其中前 2 个是奇数, 后 1 个是偶数.

$$500\div3=166\cdots2$$

所以前 500 个数中有偶数 166 个, 有奇数 500−166=334 个.
因此在前 500 个数中有 334 个奇数.

例 4　41 名同学参加智力竞赛, 竞赛题共有 20 道. 评分方法是: 基础分 15 分, 答对一题加 5 分, 不答加 1 分, 答错一题倒扣 1 分. 所有参赛同学得分的总分是奇数还是偶数?

解　若 20 道题都答对了, 则可得到的分数为(15+20×5=)115 分, 是一个奇数; 不答

比答对少得(5－1＝)4 分，答错比答对少得(5＋1＝)6 分，从 115(奇数)分中扣除若干个 4 分、6(偶数)分，每人的得分一定是奇数．又参赛选手是 41(奇数)个，奇数个奇数相加是奇数．因此所有参赛同学得分的总分一定是奇数．

例 5　新年前夕，同学们互送贺年卡，每人只要接到别人赠的贺年卡就一定回赠贺年卡，那么送了奇数张贺年卡的人数是奇数还是偶数？为什么？

解　由于是互送贺年卡，因此贺年卡的总数一定是偶数．

把送贺年卡的人分成两类：一类是送了偶数张贺年卡的人，他们送出去的贺年卡的总和一定是偶数；另一类是送了奇数张贺年卡的人，他们送的贺年卡总数＝总张数(偶数)－送了偶数张贺年卡的人送出去的贺年卡总数(偶数)．于是送了奇数张贺年卡的人送出去的贺年卡总数应该为偶数，而偶数个奇数的和为偶数．因此，送了奇数张贺年卡的人数一定是偶数．

2. 整除问题

由整除的概念可知，满足整除的条件有以下三个：

(1) 被除数是整数，除数是自然数(不包括零)；

(2) 商是整数；

(3) 没有余数．

这三点缺一不可．

整除的特征如下：

(1) 被 2 整除的特征：数的个位上的数字是 0、2、4、6、8(是偶数)．

(2) 被 3、9 整除的特征：各位数字之和是 3 或 9 的倍数．

(3) 被 5 整除的特征：数的个位上的数字是 0、5．

(4) 被 4、25 整除的特征：数的末两位上的数字是 4 或 25 的倍数．

(5) 被 8、125 整除的特征：数的末三位上的数字是 8 或 125 的倍数．

(6) 被 11 整除的特征：奇数位上的数字和与偶数位上的数字和的差能被 11 整除．

(7) 被 7、11、13 整除的特征：数的末三位与末三位以前的数字所组成的数的差是 7、11、13 的倍数．

例 6　在五位数 15⊙8⊙的⊙内填什么数字，才能使它既能被 3 整除，又含有约数 5？

解　要使这个五位数含有约数 5，个位只能填 0 或 5．当个位填 0 时，各个位数上的和能被 3 整除才能使这个五位数被 3 整除，于是百位的⊙里只能填 1、4、7．同理，当个位填 5 时，百位的⊙里只能填 2、5、8．

所以满足条件的五位数有 15180、15480、15780、15285、15585、15885．

例 7　已知整数 $1x2x3x4x5$ 能被 11 整除，求所有满足这个条件的整数．

解　根据题意可知，$11|1x2x3x4x5$，于是 1＋2＋3＋4＋5 与 $4x$ 之差是 11 的倍数．

即 $11|(15-4x)$ 或 $11|(4x-15)$，由于 x 只能在 0～9 中取值，因此 x 只有取 1．所以满足条件的整数是 112131415．

例 8 某小学五年级学生张明做数学题时发现“任意一个三位数，连着写两次得到一个六位数，这个六位数一定能同时被 7、11、13 整除”．这个结论正确吗？

解 设任意一个三位数为 abc（a 是 1～9 的整数，b、c 为 0～9 的整数）．abc 连着写两次得到的六位数为 $abcabc$．于是

$$abcabc=abc\times1000+abc=abc\times1001=abc\times7\times11\times13$$

所以六位数 $abcabc$ 一定同时能被 7、11、13 整除．

例 9 1～1000 中能同时被 4 和 6 整除的自然数共有多少个？

解 1～1000 中能被 4 整除的自然数的个数为

$$\left[\frac{100}{4}\right]=250(\text{个})$$

1～1000 中能被 6 整除的自然数的个数为

$$\left[\frac{1000}{6}\right]=166(\text{个})$$

由于 4 和 6 的最小公倍数为 12，1～1000 中能被 12 整除的自然数的个数为

$$\left[\frac{1000}{12}\right]=83(\text{个})$$

因此，1～1000 中能同时被 4 和 6 整除的自然数的个数为

$$250+166-83=333(\text{个})$$

例 10 小马虎在一张纸上写了一个无重复数字的五位数 9⊙4⊙5，其中十位数字和千位数字都看不清了，但是已知这个数能被 75 整除，那么满足上述条件的五位数中，最大的一个是多少？

解 五位数能被 75=25×3 整除，于是这个五位数能同时被 25 和 3 整除．最后 2 位数能被 25 整除，十位的⊙里可以填 2、7．又这个五位数的各个数字的和能被 3 整除，当十位填 2 时，千位的⊙里可以填 1、7，当十位填 7 时，千位的⊙里可以填 2、8．于是这个五位数可能是 91425、97425、92475、98475，因此最大的一个是 98475．

3. 最大公因数和最小公倍数问题

例 11 用一个数去除 39 和 33，都正好余 3，这个数最大是几？

解 39－3＝36，33－3＝30．36 和 30 的最大公因子是 6，所以这个数最大是 6．

例 12 把 1 米 3 分米 5 厘米长、1 米 5 厘米宽的纸裁成同样大的正方形，没有剩下纸，那么正方形的最大边长是多少？共可裁成几张？

解 要裁成同样大的正方形并且没有剩下纸，则正方形的边长是长方形长和宽的最大公因子．

1 米 3 分米 5 厘米＝135 厘米，1 米 5 厘米＝105 厘米．

135 和 105 的最大公约数为

$$(135,105)=15$$

长方形纸的面积为

$$135\times 105=14\ 175(\text{平方厘米})$$

正方形的面积为

$$15\times 15=225(\text{平方厘米})$$

$$14\ 175\div 225=63(\text{张})$$

因此，正方形的最大边长是15厘米，共可裁成63张.

例13　有苹果362个，梨234个，等分给若干位小朋友，最后多了5个苹果和3个梨，每人分到的苹果和梨的总数不超过30个，那么小朋友有多少人？

解　小朋友分到的苹果有(362－5＝)357个，梨有(234－3＝)231个，所以

$$(357,231)=3\times 7=21$$

若有3个小朋友，则每人分到119个苹果和77个梨，与“每人分到的苹果和梨的总数不超过30个”不符；同理若有7个小朋友，分到的水果数量与题意不符. 因此小朋友有21个，此时每个小朋友分到17个苹果和11个梨，总数不超过30个，符合题意.

例14　有一批地砖，每块长45厘米、宽30厘米，至少要用多少块这样的砖才能铺成正方形地？

解　45和30的最小公倍数为

$$[45,30]=90$$

于是正方形的最小边长为90厘米. 由于

$$(90\div 45)\times(90\div 30)=6(\text{块})$$

因此至少要用6块这样的砖才能铺成正方形地.

例15　甲对乙说:“我现在的年龄是你年龄的7倍，过几年是你的6倍，再过若干年就分别是你的5倍、4倍、3倍、2倍. ”问甲、乙两人现在的年龄各是多少？

解　甲乙两人的年龄差始终不会改变. 甲现在的年龄是乙年龄的7倍，说明甲乙的年龄差是6的倍数，同理他们的年龄差也是5、4、3、2的倍数，于是两人的年龄差是6、5、4、3、2的公倍数，而[6，5，4，3，2]＝60. 考虑到人的实际年龄情况，甲、乙的年龄差不可能是(60×2＝)120岁，或更大，因此年龄差为60岁.

乙现在的年龄为

$$60\div(7-1)=10(\text{岁})$$

甲现在的年龄为

$$10\times 7=70(\text{岁})$$

4. 质数和合数问题

例16　两个质数的和是50，求这两个质数的乘积的最大值是多少？

解　把50表示成两个质数的和，共有以下4种形式：

$$50=47+3=43+7=37+13=31+19$$

因此乘积最大的是(31×19＝)589.

例 17　504 乘自然数 a，得到一个平方数，求 a 的最小值和这个平方数.

解　由于 $504=2^3\times3^2\times7$，再添上 2×7，即可得到一个平方数，因此 a 的最小值为 14，这个平方数为 7056.

例 18　陈虎是一名中学生，他说："这次考试(百分制)，我的名次乘我的年龄再乘我的考试分数，结果是 2910. "你能算出陈虎的名次、年龄与他这次考试的分数吗?

解　由于 $2910=2\times3\times5\times97$，显然 97 是考试分数. 又陈虎是一名中学生，那么 15 应是年龄. 因此，陈虎 15 岁，考试名次是第 2 名，考试成绩是 97 分.

项目一习题
参考答案

项目二　一元多项式

【数学文库】　　多项式的发展史

多项式理论是代数学的一个古老的研究领域. 早在公元前两千年，巴比伦人就已经知道如何求二次方程的根式解. 直到19世纪初，代数方程的根式解仍然是代数学研究的主要内容. 1824年，挪威青年数学家阿贝尔(N. H. Abel)作出了创造性的贡献，证明了一般五次方程的根式求解是不可能的. 其后，法国年青的天才数学家伽罗瓦(E. Galois)给出了判别方程根式解的充要条件，彻底解决了这一难题. 更为重要的是，伽罗瓦的新思想导致了群论的创立，这对整个数学的发展产生了持续深远的影响. 多项式理论已成为一个完善、成熟的研究领域，其理论渗透到了现代数学的各个分支中.

我们可以在任意环上定义一元或多元多项式，但是其理论过于一般化，缺乏深度. 相对来说，域上的多项式理论有着更加丰富的内涵. 例如，有理数域上的多项式理论是代数数论研究的对象. 有限域上的多项式理论在编码学、密码学和组合设计等领域都有着重要的应用. 因此，下面只介绍有限域上多项式的基本理论.

任务5 数域与一元多项式

※任务内容

(1) 完成数域与一元多项式概念相关的工作页；

(2) 学习数域的概念；

(3) 认识多项式，了解多项式的次数及相等多项式；

(4) 学习一元多项式运算及运算性质.

※任务目标

(1) 掌握数域的概念及其证明；

(2) 了解一元多项式的定义与有关概念；

(3) 掌握一元多项式的基本运算性质.

※任务工作页

1. 全体整数组成的集合是数域吗？

2. 一个数域必包含哪两个元素？

3. 最小的数域是什么？

4. $f(x)=(x^2-1)(x+2)^5$，则$\partial(f(x))=$________.

5. 一元多项式 $f(x)=ax^3+bx^2+c+b(x^3+x^2)$是零多项式，则 a，b，c 分别为________.

6. $f(x)=3x^2+4x+5$，$g(x)=x^3+2$，则 $f(x)g(x)=$________.

5.1 相关知识

多项式理论是数与代数的重要内容之一. 它不但为数与代数所讲授的基本内容提供了理论依据，其中的一些重要的定理和方法在进一步学习数学理论和解决实际问题时也常常用到.

5.1.1 数域

研究数学问题常常要明确规定所考虑的数的范围，也就是说要给定一个数集.

过去我们学习的数集有自然数集 **N**，整数集 **Z**，有理数集 **Q**，实数集 **R**，复数集 **C**.

同一个问题在不同的数集中会有不同的答案. 例如，$x^2+1=0$ 在 **R** 内没有根，在 **C** 内就有根；x^2-2 在 **Q** 内不能分解，在 **R** 内就可以分解，等等.

在数与代数中，我们主要考虑一个集合中元素的加减乘除(代数运算)是否还在这个集合中(运算是否封闭).

例如，两个整数的和、差、积仍是整数，但两个整数的商不一定是整数. 这说明整数集 **Z** 对加、减、乘三种运算封闭，但对除法并不封闭；而有理数集 **Q** 对加、减、乘、除(除数不为 0)四种运算都封闭. 同样，实数集 **R**、复数集 **C** 对加、减、乘、除四种运算都封闭. 我们把 **Q**, **R**, **C** 的共同点抽象出来，得到数域的定义.

定义 1　设 F 是复数集 **C** 的非空子集，如果它满足：

(1) $0, 1\in F$；

(2) F 中的任意两个数的加、减、乘、除(除数不为 0)仍然是 F 中的数，则称 F 为一个数域.

条件(2)也称对加、减、乘、除封闭.

有理数集 **Q**、实数集 **R**、复数集 **C** 都是数域，且是三个最重要的数域.

例 1　所有形如 $a+b\sqrt{2}(a, b\in \mathbf{Q})$ 的数构成一个数域 $Q(\sqrt{2})$.

证明　(1) $0=0+0\sqrt{2}\in Q(\sqrt{2})$，$1=1+0\sqrt{2}\in Q(\sqrt{2})$.

(2) 对四则运算封闭. 事实上

$\forall \alpha, \beta\in Q(\sqrt{2})$，设 $\alpha=a+b\sqrt{2}$，$\beta=c+d\sqrt{2}$，有

$$\alpha\pm\beta=(a\pm c)+(b\pm d)\sqrt{2}\in Q(\sqrt{2})$$

$$\alpha\beta=(ac+2bd)+(ad+bc)\sqrt{2}\in Q(\sqrt{2})$$

设 $\alpha=a+b\sqrt{2}\neq 0$，则 $a-b\sqrt{2}\neq 0$，且

$$\frac{c+d\sqrt{2}}{a+b\sqrt{2}}=\frac{(c+d\sqrt{2})(a-b\sqrt{2})}{(a+b\sqrt{2})(a-b\sqrt{2})}=\frac{ac-2bd}{a^2-2b^2}+\frac{ad-bc}{a^2-2b^2}\sqrt{2}\in Q\sqrt{2}$$

故 $Q(\sqrt{2})$是一个数域.

定理 1　有理数域 Q 是一个最小的数域(任何数域都包含有理数域作为它的一部分).

证明　设 F 为一个数域.

由定义知 $1\in F$，又由 F 对加法封闭可知，$1+1=2$，$1+2=3$，…，F 包含所有自然数. 由 $0\in F$ 及 F 对减法的封闭性可知，F 包含所有负整数，因而 F 包含所有整数.

任何一个有理数都可以表示为两个整数的商，由 F 对除法的封闭性可知，F 包含所有有理数.

即任何数域都包含有理数域作为它的一部分.

5.1.2　一元多项式

在中学数学中，我们讨论过许多多项式. 例如

$$x^2+x+1,\ \frac{1}{2}x^3-1$$

在讨论多项式的性质时，我们往往讨论系数在一定的范围，即在某个固定的数域中的

一元多项式. 下面给出一般多项式的定义.

定义 2　设 x 是一个符号(或称文字)，n 是一个非负整数，形式表达式

$$a_n x^n + a_{n-1} x^{n-1} + \cdots + a_1 x + a_0 \tag{5.1}$$

其中 $a_0, a_1, \cdots, a_n \in F$，称为系数在数域 F 上的一元多项式，简称为数域 F 上的一元多项式. 数域 F 上的所有一元多项式构成的集合记为 $F[x]$，称为数域 F 上的一元多项式环；F 称为 $F[x]$ 的系数域.

常用 $f(x)$，$g(x)$，…或 f，g，…来表示一元多项式.

例如，$f(x)=x^2+x+1$ 是 $\mathbf{Q}$ 上的多项式，

$f(x)=x^2+\sqrt{2}x+1$ 是 $\mathbf{R}$ 上的多项式，

$f(x)=2x^2+\mathrm{i}x+3$ 是 $\mathbf{C}$ 上的多项式，

$x^2-\dfrac{1}{x}$，ax^{-3}，$\dfrac{x-1}{2x^2-x}$ 都不是多项式.

定义 3　如果在多项式 $f(x)$ 与 $g(x)$ 中，除去系数为零的项外，同次项的系数全相等，那么 $f(x)$ 与 $g(x)$ 就称为相等，记为 $f(x)=g(x)$.

系数全为零的多项式称为零多项式，记为 0.

在多项式(5.1)中，$a_i x^i$ 称为 i 次项，a_i 称为 i 次项的系数(a_0 叫作零次项或常数项). 如果 $a_n \neq 0$，那么 $a_n x^n$ 称为多项式(5.1)的首项，a_n 称为首项系数，n 称为多项式(5.1)的次数，记为 $\partial(f(x))$. 零多项式是唯一不定义次数的多项式.

注：$\begin{cases} \text{零多项式：} f(x)=0. \\ \text{零次多项式：} f(x)=a_0 \neq 0. \end{cases}$

例 2　$f(x)=5x^6-2x+3$ 的首项是 $5x^6$，首项系数为 5，次数 $\partial(f(x))=6$.

5.1.3　一元多项式的运算

【案例引入】

$f(x)=x^2$，$g(x)=2x^3-x+1$，则

$$f(x)+g(x)=2x^3+x^2-x+1$$
$$f(x)-g(x)=2x^3-x^2-x+1$$
$$f(x)g(x)=x^2(2x^3-x+1)=2x^5-x^3+x^2$$

定义 4　设 $f(x)=a_n x^n + a_{n-1}x^{n-1}+\cdots+a_1 x+a_0$，$g(x)=b_m x^m + b_{m-1}x^{m-1}+\cdots+b_1 x+b_0$ 是数域 F 上的一元多项式，那么可以写成

$$f(x)=\sum_{i=0}^{n} a_i x^i,\ g(x)=\sum_{j=0}^{m} b_j x^j$$

在表示一元多项式 $f(x)$ 与 $g(x)$ 的和时，如 $n \geqslant m$，为了方便起见，在 $g(x)$ 中令 $b_n = b_{n-1}=\cdots=b_{m+1}=0$，则 $f(x)$ 与 $g(x)$ 的和

$$\begin{aligned} f(x)+g(x) &= (a_n+b_n)x^n+(a_{n-1}+b_{n-1})x^{n-1}+\cdots+(a_1+b_1)x+(a_0+b_0) \\ &= \sum_{i=0}^{n}(a_i+b_i)x^i \end{aligned}$$

$f(x)$与$g(x)$的差

$$f(x)-g(x)=\sum_{i=0}^{n}(a_i-b_i)x^i$$

而$f(x)$与$g(x)$的乘积为

$$f(x)g(x)=a_nb_mx^{n+m}+(a_nb_{m-1}+a_{n-1}b_m)x^{n+m-1}+\cdots+(a_1b_0+a_0b_1)x+a_0b_0$$

其中s次项的系数是

$$a_sb_0+a_{s-1}b_1+\cdots+a_1b_{s-1}+a_0b_s=\sum_{i+j=s}a_ib_j$$

所以$f(x)g(x)$可表示成

$$f(x)g(x)=\sum_{s=0}^{n+m}(\sum_{i+j=s}a_ib_j)x^s$$

显然，数域上的两个多项式经过加、减、乘运算后，所得结果仍然是数域F上的多项式.

例 3　设$f(x)=3x^2+4x+5$，$g(x)=x^3+2x^2+x+1$，则

$$f(x)+g(x)=x^3+5x^2+5x+6$$

$$\begin{aligned}f(x)g(x)&=3x^5+(4+6)x^4+(5+8+3)x^3+(10+4+3)x^2+(5+4)x+5\\&=3x^5+10x^4+16x^3+17x^2+9x+5\end{aligned}$$

定理 2　设$f(x)\neq 0$，$g(x)\neq 0$，则

(1) 当$f(x)\pm g(x)\neq 0$时，有

$$\partial(f(x)\pm g(x))\leqslant\max\{\partial(f(x)),\partial(g(x))\}$$

(2)

$$\partial(f(x)g(x))=\partial(f(x))+\partial(g(x))$$

且一元多项式乘积的首项系数就等于因子首项系数的乘积.

证明　设$\partial(f(x))=n$，$\partial(g(x))=m$，且

$$f(x)=a_0+a_1x+a_2x^2+\cdots+a_nx^n,\ a_n\neq 0$$

$$g(x)=b_0+b_1x+b_2x^2+\cdots+b_mx^m,\ b_m\neq 0$$

又$m\leqslant n$，那么

$$f(x)\pm g(x)=(a_0\pm b_0)+(a_1\pm b_1)x+(a_2\pm b_2)x^2+\cdots+(a_n\pm b_n)x^n \tag{5.2}$$

$$f(x)g(x)=a_0b_0+(a_0b_1+a_1b_0)x+\cdots+a_nb_mx^{n+m} \tag{5.3}$$

由式(5.2)可知，$f(x)\pm g(x)$的次数显然不超过n. 另一方面，由$a_n\neq 0$，$b_m\neq 0$得$a_nb_m\neq 0$，所以由式(1.3)可得$\partial(f(x)+g(x))=m+n$，且$f(x)g(x)$的首项系数是a_nb_m.

显然上面的结果都可以推广到多个一元多项式的情形.

推论 1　$f(x)g(x)=0$当且仅当$f(x)$和$g(x)$至少有一个是零多项式.

证明　若$f(x)$和$g(x)$中至少有一个是零多项式，那么由多项式乘法定义得$f(x)g(x)=0$. 若$f(x)\neq 0$且$g(x)\neq 0$，那么由定理2的证明可得$f(x)g(x)\neq 0$.

推论 2　若$f(x)g(x)=f(x)h(x)$，且$f(x)\neq 0$，那么$g(x)=h(x)$.

证明　由$f(x)g(x)=f(x)h(x)$得$f(x)(g(x)-h(x))=0$，但$f(x)\neq 0$，由推论1可得$g(x)-h(x)=0$，即$g(x)=h(x)$.

5.1.4 一元多项式的运算性质

一元多项式的运算具有以下性质：

(1) 加法交换律：$f(x)+g(x)=g(x)+f(x)$.

(2) 加法结合律：$(f(x)+g(x))+h(x)=f(x)+(g(x)+h(x))$.

(3) 乘法交换律：$f(x)g(x)=g(x)f(x)$.

(4) 乘法结合律：$(f(x)g(x))h(x)=f(x)(g(x)h(x))$.

(5) 乘法对加法的分配律：$f(x)(g(x)+h(x))=f(x)g(x)+f(x)h(x)$.

(6) 乘法消去律：若 $f(x)g(x)=f(x)h(x)$ 且 $f(x)\neq 0$，则 $g(x)=h(x)$.

下面证明多项式乘法满足结合律.

证明　设 $f(x)=\sum_{i=0}^{n}a_ix^i$，$g(x)=\sum_{j=0}^{m}b_jx^j$，$h(x)=\sum_{k=0}^{l}c_kx^k$，现证 $(f(x)g(x))h(x)=f(x)(g(x)h(x))$.

这只要比较两边同次项（比如 t 次项系数）相等即可.

左边：$f(x)g(x)$ 中 s 次项的系数为 $\sum_{i+j=s}a_ib_j$.

左边：$(f(x)g(x))h(x)$ 中 t 次项的系数为 $\sum_{k+s=t}(\sum_{i+j=s}a_ib_j)c_k=\sum_{i+j+k=t}a_ib_jc_k$.

右边：$g(x)h(x)$ 中 r 次项的系数为 $\sum_{j+k=r}b_jc_k$.

右边：$f(x)(g(x)h(x))$ 中 t 次项的系数为 $\sum_{i+r=t}a_i(\sum_{j+k=r}b_jc_k)=\sum_{i+j+k=t}a_ib_jc_k$.

证毕.

5.2 专业应用案例

例 4　设 $f(x)=x^3+x^2+x+1$，$g(x)=x^2+3x+2$，求 $f(x)+g(x)$，$f(x)-g(x)$，$f(x)g(x)$.

解

$$f(x)+g(x)=x^3+2x^2+4x+3$$

$$f(x)-g(x)=x^3-2x-1$$

$$f(x)g(x)=x^5+4x^4+6x^3+6x^2+5x+2$$

例 5　$f(x)=(5x-4)^{1993}(4x^2-2x-1)^{1994}(8x^3-11x+2)^{1995}$，求 $f(x)$ 的展开式中各项系数的和.

解　由于 $f(x)$ 的各项系数的和等于 $f(1)$，所以

$$f(1)=(5-4)^{1993}(4-2-1)^{1994}(8-11+2)^{1995}=-1$$

例 6　当 a，b，c 是什么数时，多项式

$$f(x)=ax^3+bx^2+c+b(x^3+x^2)$$

(1) 是零多项式？

(2) 是零次多项式？

解　由题意得

$$f(x)=(a+b)x^3+2bx^2+c$$

(1)系数全为零的多项式为零多项式，则

$$\begin{cases}a+b=0\\2b=0\\c=0\end{cases}$$

故 $a=b=c=0$.

(2)根据定义得

$$\begin{cases}a+b=0\\2b=0\\c\neq 0\end{cases}$$

故 $a=b=0$，$c\neq 0$.

例 7　当 a，b，c 取何值时，多项式 $f(x)=x-5$ 与 $g(x)=a(x-2)^2+b(x+1)+c(x^2-x+2)$相等？

解　由于 $g(x)=(a+c)x^2+(-4a+b-c)x+(4a+b+2c)$，根据多项式相等的定义，得

$$\begin{cases}a+c=0\\-4a+b-c=1\\4a+b+2c=-5\end{cases}$$

解得 $a=-\frac{6}{5}$，$b=-\frac{13}{5}$，$c=\frac{6}{5}$.

例 8　设 $f(x)$，$g(x)$，$h(x)$是实数域上的多项式，

(1) 若 $f^2(x)=xg^2(x)+xh^2(x)$，则 $f(x)=g(x)=h(x)=0$.

(2) 在复数域上，上述命题是否成立？

证明　(1) 当 $g(x)=h(x)=0$ 时，有 $f^2(x)=0$，所以 $f(x)=0$，命题成立. 如果 $g(x)$，$h(x)$不全为零，不妨设 $g(x)\neq 0$.

当 $h(x)=0$ 时，$\partial(xg^2(x)+xh^2(x))=1+2\partial(g(x))$为奇数；

当 $h(x)\neq 0$ 时，因为 $g(x)$，$h(x)$都是实系数多项式，所以 $xg^2(x)$与 $xh^2(x)$都是首项系数为正实数的奇次多项式，于是也有$\partial(xg^2(x)+xh^2(x))$为奇数.

而这时均有 $f^2(x)\neq 0$，且$\partial f^2(x)=2\partial(f(x))$为偶数，矛盾.

因此有 $g(x)=h(x)=0$，从而有 $f(x)=0$.

(2) 在复数域上，上述命题不成立.

例如，设 $f(x)=0$，$g(x)=x^n$，$h(x)=\mathrm{i}x^n$，其中 n 为自然数，则有 $f^2(x)=xg^2(x)+xh^2(x)$，但 $g(x)\neq 0$，$h(x)\neq 0$.

思政课堂

元代最杰出的数学家——朱世杰

朱世杰(1249—1314)，字汉卿，号松庭，汉族，燕山(今北京)人氏，元代数学家、教育家，毕生从事数学教育．有“中世纪世界最伟大的数学家”之誉．朱世杰在当时天元术的基础上发展出了“四元术”，也就是列出四元高次多项式方程，以及消元求解的方法．此外他还创造出了“垛积法”(高阶等差数列的求和方法)与“招差术”(高次内插法)．其主要著作是《算学启蒙》与《四元玉鉴》．

朱世杰在“宋元四大家”中出生得最晚，因而幸运地得以博采南北两地数学之精华．朱世杰出生在北京附近，他把自己一生的大多数时间用来“周游四方”．游学 20 年后，朱世杰终于在扬州城安定下来，并在那里刊印了前面提到的两部数学著作．《算学启蒙》从简单的四则运算入手，一直讲到当时数学的重要成就——开高次方和天元术，包括已有数学的方方面面，形成了一个完备的体系，是一部很好的数学启蒙教材．可能受南宋日用和商用数学的影响，朱世杰在书的最前面给出了包括乘法九九歌诀、除法九归歌诀等口诀，以利于更多的人阅读．据载，明世宗也曾学习《算学启蒙》，可是到了明末这部书却在中国失传．好在它流传至朝鲜和日本，对日本的和算尤有影响，与《算学启蒙》的通俗性相比，《四元玉鉴》则是朱世杰多年研究成果的结晶，其中最重要的成果是，把李冶的天元术从一个未知数推广到二元、三元乃至四元高次联立方程组上，这就是所谓的“四元术”．

朱世杰的“四元术”是这样的，令常数项居中，然后“立天元一于下，地元一于左，人元一于右，物元一于上”．也就是说，他用天、地、人、物来表示四个未知数，即今天的 x、y、z、w．例如，方程 $x+2y+3z+4w+5xy+6zw=A$ 可以表示成以下图表：

	4	6
2	A	3
5	1	

朱世杰不仅给出了这种图表的四则运算法则，还发明了消元法，可以依次消元，最后只留一个未知数，从而求得整个方程的解．

欧洲直到 18 世纪，才由西尔维斯特、凯莱等人用近代方法对消元法进行了较为全面的研究．此外，朱世杰还对高阶等差级数求和做了深入的探讨，给出了一系列更为复杂的三角垛的计算公式，并在牛顿之前给出了插值法的计算公式．

美国人乔治·萨顿被公认为科学史的奠基人，他评价朱世杰是“一位最杰出的数学家”，称赞《四元玉鉴》是“中世纪最杰出的数学著作之一”．

任务6　整除性

※任务内容

(1) 完成整除性概念相关的工作页；

(2) 学习多项式的整除概念和一些基本性质；

(3) 学习多项式的带余除法定理.

※任务目标

(1) 掌握一元多项式整除的概念及其性质；

(2) 熟练运用带余除法.

※任务工作页

1. $f(x)$，$g(x)\in F[x]$，若 $g(x)=0$，则 $g(x)\mid f(x)$的充要条件是________.

2. $f(x)=x^4-2x+5$，$g(x)=x^2-x+2$，求 $g(x)$除 $f(x)$的商 $q(x)$与余式 $r(x)$？

3. $f(x)=x^3+px+q$，$g(x)=x^2+mx-1$，若 $f(x)$能被 $g(x)$整除，则 m，p，q 应满足什么条件________.

4. d，n 为正整数，则$(x^d-1)\mid(x^n-1)$的充要条件是________.

6.1　相关知识

在一元多项式环 $F[x]$中，可以做 $f(x)\pm g(x)$，$f(x)g(x)$三种运算，但是乘法的逆运算——除法并不是普遍可以做的. 因此整除就成了两个多项式之间一种特殊的关系. 在这一任务中，我们来讨论和研究多项式的整除性质.

6.1.1　带余除法

【案例引入】

(以中学代数多项式除法为基础)考虑

$$f(x)=3x^3+4x^2-5x+6$$

$$g(x)=x^2-3x+1$$

求 $f(x)$除以 $g(x)$的商和余式.

解　方法一：采用长除法

$$\begin{array}{r@{}l} & \quad 3x\ +13 \\ x^2-3x+1 \big) & \overline{3x^3+4x^2-5x+6} \\ & \underline{3x^3-9x^2+3x\qquad} \\ & \qquad 13x^2-8x+6 \\ & \qquad \underline{13x^2-39x+13} \\ & \qquad\qquad 31x-7 \end{array}$$

即

$$3x^3+4x^2-5x+6=(3x+13)(x^2-3x+1)+(31x-7)$$

商 $q(x)=3x+13$，余式 $r(x)=31x-7$.

结果：$f(x)=q(x)g(x)+r(x)$.

方法二：采用竖式除法

$$\begin{array}{c|r|l} g(x) & f(x) \qquad\qquad & q(x) \\ x^2-3x+1 & 3x^3+4x^2-5x+6 & 3x+13 \\ & \underline{3x^3-9x^2+3x\qquad} & \\ & 13x^2-8x+6 & \\ & 13x^2-39x+13 & \\ \cline{2-2} & 31x-7 & \end{array}$$

即

$$3x^3+4x^2-5x+6=(3x+13)(x^2-3x+1)+(31x-7)$$

结果：$f(x)=q(x)g(x)+r(x)$.

定理 3(带余除法)　设 $f(x)$，$g(x)\in F[x]$，$g(x)\neq 0$，则存在唯一的 $q(x)$，$r(x)\in F[x]$，使得

$$f(x)=q(x)g(x)+r(x)$$

成立，其中 $r(x)=0$ 或者 $\partial(r(x))<\partial(g(x))$.

带余除法中所得的 $q(x)$ 称为 $g(x)$ 除 $f(x)$ 的商，$r(x)$ 称为 $g(x)$ 除 $f(x)$ 的余式.

证明　先证存在性.

(1) 若 $f(x)=0$，取 $q(x)=r(x)=0$ 即可.

(2) 若 $f(x)\neq 0$，设 $\partial(f(x))=n$，$\partial(g(x))=m$，对 $f(x)$ 的次数 n 做数学归纳法.

当 $n<m$ 时，显然取 $q(x)=0$，$r(x)=f(x)$，即结论成立.

当 $n\geqslant m$ 时，假设当次数小于 n 时结论成立，即存在多项式 $q(x)$，$r(x)\in F[x]$，使 $f(x)=q(x)g(x)+r(x)$.

以下证明当次数为 n 时结论也成立.

设 $f(x)$，$g(x)$ 的首项分别为 ax^n，bx^m，令

$$f_1(x)=f(x)-b^{-1}ax^{n-m}g(x) \tag{6.1}$$

注意到 $b^{-1}ax^{n-m}g(x)$ 与 $f(x)$ 有相同的首项，知 $\partial(f_1(x))<n$ 或 $f_1(x)=0$.

若 $f_1(x)=0$，取 $q(x)=b^{-1}ax^{n-m}$，$r(x)=0$，结论成立.

若 $\partial(f_1(x))<n$，由归纳法假设，有 $q_1(x)$，$r_1(x)\in F[x]$，使

$$f_1(x)=q_1(x)g(x)+r_1(x) \tag{6.2}$$

其中 $\partial(r_1(x))<\partial(g(x))$ 或 $r_1(x)=0$. 于是由式(6.1)、式(6.2)有

$$f(x)=(q_1(x)+b^{-1}ax^{n-m})g(x)+r_1(x)$$

取 $q(x)=q_1(x)+b^{-1}ax^{n-m}$，$r(x)=r_1(x)$，就有

$$f(x)=q(x)g(x)+r(x)$$

其中 $r(x)=0$ 或者 $\partial(r(x))<\partial(g(x))$.

由归纳法原理，对任意的 $f(x)$，$g(x)\neq0$，$q(x)$，$r(x)$ 的存在性证毕.

再证唯一性.

若还有 $q^*(x)$，$r^*(x)$，使

$$f(x)=q^*(x)g(x)+r^*(x)$$

其中 $\partial(r^*(x))<\partial(g(x))$ 或 $r^*(x)=0$，则

$$q(x)g(x)+r(x)=q^*(x)g(x)+r^*(x)$$

即

$$(q(x)-q^*(x))g(x)=r^*(x)-r(x)$$

若 $q(x)\neq q^*(x)$，则 $r^*(x)\neq r(x)$，且

$$\partial(r^*(x)-r(x))=\partial(g(x))+\partial(q(x)-q^*(x))\geqslant\partial(g(x))$$

这与 $\partial(r(x)-r^*(x))<\partial(g(x))$ 矛盾，故 $q(x)=q^*(x)$，从而 $r^*(x)=r(x)$，定理得证.

例 9　求 $g(x)$ 除 $f(x)$ 所得的商 $q(x)$ 和余式 $r(x)$，这里

$$f(x)=x^5+3x^4+x^3+x^2+3x+1,\ g(x)=x^4+2x^3+x+2$$

解

$$\begin{array}{r|l|l}
g(x) & \qquad f(x) & q(x) \\
x^4+2x^3+x+2 & x^5+3x^4+x^3+x^2+3x+1 & x+1 \\
 & \underline{x^5+2x^4\qquad\ +x^2+2x} & \\
 & \qquad x^4+x^3\qquad\ +x+1 & \\
 & \qquad \underline{x^4+2x^3\qquad +x+2} & \\
 & \qquad\ -x^3\qquad\quad\ -1 &
\end{array}$$

即有 $x^5+3x^4+x^3+x^2+3x+1=(x+1)(x^4+2x^3+x+2)+(-x^3-1)$.

故所求商 $q(x)=x+1$，余式 $r(x)=-x^3-1$.

6.1.2 整除及其性质

【案例引入】

带余除法表明：

$$f(x)=q(x)g(x)+r(x)$$

若 $f(x)=x^3+2x$，$g(x)=x^2+2$，由于 $x^3+2x=x(x^2+2)$，则余式 $r(x)=0$，因而得到两个多项式之间的一种关系——整除.

定义 5 设 $f(x)$，$g(x)\in F[x]$，如果存在多项式 $h(x)\in F[x]$，使

$$f(x)=h(x)g(x)$$

则称 $g(x)$整除 $f(x)$（或 $f(x)$能被 $g(x)$整除），记为 $g(x)|f(x)$.

此时也称 $g(x)$为 $f(x)$的因式，$f(x)$为 $g(x)$的倍式.

特别地，当 $g(x)$不能整除 $f(x)$时，记为 $f(x)\nmid g(x)$.

注：(1) $f(x)|f(x)$——任一多项式 $f(x)$一定整除它自身.

(2) $f(x)|0$——任一多项式 $f(x)$都能整除零多项式 0.

(3) $c|f(x)$——零次多项式，即非零常数，能整除任一多项式.

例如，$f(x)=3x^3-4x^2-x$，$g(x)=5x$，有 $g(x)|f(x)$. 因为 $3x^3-4x^2-x=5x\left(\frac{3}{5}x^2-\frac{4}{5}x-\frac{1}{5}\right)$.

当 $f(x)\neq 0$ 时，带余除法给出了整除性的一个判别条件.

定理 4 设 $f(x)$，$g(x)\in F[x]$，其中 $g(x)\neq 0$，

$$g(x)|f(x)\Leftrightarrow g(x)\text{除 }f(x)\text{的余式为零}$$

证明 ($\Leftarrow$)若余式 $r(x)=0$，则 $f(x)=q(x)g(x)+0$，即 $g(x)|f(x)$.

($\Rightarrow$)若 $g(x)|f(x)$，则存在 $h(x)\in F[x]$，使

$$f(x)=h(x)g(x)+0$$

即 $r(x)=0$.

注：带余除法中 $g(x)$必须不为零；但 $g(x)|f(x)$中，$g(x)$可以为零，这时 $f(x)=g(x)\cdot h(x)=0\cdot h(x)=0$.

例 10 设 $f(x)=2x^4-3x^3+5x^2-6$，$g(x)=x^2-x-1$，判断 $g(x)$能否整除 $f(x)$.

解 由

$$
\begin{array}{r|r|l}
g(x) & f(x) & q(x) \\
x^2-x-1 & 2x^4-3x^3+\ \ 5x^2-\ 6 & 2x^2-x+6 \\
 & \underline{2x^4-2x^3-\ \ 2x^2\qquad} & \\
 & -x^3+7x^2-6 & \\
 & \underline{-x^3+x^2+x\quad} & \\
 & 6x^2-x-6 & \\
 & \underline{6x^2-6x-6} & \\
 & 5x &
\end{array}
$$

得 $r(x)=5x\neq 0$，因而 $f(x)\nmid g(x)$.

例 11　求 m，n，使 $(x^2+x+n)\mid(x^3+mx+1)$.

解　方法一：由带余除法得

$$x^3+mx+1=(x-1)(x^2+x+n)+[(m-n+1)x+(1+n)]$$

$$
\begin{aligned}
(x^2+x+n)\mid(x^3+mx+1) &\Leftrightarrow (m-n+1)x+(1+n)=0 \\
&\Leftrightarrow m-n+1=0 \text{ 且 } 1+n=0 \\
&\Leftrightarrow m=-2 \text{ 且 } n=-1
\end{aligned}
$$

方法二：利用整除的定义，比较 $g(x)$与 $f(x)$的次数及首项系数.

$$g(x)\mid f(x)\Leftrightarrow \text{存在 } h(x)=x+a \text{ 使 } x^3+mx+1=(x+a)(x^2+x+n)$$

比较等式两边同次项的系数，得

$$\begin{cases}1+a=0\\ n+a=m\\ an=1\end{cases}\Rightarrow\begin{cases}m=-2\\ n=-1\end{cases}$$

例 12　证明：若 $g(x)\mid(f_1(x)+f_2(x))$，$g(x)\mid(f_1(x)-f_2(x))$，则

$$g(x)\mid f_1(x),\ g(x)\mid f_2(x)$$

证明　由假设可知，有 $h_1(x)$，$h_2(x)$使

$$f_1(x)+f_2(x)=h_1(x)g(x)$$

$$f_1(x)-f_2(x)=h_2(x)g(x)$$

因此

$$f_1(x)=\left[\frac{1}{2}h_1(x)+\frac{1}{2}h_2(x)\right]g(x)$$

$$f_2(x)=\left[\frac{1}{2}h_1(x)-\frac{1}{2}h_2(x)\right]g(x)$$

由整除的定义，知 $g(x)\mid f_1(x)$，$g(x)\mid f_2(x)$.

注：两个多项式之间的整除关系不因系数域的扩大而改变. 即若 $f(x)$，$g(x)$是 $F[x]$中的两个多项式，$\bar{F}$ 是包含 F 的一个较大的数域. 当然，$f(x)$，$g(x)$也可以看成 $\bar{F}[x]$中的

多项式. 从带余除法中可以看出，不论把 $f(x)$，$g(x)$看成 $F[x]$中或者 $\bar{F}[x]$中的多项式，用 $g(x)$去除 $f(x)$所得的商式及余式都是一样的. 因此，若 $g(x)$在 $F[x]$中不能整除 $f(x)$，则在 $\bar{F}[x]$中，也不能整除 $f(x)$.

多项式的整除具有下列性质：

(1) $h(x)\mid g(x)$，$g(x)\mid f(x) \Rightarrow h(x)\mid f(x)$.

(2) $h(x)\mid f(x)$，$h(x)\mid g(x) \Rightarrow h(x)\mid (f(x)\pm g(x))$.

(3) $h(x)\mid f(x)$，$\forall\, g(x)\in F[x] \Rightarrow h(x)\mid f(x)g(x)$.

(4) 若 $f(x)\mid g_i(x)$，$i=1, 2, \cdots, r$，则

$$f(x)\mid (u_1(x)g_1(x)+u_2(x)g_2(x)+\cdots+u_r(x)g_r(x))$$

其中 $u_i(x)$是数域 P 上的任意多项式.

通常，$u_1(x)g_1(x)+u_2(x)g_2(x)+\cdots+u_r(x)g_r(x)$称为 $g_1(x)$，$g_2(x)$，…，$g_r(x)$的一个组合.

(5) 若 $f(x)\mid g(x)$，$g(x)\mid f(x)$，则 $f(x)=cg(x)$，其中 c 为非零常数.

易见性质(1)～(4)成立，下证性质(5)成立.

证明　由 $f(x)\mid g(x)$，$g(x)\mid f(x)$，有

$$f(x)=h_1(x)g(x),\ g(x)=h_2(x)f(x)$$

若 $f(x)$，$g(x)$有一个是零多项式，则另一个必为 0，因此任取非零常数 c，即有 $f(x)=cg(x)$.

若 $f(x)$，$g(x)$均不为 0，则有

$$f(x)=h_1(x)h_2(x)f(x)$$

得 $h_1(x)h_2(x)=1$. 因而

$$\partial(h_1(x)h_2(x))=\partial(h_1(x))+\partial(h_2(x))=0$$

所以$\partial(h_1(x))=\partial(h_2(x))=0$，即 $h_1(x)$为非零常数.

6.2　专业应用案例

例 13　求 $g(x)$除 $f(x)$的商 $q(x)$与余式 $r(x)$，其中

$$f(x)=x^3-3x^2-x-1,\ g(x)=3x^2-2x+1$$

解　用多项式除法得到

$$x^3-3x^2-x-1=\left(\frac{1}{3}x-\frac{7}{9}\right)(3x^2-2x+1)-\frac{26}{9}x-\frac{2}{9}$$

所以 $q(x)=\frac{1}{3}x-\frac{7}{9}$，$r(x)=-\frac{26}{9}x-\frac{2}{9}$.

例 14　设 a，b 是两个不相等的常数，证明多项式 $f(x)$除以$(x-a)(x-b)$所得余式为

$$\frac{f(a)-f(b)}{a-b}x+\frac{af(b)-bf(a)}{a-b}$$

证明　依题意可设 $f(x)=(x-a)(x-b)q(x)+cx+d$，则

$$\begin{cases}f(a)=0\Rightarrow ca+d=0\\ f(b)=0\Rightarrow cb+d=0\end{cases}\Rightarrow\begin{cases}c=\dfrac{f(a)-f(b)}{a-b}\\ d=\dfrac{af(b)-bf(a)}{a-b}\end{cases}$$

故所得余式为

$$\frac{f(a)-f(b)}{a-b}x+\frac{af(b)-bf(a)}{a-b}$$

例 15　设 $g_1(x)g_2(x)\mid f_1(x)f_2(x)$，

(1) 若 $f_1(x)\mid g_1(x)$，$f_1(x)\neq 0$，则 $g_2(x)\mid f_2(x)$；

(2) 若 $g_2(x)\mid f_1(x)f_2(x)$，是否有 $g_2(x)\mid f_2(x)$？

解　(1) 因为 $g_1(x)g_2(x)\mid f_1(x)f_2(x)$，$f_1(x)\mid g_1(x)$，故存在多项式 $h(x)$，$h_1(x)$ 使得

$$f_1(x)f_2(x)=g_1(x)g_2(x)h(x),\ g_1(x)=f_1(x)h_1(x)$$

于是 $f_1(x)f_2(x)=f_1(x)h_1(x)g_2(x)h(x)$.

由于 $f_1(x)\neq 0$，故有 $f_2(x)=h_1(x)g_2(x)h(x)$，即 $g_2(x)\mid f_2(x)$.

(2) 否. 例取 $g_1(x)=x-2$，$g_2(x)=x^2-1$，$f_1(x)=(x-1)(x-2)$，$f_2(x)=(x+1)(x+2)$. 虽然 $g_1(x)g_2(x)\mid f_1(x)f_2(x)$ 且 $g_2(x)\mid f_1(x)f_2(x)$，但 $g_2(x)$ 不能整除 $f_2(x)$.

例 16　设 $(x-1)^2\mid(Ax^4+Bx^2+1)$，求 A 和 B.

解　用 $(x-1)^2$ 去除 $f(x)=Ax^4+Bx^2+1$，得余式 $r_1(x)=(4A+2B)x+1-3A-B$. 由题意要求知 $r_1(x)=0$，即解得 $A=1$，$B=-2$.

例 17　问 m，p，q 适合什么条件时，$f(x)$ 能被 $g(x)$ 整除？其中

$$f(x)=x^4+px^2+q,\ g(x)=x^2+mx+1$$

解　由整除的定义知，要求余式 $r(x)=0$，可先做多项式除法，所得余式为

$$r(x)=m(2-p-m^2)x+(1+q-p-m^2)$$

所以 $m(2-p-m^2)=0$，$1+q-p-m^2=0$，即当 $m=0$，$p=q+1$ 或 $p=2-m^2$，$q=1$ 时，$f(x)$ 可以被 $g(x)$ 整除.

思政课堂

学通中西的数学家——梅文鼎

梅文鼎(1633—1721)，字定九，号勿庵，汉族，宣州(今安徽省宣城市宣州区)人，清初天文学家、数学家，为清代“历算第一名家”和“开山之祖”，被世界科技史界誉为与英国牛顿和日本关孝和齐名的“三大世界科学巨擘”.

在安徽省南部，有一座古城——宣州，那里水陆交通方便，历来是宣纸、宣笔等著名产品的集散地，客商云集，文人毕至. 李白、白居易等大诗人都曾到此漫游，留下绮文华章.

唐玄宗天宝十二年(753 年)，李白来到宣州，登上城北青翠的敬亭山，望着树丛中掠起的飞鸟，望着悠然来去的白云，情不自禁，写下了千古绝唱：众鸟高飞尽，孤云独去闲.

八百多年后的 1633 年，在这个文化氛围极其浓厚的古城里，诞生了一个人，他就是后来被誉为清代“算学第一人”的梅文鼎. 梅文鼎出身在书香门第，童年随塾师罗王宾习儒学，并跟伯父攻读《易经》. 九岁时，他就能熟读“五经”，通晓历史，被当地人称为“神童”. 梅文鼎的父亲梅士昌及老师罗王宾皆擅长天文之学，经常指导梅文鼎仰观天象. 奇妙无穷的天体运行吸引了他，他认真揣摩，常有所得. 于是，他从童年时代就渐渐培养起对天文、数学的兴趣，随着年龄的增长，逐渐积累了这方面的知识.

梅文鼎 27 岁那年，师从竹冠道士倪正，研习天文历算，特别是学习了日、月交食(日食、月食的总称)的方法. 他同弟弟一道学习、讨论、研究，时有心得. 两年后，写出了《历学骈枝》一书. 此书问世后，更坚定了他进一步研究天文、数学的志向，从此，他把毕生精力，献给了科学事业，刻苦钻研，百折不回.

梅文鼎最突出的特点是勤奋. 遇到难读的书，他从不轻易绕过，而是反复钻研，一定要弄懂其中的意义. 对于暂时不理解的问题，也总是耿耿不忘，时时刻刻挂在心上，力求弄懂，为此废寝忘食是经常的事. 有时读别的书的时候，无意中触发心中的疑团，豁然开朗，便趁夜秉烛，立刻记了下来. 有时找到的书，残缺不全，就设法抄补，不错一字，不漏一句. 有时听说某地有位在天文、数学方面很有修养的人，他就不顾旅途劳累，步行登门求教. 后来他曾客居北京，与他同住的朋友见他如此勤奋钻研，大为惊异. 这位朋友说，梅文鼎“尝午夜篝灯夜读，昧爽(天将亮)则兴，频年手抄杂帙，不下数万卷”.

梅文鼎治学的目的非常明确，他的志向是追求科学真理，献身于社会. 他研究天文、数学不是为了做官、求功名，而是为了使这些学问能够“斯世共明”，让大家了解. 他认为，只要天文、数学这种“古之绝学”不致失传，有所发展，自己就“死而无憾”，“不必身擅其名”. 他把功利看得十分淡薄. 到了中年，他的夫人不幸去世，梅文鼎决心不再娶，以便专心从事研究、著述. 在那个时代，绝大多数的读书人都以学古崇儒为时尚，并且为了参加科举考试而皓首穷经，东奔西走. 但梅文鼎无意于仕途，潜心于天文、数学的研究. 到了老年，他仍然好学不辍，继续博览群书，观察天象，演算数学，致力于写作. 1721 年，88 岁高龄的梅文鼎坐在临窗的书桌前，停止了呼吸. 他把自己的毕生精力，献给了祖国的科学事业.

任务7 最大公因式

※任务内容

(1) 完成最大公因式相关的工作页；

(2) 学习多项式最大公因式的概念、性质及求法；

(3) 学习互素的概念、性质及判定；

(4) 学习用辗转相除法求最大公因式.

※任务目标

(1) 理解最大公因式的存在性，掌握其求法及表示法，掌握多项式的互素概念及性质；

(2) 熟练掌握辗转相除法；

(3) 会应用互素的性质证明整除问题.

※任务工作页

1. $f(x)=x+1$ 与 $g(x)=0$ 的最大公因式为______.

2. $f(x)=x+1$，$g(x)=1$，则$(f(x), g(x))=$______.

3. 多项式 $f(x)$，$g(x)$互素的充要条件是______.

4. 多项式 $f(x)$，$g(x)$互素，则$(f(x), g(x))=$______.

5. 设 $f(x)=x^4-x^3-4x^2+4x+1$，$g(x)=x^2-x-1$，求$(f(x), g(x))$，并求 $u(x)$，$v(x)$使$(f(x), g(x))=u(x)f(x)+v(x)g(x)$.

7.1 相关知识

多项式的最大公因式是多项式整除理论的一个重要组成部分，这里不仅要求大家掌握最大公因式的概念，也要求会求最大公因式，并熟练运用互素多项式的性质以及判断两个多项式互素的充要条件.

7.1.1 最大公因式

【案例引入】

$f(x)=x^3-x$，$g(x)=x^3-x^2-x+1$，$h(x)=x-1$，若 $h(x)\mid f(x)$，$h(x)\mid g(x)$，则 $h(x)$是 $f(x)$，$g(x)$共同的因式.

定义6 如果多项式 $h(x)$既是 $f(x)$的因式，又是 $g(x)$的因式，那么 $h(x)$就称为 $f(x)$与 $g(x)$的一个公因式.

定义7 设 $f(x)$与 $g(x)$是 $F[x]$中的两个多项式. $F[x]$中的多项式 $d(x)$称为 $f(x)$，

$g(x)$的一个最大公因式，如果它满足下面两个条件：

(1) $d(x)$是$f(x)$与$g(x)$的公因式；

(2) $f(x)$，$g(x)$的公因式全是$d(x)$的因式.

说明　① 两个多项式的最大公因式在相差一个非零常数倍的意义下是唯一确定的.

事实上，如果$d_1(x)$，$d_2(x)$是$f(x)$，$g(x)$的两个最大公因式，由最大公因式的定义，有$d_1(x)|d_2(x)$与$d_2(x)|d_1(x)$. 由整除的性质知$d_1(x)=cd_2(x)$，$c\neq0$.

② $(f(x),g(x))$表示首项系数是1的那个最大公因式.

例如，对于任意多项式$f(x)$，$f(x)$就是$f(x)$与0的一个最大公因式. 特别地，根据定义，两个零多项式的最大公因式就是0.

7.1.2　辗转相除法

两个多项式的最大公因式是否一定存在？若存在，怎样求最大公因式呢？下面介绍最大公因式的存在性及其求法.

引理 1　如果有等式

$$f(x)=q(x)g(x)+r(x)$$

成立，那么$f(x)$，$g(x)$和$g(x)$，$r(x)$有相同的公因式.

例 18　求$f(x)=x^5+3x^4+x^3+x^2+3x+1$与$g(x)=x^4+2x^3+x+2$的最大公因式.

解　先用$g(x)$除$f(x)$：

$$\begin{array}{c|l|l}
g(x) & \qquad f(x) & q(x) \\
x^4+2x^3+x+2 & x^5+3x^4+x^3+x^2+3x+1 & x+1 \\
 & \underline{x^5+2x^4\qquad\;\;+x^2+2x} & \\
 & \qquad x^4+x^3\qquad+x+1 & \\
 & \qquad \underline{x^4+2x^3\qquad+x+2} & \\
 & \qquad\;\; -x^3\qquad -1 &
\end{array}$$

得商$q(x)=x+1$，余式$r(x)=-x^3-1$，即

$$f(x)=(x+1)g(x)+(-x^3-1)$$

但由引理1，知$(f(x),g(x))=(g(x),r(x))$，因此求$(f(x),g(x))$可用$r(x)$除$g(x)$：

$$\begin{array}{c|l|l}
r(x) & \quad g(x) & q_1(x) \\
-x^3-1 & x^4+2x^3+x+2 & -x-2 \\
 & \underline{x^4\qquad\quad+x} & \\
 & \quad 2x^3\qquad+2 & \\
 & \quad \underline{2x^3\qquad+2} & \\
 & \qquad\qquad\; 0 &
\end{array}$$

由于$r(x)|g(x)$，知$r(x)$是$g(x)$与$r(x)$的一个最大公因式，因此

$$(f(x),g(x))=(g(x),r(x))=x^3+1$$

定理 5 对于 $F[x]$ 的任意两个多项式 $f(x)$，$g(x)$，在 $F[x]$ 中存在一个最大公因式 $d(x)$，且存在 $u(x)$，$v(x)\in F(x)$ 使得

$$d(x)=u(x)f(x)+v(x)g(x)$$

注：等式 $d(x)=u(x)f(x)+v(x)g(x)$ 成立，$d(x)$ 未必就是 $f(x)$ 与 $g(x)$ 的最大公因式. 例如，$f(x)=x^2+1$，$g(x)=x$，$u(x)=x$，$v(x)=x+1$，$d(x)=x^3+x^2+2x$，显然有 $d(x)=u(x)f(x)+v(x)g(x)$，但 $d(x)$ 不是 $f(x)$ 与 $g(x)$ 的最大公因式.

证明 (1) 如果 $f(x)$，$g(x)$ 有一个为零多项式，比如 $g(x)=0$，则 $f(x)$ 就是 $f(x)$，$g(x)$ 的一个最大公因式，即 $d(x)=f(x)$，且

$$f(x)=1\cdot f(x)+1\cdot 0=1\cdot f(x)+1\cdot g(x)$$

(2) 一般情形：不妨设 $g(x)\neq 0$. 由带余除法，用 $g(x)$ 除 $f(x)$，得商 $q_1(x)$，余式 $r_1(x)$，即

$$f(x)=q_1(x)g(x)+r_1(x)$$

若 $r_1(x)=0$，则 $g(x)$，$r_1(x)$ 的一个最大公因式为 $g(x)$，从而 $f(x)$，$g(x)$ 的最大公因式 $d(x)$ 仅与 $g(x)$ 相差一个非 0 常数因子，此时 $d(x)=cg(x)=0\cdot f(x)+cg(x)$.

若 $r_1(x)\neq 0$，再用 $r_1(x)$ 除 $g(x)$，得到商 $q_2(x)$，余式 $r_2(x)$；又若 $r_2(x)\neq 0$，就用 $r_2(x)$ 除 $r_1(x)$，得出商 $q_3(x)$，余式 $r_3(x)$；如此辗转相除下去，所得余式的次数不断降低，即

$$\partial(g(x))>\partial(r_1(x))>\partial(r_2(x))>\cdots$$

经有限次之后，必有余式为零(因次数有限). 即

$$f(x)=q_1(x)g(x)+r_1(x)$$
$$g(x)=q_2(x)r_1(x)+r_2(x)$$
$$\cdots\cdots$$
$$r_{s-3}(x)=q_{s-1}(x)r_{s-2}(x)+r_{s-1}(x)$$
$$r_{s-2}(x)=q_s(x)r_{s-1}(x)+r_s(x)$$
$$r_{s-1}(x)=q_{s+1}(x)r_s(x)+0$$

$r_s(x)$ 与 0 的最大公因式是 $r_s(x)$，由引理 1 知，$r_s(x)$ 也是 $r_s(x)$ 与 $r_{s-1}(x)$ 的一个最大公因式，也是 $r_{s-1}(x)$ 与 $r_{s-2}(x)$ 的一个最大公因式，以此逐步上推，可知 $r_s(x)$ 就是 $f(x)$，$g(x)$ 的一个最大公因式.

为得到定理结论中的等式，由上面的倒数第二个等式，有

$$r_s(x)=r_{s-2}(x)-q_s(x)r_{s-1}(x)$$

而由倒数第三个等式，有

$$r_{s-1}(x)=r_{s-3}(x)-q_{s-1}(x)r_{s-2}(x)$$

将此式代入上式，消去 $r_{s-1}(x)$，得到

$$r_s(x)=[1+q_s(x)q_{s-1}(x)]r_{s-2}(x)-q_s(x)r_{s-3}(x)$$

以同样的方法逐个消去 $r_{s-2}(x)$，…，$r_1(x)$，并项后得

$$r_s(x)=u(x)f(x)+v(x)g(x)$$

因而取 $d(x)=r_s(x)$ 即可.

定理证明中用来求最大公因式的方法通常称为辗转相除法.

例 19 设 $f(x)=4x^4-2x^3-16x^2+5x+9$，$g(x)=2x^3-x^2-5x+4$，求 $(f(x),g(x))$，并求 $u(x)$，$v(x)$ 使

$$(f(x),\ g(x))=u(x)f(x)+v(x)g(x)$$

解 利用辗转相除法：

$$\begin{array}{c|r|r|l}
q_2(x)= & g(x) & f(x) & q_1(x)= \\
-\frac{1}{3}x+\frac{1}{3} & 2x^3-x^2-5x+4 & 4x^4-2x^3-16x^2+5x+9 & 2x \\
 & \underline{2x^3+x^2-3x} & \underline{4x^4-2x^3-10x^2+8x} & \\
 & -2x^2-2x+4 & r_1(x)=-6x^2-3x+9 & 6x+9 \\
 & \underline{-2x^2-x+3} & \underline{-6x^2+6x} & =q_3(x) \\
 & r_2(x)=-x+1 & -9x+9 & \\
 & & \underline{-9x+9} & \\
 & & r_3(x)=0 &
\end{array}$$

上述辗转相除过程如下：

$$f(x)=q_1(x)g(x)+r_1(x)$$

$$g(x)=q_2(x)r_1(x)+r_2(x)$$

$$r_1(x)=q_3(x)r_2(x)+r_3(x)$$

因 $r_3(x)=0$，则 $r_2(x)=-x+1$ 为 $f(x)$ 与 $g(x)$ 的一个最大公因式，而首项系数为 1 的最大公因式为

$$(f(x),\ g(x))=x-1$$

由前式，得

$$\begin{aligned}r_2(x)&=g(x)-q_2(x)r_1(x)=g(x)-q_2(x)[f(x)-q_1(x)g(x)]\\&=[1+q_1(x)q_2(x)]g(x)-q_2(x)f(x)\end{aligned}$$

即

$$\begin{aligned}-x+1&=\left[1+2x\left(-\frac{1}{3}x+\frac{1}{3}\right)\right]g(x)-\left(-\frac{1}{3}x+\frac{1}{3}\right)f(x)\\&=\left(\frac{1}{3}x-\frac{1}{3}\right)f(x)+\left(-\frac{2}{3}x^2+\frac{2}{3}x+1\right)g(x)\end{aligned}$$

两端同乘以 -1，得

$$(f(x),\ g(x))=\left(-\frac{1}{3}x+\frac{1}{3}\right)f(x)+\left(\frac{2}{3}x^2-\frac{2}{3}x-1\right)g(x)$$

因此

$$u(x)=-\frac{1}{3}x+\frac{1}{3},\ v(x)=\frac{2}{3}x^2-\frac{2}{3}x-1$$

7.1.3 互素

定义 8 $F[x]$中的两个多项式 $f(x)$，$g(x)$称为互素(也称为互质)的，如果

$$(f(x),\ g(x))=1$$

显然，如果两个多项式互素，那么它们除去零次多项式外没有其他的公因式，反之亦然.

定理 6 $F[x]$中两个多项式 $f(x)$，$g(x)$互素的充要条件是在 $F[x]$中有多项式 $u(x)$，$v(x)$使

$$u(x)f(x)+v(x)g(x)=1$$

证明 若 $f(x)$，$g(x)$互素，由定理 5 可知存在 $u(x)$，$v(x)\in F(x)$使得

$$u(x)f(x)+v(x)g(x)=1$$

反过来，存在 $u(x)$，$v(x)\in F(x)$使 $u(x)f(x)+v(x)g(x)=1$. 设 $d(x)$是 $f(x)$，$g(x)$的一个最大公因式，则 $d(x)|f(x)$，$d(x)|g(x)$，从而 $d(x)|(u(x)f(x)+v(x)g(x))$，即 $d(x)|1$. 故 $d(x)$是一个非零常数，从而$(f(x),\ g(x))=1$，即 $f(x)$与 $g(x)$互素.

推论 3 如果$(f(x),\ g(x))=1$，且 $f(x)|g(x)h(x)$，则 $f(x)|h(x)$.

证明 由$(f(x),\ g(x))=1$可知，存在 $u(x)$，$v(x)\in F(x)$使 $u(x)f(x)+v(x)g(x)=1$. 于是

$$u(x)f(x)h(x)+v(x)g(x)h(x)=h(x)$$

因为 $f(x)|g(x)h(x)$，$f(x)|u(x)f(x)h(x)$，有

$$f(x)|(u(x)f(x)h(x)+v(x)g(x)h(x))$$

所以 $f(x)|h(x)$.

推论 4 如果 $f_1(x)|g(x)$，$f_2(x)|g(x)$，且$(f_1(x),\ f_2(x))=1$，则

$$f_1(x)f_2(x)|g(x)$$

证明 由 $f_1(x)|g(x)$知存在 $h(x)\in F(x)$使得

$$g(x)=f_1(x)h(x)$$

而 $f_2(x)|g(x)$，故 $f_2(x)|f_1(x)h(x)$. 但$(f_1(x),\ f_2(x))=1$，所以由推论 3 得 $f_2(x)|h(x)$. 于是存在 $h_1(x)\in F(x)$使得 $h(x)=h_1(x)f_2(x)$，则

$$g(x)=f_1(x)f_2(x)h_1(x)$$

故 $f_1(x)f_2(x)|g(x)$.

例 20 如果$(f_1(x),\ g(x))=1$，$(f_2(x),\ g(x))=1$，则

$$(f_1(x)f_2(x),\ g(x))=1$$

证明 由$(f_1(x),\ g(x))=1$可知，存在 $u(x)$，$v(x)\in F(x)$使得

$$u(x)f_1(x)+v(x)g(x)=1$$

于是

$$u(x)f_1(x)f_2(x)+v(x)f_2(x)g(x)=f_2(x)$$

即 $g(x)$与 $f_1(x)f_2(x)$的公因式都是 $g(x)$与 $f_2(x)$的公因式. 但$(f_2(x),\ g(x))=1$. 故$(f_1(x)f_2(x),\ g(x))=1$.

7.2　专业应用案例

例 21　当 k 为何值时，$f(x)=x^2+(k+6)x+4k+2$ 和 $g(x)=x^2+(k+2)x+2k$ 的最大公因式是一次的？并求出此时的最大公因式.

解　显然 $g(x)=(x+k)(x+2)$.

当 $(f(x),\ g(x))=x+2$ 时，$f(-2)=4-2(k+6)x+4k+2=0$，则 $k=3$.

当 $(f(x),\ g(x))=x+k$ 时，$f(-k)=k^2-k(k+6)+4k+2=0$，则 $k=1$.
这时 $(f(x),\ g(x))=x+1$.

例 22　设 $f(x)=d(x)f_1(x)$，$g(x)=d(x)g_1(x)$，且 $f(x)$ 与 $g(x)$ 不全为零，证明：$d(x)$ 是 $f(x)$ 与 $g(x)$ 的一个最大公因式的充分必要条件是 $(f_1(x),\ g_1(x))=1$.

证明　必要性：若 $d(x)$ 是 $f(x)$ 与 $g(x)$ 的一个最大公因式，则存在多项式 $u(x)$，$v(x)$ 使得

$$u(x)f(x)+v(x)g(x)=d(x)$$

于是

$$u(x)d(x)f_1(x)+v(x)d(x)g_1(x)=d(x)$$

由 $f(x)$ 与 $g(x)$ 不全为零知 $d(x)\neq 0$，因此有

$$u(x)f_1(x)+v(x)g_1(x)=1$$

即 $(f_1(x),\ g_1(x))=1$.

充分性：若 $(f_1(x),\ g_1(x))=1$，则存在多项式 $u(x)$，$v(x)$，使得

$$u(x)f_1(x)+v(x)g_1(x)=1$$

两边同时乘 $d(x)$ 有

$$u(x)f(x)+v(x)g(x)=d(x)$$

由 $d(x)$ 是 $f(x)$ 与 $g(x)$ 的一个公因式知，$d(x)$ 是 $f(x)$ 与 $g(x)$ 的一个最大公因式.

例 23　证明：如果 $f(x)$ 与 $g(x)$ 不全为零，且

$$u(x)f(x)+v(x)g(x)=(f(x),\ g(x))$$

那么 $(u(x),\ v(x))=1$.

证明　由于 $u(x)f(x)+v(x)g(x)=(f(x),\ g(x))$，$f(x)$ 与 $g(x)$ 不全为零，所以 $(f(x),\ g(x))\neq 0$. 两边同时除以 $(f(x),\ g(x))$，有

$$u(x)\frac{f(x)}{(f(x),\ g(x))}+v(x)\frac{g(x)}{(f(x),\ g(x))}=1$$

所以 $(u(x),\ v(x))=1$.

例 24　设多项式 $f(x)$ 与 $g(x)$ 不全为零，证明：

$$\left(\frac{f(x)}{(f(x),\ g(x))}\right),\ \left(\frac{g(x)}{(f(x),\ g(x))}\right)=1$$

证明　设 $d(x)=(f(x),\ g(x))$，则存在多项式 $u(x)$，$v(x)$，使得

$$u(x)f(x)+v(x)g(x)=d(x)$$

因为 $f(x)$ 与 $g(x)$ 不全为零，所以 $d(x)\neq 0$. 上式两边同时除以 $d(x)$，有

$$1=u(x)\frac{f(x)}{(f(x),\ g(x))}+v(x)\frac{g(x)}{(f(x),\ g(x))}$$

故 $\left(\dfrac{f(x)}{(f(x),\ g(x))}\right)$，$\left(\dfrac{g(x)}{(f(x),\ g(x))}\right)=1$ 成立.

例 25　证明：如果 $d(x)\mid f(x)$，$d(x)\mid g(x)$，且 $d(x)$ 为 $f(x)$ 与 $g(x)$ 的一个组合，那么 $d(x)$ 为 $f(x)$ 与 $g(x)$ 的一个最大公因式.

证明　由题意知 $d(x)$ 为 $f(x)$ 与 $g(x)$ 的公因式. 再由条件设 $d(x)=u(x)f(x)+v(x)g(x)$. 又设 $h(x)$ 为 $f(x)$ 与 $g(x)$ 的任一公因式，即 $h(x)\mid f(x)$，$h(x)\mid g(x)$，则可知 $h(x)\mid d(x)$. 故 $d(x)$ 为 $f(x)$ 与 $g(x)$ 的一个最大公因式.

例 26　证明：$(f(x)h(x),\ g(x)h(x))=(f(x),\ g(x))h(x)$，其中 $h(x)$ 的首项系数为 1.

证明　显然 $(f(x),\ g(x))h(x)$ 是 $f(x)h(x)$ 与 $g(x)h(x)$ 的一个公因式. 下面来证明它是最大公因式.

设 $u(x)$，$v(x)$ 满足 $u(x)f(x)+v(x)g(x)=(f(x),\ g(x))$，则

$$u(x)f(x)h(x)+v(x)g(x)h(x)=(f(x),\ g(x))h(x)$$

由例 25 结果可知，$(f(x),\ g(x))h(x)$ 是 $f(x)h(x)$ 与 $g(x)h(x)$ 的一个最大公因式，又首项系数为 1，所以

$$(f(x)h(x),\ g(x)h(x))=(f(x),\ g(x))h(x)$$

例 27　设 $f(x)=x^3+(1+t)x^2+2x+2u$，$g(x)=x^3+tx+u$ 的最大公因式是一个二次多项式，求 t，u 的值.

解　利用辗转相除法，可以得到

$$f(x)=g(x)+(1+t)x^2+(2-t)x+u$$

$$g(x)=\left[\frac{1}{1+t}x+\frac{t-2}{(1+t)^2}\right]\left[(1+t)x^2+(2-t)x+u\right]+$$
$$\left[\frac{(t^2+t-u)(1+t)+(t-2)^2}{(1+t)^2}x+\frac{u(1+t)^2-(t-2)}{(1+t)^2}\right]$$

由题意，$f(x)$ 与 $g(x)$ 的最大公因式是一个二次多项式，所以

$$\frac{(t^2+t-u)(1+t)+(t-2)^2}{(1+t)^2}x+\frac{u(1+t)^2-(t-2)}{(1+t)^2}=0$$

解得 $u=0$，$t=-4$.

例 28　$f(x)=x^4+2x^3-x^2-4x-2$，$g(x)=x^4+x^3-x^2-2x-2$，求 $u(x)$，$v(x)$ 使 $u(x)f(x)+v(x)g(x)=(f(x),\ g(x))$.

解　利用辗转相除法，可以得到

$$f(x)=g(x)+(x^3-2x)$$

$$g(x)=(x+1)(x^3-2x)+(x^2-2)$$

$$x^3-2x=x(x^2-2)$$

故$(f(x),g(x))=x^2-2$. 而

$$\begin{aligned}x^2-2&=g(x)-(x+1)(x^3-2x)\\&=g(x)-(x+1)[f(x)-g(x)]\\&=-(x+1)f(x)+(x+2)g(x)\end{aligned}$$

所以$u(x)=-x-1$，$v(x)=x+2$.

思政课堂

我国著名数学家——苏步青

苏步青1902年9月出生在浙江省平阳县的一个山村里. 因家境清贫，他的父母省吃俭用供他上学. 他在读初中时，对数学并不感兴趣，觉得数学太简单，一学就懂. 可是，后来的一堂数学课影响了他一生的道路.

苏步青上初三时，他就读的浙江省六十中来了一位刚从东京留学归来的教数学课的杨老师. 第一堂课杨老师没有讲数学，而是讲故事. 他说："当今世界，弱肉强食，世界列强依仗船坚炮利，都想蚕食瓜分中国. 中华亡国灭种的危险迫在眉睫，振兴科学，发展实业，救亡图存，在此一举. '天下兴亡，匹夫有责'，在座的每一位同学都有责任."杨老师旁征博引，讲述了数学在现代科学技术发展中的巨大作用. 这堂课的最后一句话是："为了救亡图存，必须振兴科学. 数学是科学的开路先锋，为了发展科学，必须学好数学."苏步青一生不知听过多少堂课，但这一堂课使他终生难忘.

杨老师的课深深地打动了他，给他的思想注入了新的兴奋剂. 读书，不仅为了摆脱个人困境，而是要拯救中国广大的苦难民众；读书，不仅是为了个人找出路，而是为中华民族求新生. 当天晚上，苏步青辗转反侧，彻夜难眠. 在杨老师的影响下，苏步青的兴趣从文学转向了数学，并从此立下了"读书不忘救国，救国不忘读书"的座右铭. 不管是酷暑隆冬，还是霜晨雪夜，苏步青都在读书、思考、解题、演算，4年中演算了上万道数学习题. 现在温州一中(当时省立十中)还珍藏着苏步青的一本几何练习簿，上面用毛笔书写得工工整整. 中学毕业时，苏步青门门功课都在90分以上. 17岁时，苏步青赴日留学，并以第一名的成绩考取了东京高等工业学校，在那里他如饥似渴地学习着. 为国争光的信念驱使苏步青较早地进入了数学的研究领域. 在完成学业的同时，他写了30多篇论文，在微分几何方面取得了令人瞩目的成果，并于1931年获得了理学博士学位. 获得博士学位之前，苏步青已在日本帝国大学数学系当讲师，正当日本的一所大学准备聘他去任待遇优厚的副教授时，苏步青却决定回国，回到抚育他成长的祖国任教. 回到浙大任教授的苏步青，生活十分艰苦. 面对困境，苏步青的回答是"吃苦算得了什么，我甘心情愿，因为我选择了一条正确的道路，这是一条爱国的光明之路啊!"

任务8　因式分解

※任务内容

(1) 完成因式分解概念相关的工作页；

(2) 学习不可约多项式的概念及性质；

(3) 学会对简单的多项式进行因式分解以及重因式的概念及性质.

※任务目标

(1) 了解因式分解、不可约多项式的定义及有关概念；

(2) 理解重因式的定义；

(3) 掌握多项式分解成不可约多项式的基本运算.

※任务工作页

1. 有理数域上，$x^2-4=$________.

2. 实数域上，$x^2-4=$________.

3. 复数域上，$x^2-4=$________.

4. $f(x)=x(x-1)^2(x+2)$，$g(x)=(x+1)(x-1)^2$，则$(f(x), g(x))=$________.

8.1　相关知识

因式分解与解高次方程有密切的关系，所有的三次和三次以上的一元多项式在实数范围内都可以进行因式分解，所有的二次或二次以上的一元多项式在复数范围内都可以进行因式分解. 因式分解很多时候就是用来提取公因式的，寻找公因式可以采用辗转相除法，对多项式进行因式分解就是把多项式分解成一些不能再分解的多项式的乘积. 以下介绍不可约多项式的定义.

8.1.1　不可约多项式

【案例引入】

一个多项式能否分解不是绝对的，而与数域有关. 例如，在有理数域$Q[x]$上：$x^4-9=(x^2-3)(x^2+3)$.

在实数域$R[x]$上：$x^4-9=(x-\sqrt{3})(x+\sqrt{3})(x^2+3)$.

在复数域$C[x]$上：$x^4-9=(x-\sqrt{3})(x+\sqrt{3})(x+\sqrt{3}i)(x-\sqrt{3}i)$.

从以上例子可以看出，我们必须在明确系数域之后，才能对不能再分的式子有明确的定义.

定义9　设$p(x)\in F[x]$且$\partial(p(x))\geqslant 1$，如果$p(x)$不能表示成$F$上两个次数比

$\partial(p(x))$低的多项式的乘积，则称 $p(x)$是 F 上的不可约多项式.

例如，x^2-3 在有理数域上是不可约的，但在实数域上是可约的；x^2+3 在实数域上是不可约的，但在复数域上是可约的.

注：(1) 不可约(可约)的概念是对于次数$\geqslant 1$ 的多项式而言的，一切常数都不在议论之列.

(2) 一个多项式是否不可约依赖于系数域.

(3) 一次多项式总是不可约的.

问题：数域 F 上，不是不可约的多项式是否必是可约多项式？

- F 上的多项式
  - 常值多项式
    - 零多项式
    - 非零常值多项式
  - 次数大于等于 1
    - 不可约多项式
    - 可约多项式

性质 1　设 $p(x)$是 F 上的不可约多项式，则

(1) 对任意 $f(x)\in F[x]$，或者 $p(x)\mid f(x)$，或者$(f(x), p(x))=1$；

(2) 对任意 $f(x), g(x)\in F[x]$，由 $p(x)\mid f(x)g(x)$一定有 $p(x)\mid f(x)$或者 $p(x)\mid g(x)$.

证明　(1) $(p(x), f(x))$表示首项系数为 1 的最大公因式. 令 $d(x)=(p(x), f(x))$，由 $d(x)\mid p(x)\Rightarrow d(x)=1$ 或 $d(x)=cp(x)$，$c\neq 0$. 若 $d(x)=1$，则$(f(x), p(x))=1$；若 $d(x)=cp(x)$，则 $p(x)\mid f(x)$.

(2) 若 $p(x)\mid f(x)$，则结论成立.

若 $p(x)$不整除 $f(x)$，由(1)知$(f(x), p(x))=1$，由 $p(x)\mid f(x)g(x)$ 得 $p(x)\mid g(x)$.

8.1.2　因式分解定理

问题：对于任意 $f(x)\in F[x]$，$\partial(f(x))\geqslant 1$，$f(x)$是否可分解为不可约多项式的乘积？

定理 7　数域 F 上的每个次数$\geqslant 1$ 的多项式都可以分解成 F 上的一些不可约多项式的乘积.

问题：多项式 $f(x)$分解成不可约多项式的乘积是否唯一？

若 $f(x)=p_1(x)p_2(x)\cdots p_r(x)$，取 $c_1c_2\cdots c_r=1$，则 $f(x)=c_1p_1(x)c_2p_2(x)\cdots c_rp_r(x)$，可见对于零次多项式，$f(x)$的分解不唯一.

定理 8(因式分解定理)　F 中任一个次数大于零的多项式 $f(x)$可分解成不可约多项式的乘积，即 $f(x)=p_1(x)p_2(x)\cdots p_r(x)$，若不计零次多项式的差异和因式的顺序，$f(x)$分解成不可约因式乘积的分解式是唯一的，即若有两个分解式：

$$f(x)=p_1(x)p_2(x)\cdots p_r(x)=q_1(x)q_2(x)\cdots q_s(x)$$

则有

(1) $r=s$.

(2) 适当调整 $q_i(x)$的顺序后，有 $q_i(x)=c_ip_i(x)$，$i=1, 2, \cdots, r$.

定义 10　设 $f(x)\in F[x]$，$\partial(f(x))\geqslant 1$，则由因式分解定理有

$$f(x)=ap_1^{r_1}(x)p_2^{r_2}(x)\cdots p_s^{r_s}(x)$$

其中 $a(\neq 0)\in F$，$r_s\geqslant 1$，$i=1, 2, \cdots, s$，$p_1(x)$，$p_2(x)$，$\cdots$，$p_s(x)$是互不相同的首项系数为 1 的不可约多项式，这样的分解式称为 $f(x)$的标准分解式.

注：(1) 每个多项式的标准分解式是唯一的.

(2) 利用多项式的标准分解式可以判断一个多项式是否整除另一个多项式.

(3) 利用多项式的标准分解式可以直接写出$(f(x), g(x))$.

例如，$f(x)=4(x-2)^4(x+6)^3(x+1)$，$g(x)=7(x+3)^5(x+1)^2(x+6)$，则$(f(x), g(x))=(x+6)(x+1)$.

8.1.3　重因式

定义 11　设 $p(x)$是数域 F 上的不可约多项式，如果 $p^k(x)\mid f(x)$，$p^{k+1}(x)\nmid f(x)$，我们称 $p(x)$是 $f(x)$的 k 重因式.

(1) 当 $k=0$ 时，$p(x)$不是 $f(x)$的因式.

(2) 当 $k=1$ 时，$p(x)$称为 $f(x)$的单因式.

(3) 当 $k>1$ 时，$p(x)$称为 $f(x)$的 k 重因式.

例如，重因式 $x-1$，$(x-1)^2\mid(x^3-x^2-x+1)$，但$(x-1)^3\nmid(x^3-x^2-x+1)$，我们称 $x-1$是 x^3-x^2-x+1 的 2 重因式.

定义 12　多项式 $f(x)=a_nx^n+a_{n-1}x^{n-1}+\cdots+a_1x+a_0$ 的一阶导数 $f'(x)=a_nnx^{n-1}+a_{n-1}(n-1)x^{n-2}+\cdots+a_1$ 是比 $f(x)$低一次的多项式.

例如，$f(x)=x^3-3x^2+x-1$，则 $f'(x)=3x^2-6x+1$.

定理 9　若不可约多项式 $p(x)$是 $f(x)$的 k 重因式($k>1$)，则 $p(x)$是 $f'(x)$的 $k-1$ 重因式.

证明　$p(x)$是 $f(x)$的 k 重因式，故有 $f(x)=p^k(x)g(x)$，其中 $p(x)\nmid g(x)$. 由 $f'(x)=kp^{k-1}(x)p'(x)g(x)+p^k(x)g'(x)=p^{k-1}(x)[kg(x)p'(x)+p(x)g'(x)]$知 $p^{k-1}(x)\mid f'(x)$. 令 $h(x)=kg(x)p'(x)+p(x)g'(x)$，因 $p(x)\mid p(x)g'(x)$，$p(x)\nmid g(x)\cdot p'(x)$，故 $p(x)\nmid h(x)$. 即 $p^k(x)\nmid f'(x)$. 故 $p(x)$是 $f'(x)$的 $k-1$ 重因式.

推论 5　若不可约多项式 $p(x)$是 $f(x)$的 k 重因式($k>1$)，则 $p(x)$是 $f(x)$，$f'(x)$，$f''(x)$，$\cdots$，$f^{(k-1)}(x)$的因式，但不是 $f^{(k)}(x)$的因式.

例如，$x-1$ 是 $2x^4-3x^3-3x^2+7x-3$ 的 3 重因式，则 $x-1$ 是 $8x^3-9x^2-6x+7$，$24x^2-18x-6$ 的因式，但不是 $48x-18$ 的因式.

推论 6　不可约多项式 $p(x)$是 $f(x)$的重因式当且仅当 $p(x)$是 $f(x)$与 $f'(x)$的公因式.

例如，$x-1$ 是$(x-1)^2$ 的重因式，可以得到 $x-1$ 是$(x-1)^2$ 和 $2(x-1)$的公因式；由 $x-1$是$(x-1)^2$ 和 $2(x-1)$的公因式，可以得到 $x-1$ 是$(x-1)^2$ 的重因式.

推论 7 多项式 $f(x)$ 无重因式的充要条件是 $f(x)$ 与 $f'(x)$ 互素.

8.2 专业应用案例

例 29 求实数域上 $f(x)=x^3+x^2-2x-2$ 的标准分解式.

解 $f(x)=x^3+x^2-2x-2=x^2(x+1)-2(x+1)$

$=(x+1)(x^2-2)=(x+1)(x-\sqrt{2})(x+\sqrt{2})$.

例 30 求 $f(x)=x^5-x^4-2x^3+2x^2+x-1$ 在 $Q[x]$ 上的标准分解式.

解 $f(x)=x^5-x^4-2x^3+2x^2+x-1=x^4(x-1)-2x^2(x-1)+(x-1)$

$=(x-1)(x^4-2x^2+1)=(x-1)(x^4-x^3+x^3-x^2-x^2+x-x+1)$

$=(x-1)[x^3(x-1)+x^2(x-1)-x(x-1)-(x-1)]$

$=(x-1)(x-1)(x^3+x^2-x-1)$

$=(x-1)^2[x^2(x+1)-(x+1)]=(x-1)^2(x^2-1)(x+1)$

$=(x-1)^3(x+1)^2$.

例 31 求 $f(x)=x^4-6x^2+1$ 在 $R[x]$ 上的标准分解式.

解 $f(x)=x^4+2x^2+1-8x^2=(x^2+1)^2-8x^2=(x^2+1-2\sqrt{2}x)(x^2+1+2\sqrt{2}x)$

$=[(x-\sqrt{2})^2-1][(x+\sqrt{2})^2-1]=(x-\sqrt{2}+1)(x-\sqrt{2}-1)(x+\sqrt{2}+1)(x+\sqrt{2}-1)$.

例 32 求 $f(x)=x^4+x^3-3x^2-5x-2$ 的重因式.

解 $f'(x)=4x^3+3x^2-6x-5$，利用辗转相除法：

$$
\begin{array}{r|r|l|l}
 & f'(x) & f(x) & \\
 & 4x^3+3x^2-6x-5 & x^4+x^3-3x^2-5x-2 & \frac{1}{4}x+\frac{1}{16}=q_1(x) \\
 & 4x^3+8x^2+4x & x^4+\frac{3}{4}x^3-\frac{3}{2}x^2-\frac{5}{4}x & \\
\cline{2-3}
-\frac{64}{27}x+\frac{80}{27}=q_2(x) & -5x^2-10x-5 & \frac{1}{4}x^2-\frac{3}{2}x^2-\frac{15}{4}x-2 & \\
 & -5x^2-10x-5 & & \\
\cline{2-2}
 & r_2(x)=0 & \frac{1}{4}x^3+\frac{3}{16}x^2-\frac{3}{8}x-\frac{5}{16} & \\
\cline{3-3}
 & & r_1(x)=-\frac{27}{16}x^2-\frac{27}{8}x-\frac{27}{16} &
\end{array}
$$

求得 $(f(x), f'(x))=x^2+2x+1=(x+1)^2$，所以 $x+1$ 为 $f(x)$ 的 3 重因式，即 $f(x)$ 的标准分解式为 $f(x)=(x+1)^3(x-2)$.

例 33 求 $f(x)=x^3-3x+t$ 有重因式时，t 的取值.

解 $f'(x)=3x^2-3$，利用辗转相除法：

$$\begin{array}{r|l|l|l}
 & f'(x) & f(x) & \frac{1}{3}x=q_1(x) \\
 & 3x^2 \qquad -3 & \quad x^3-3x+t & \\
 & 3x^2-\frac{3}{2}tx & \quad x^3-x & \\
\cline{3-3}
 & & r_1(x)=-2x+t & \\
\cline{2-2}
-\frac{3}{2}x-\frac{3}{4}t=q_2(x) & \qquad \frac{3}{2}tx-3 & & \\
 & \qquad \frac{3}{2}tx-\frac{3}{4}t^2 & & \\
\cline{2-2}
 & r_2(x)=\frac{3}{4}t^2-3 & &
\end{array}$$

当 $t^2-4=0$，即 $t=\pm 2$ 时，$f(x)$有重因式.

例 34　求 $f(x)=x^4-3x^2+2$ 在 $Q[x]$，$R[x]$上的标准分解式.

解　在 $Q[x]$上，

$$\begin{aligned}
x^4-3x^2+2&=(x^4-x^2-2x^2+2)\\
&=[x^2(x^2-1)-2(x^2-1)]\\
&=(x^2-1)(x^2-2)=(x+1)(x-1)(x^2-2)
\end{aligned}$$

在 $R[x]$上，$x^4-3x^2+2=(x+1)(x-1)(x^2-2)=(x+1)(x-1)(x+\sqrt{2})(x-\sqrt{2})$.

例 35　求 x^4-4 在有理数域、实数域和复数域上的标准分解式.

解　在 $Q[x]$上，$x^4-4=(x^2-2)(x^2+2)$.

在 $R[x]$上，$x^4-4=(x-\sqrt{2})(x+\sqrt{2})(x^2+2)$.

在 $C[x]$上，$x^4-4=(x-\sqrt{2})(x+\sqrt{2})(x-\sqrt{2}\mathrm{i})(x+\sqrt{2}\mathrm{i})$.

思政课堂

北魏数学家——张邱建

张邱建，清河(今邢台市清河县)人，我国古代著名的数学家. 著有《张邱建算经》3 卷.《张邱建算经》约成书于公元 466—485 年间，共 3 卷 93 题，包括测量、纺织、交换、纳税、冶炼、土木工程、利息等各方面的计算问题. 其体例为问答式，条理精密，文词古雅，是中国古代数学史上的杰作，也是世界数学资料库中一份宝贵的遗产. 后世学者北周甄鸾、唐李淳风相继为该书做了注释. 特别是在唐代，经太史令李淳风注释整理，收入《算经十书》，该书成为当时算学馆先生的必读书目.《张邱建算经》现传本有 92 问，比较突出的就有最大公约数与最小公倍数的计算，各种等差数列问题的解决、某些不定方程问题求解等. “百鸡问题”是《张邱建算经》中一个世界著名的不定方程问题，它给出了由三个未知量的两个方程组成的不定方程组的解. 所谓“百鸡问题”指的是每只公鸡的价格是 5 元钱，每只母鸡的价格是 3 元钱，3 只小鸡的价格是 1 元钱，如果用 100 元钱买 100 只鸡，问公鸡、母鸡、小鸡各可以买多少只?“百鸡问题”是中古时期关于不定方程整数的典型问题.张邱建从小聪明好学,酷爱算术,一生从事数学研究,造诣很深,对该问题有精湛而独到的见解.“百鸡问题”自《张邱建算经》问世以来,一直被人们作为讲解不定方程入门的典型例子.

自张邱建以后,中国数学家对百鸡问题的研究不断深入,百鸡问题也几乎成了不定方程的代名词,从宋代到清代围绕百鸡问题的数学研究取得了巨大成就.

任务9　多项式函数与多项式根

※任务内容

(1) 完成多项式函数和多项式根相关的工作页；学习多项式函数的概念和余数定理；

(2) 学会多项式的根的定义及相关概念，学习计算多项式的根.

※任务目标

(1) 了解多项式函数的基本概念；

(2) 掌握多项式根的基本运算.

※任务工作页

1. 多项式函数包括哪些函数？ 2. $f(x)=x^2-4$，则 $f(x)$的根是__________. 3. $f(x)=x^3-x^2-x+1$，则 $f(x)$的重根是__________.

9.1　相关知识

函数是微分的基础，形如 $f(x)=a_nx^n+a_{n-1}x^{n-1}+\cdots+a_0$ 的函数叫作多项式函数，它是由常数与自变量 x 经过有限次乘法与加法运算得到的. 当 $n=1$ 时，$f(x)=a_1x+a_0$ 为一元一次函数，一元一次函数也叫一次函数，其图像在平面直角坐标系中可以用一条直线表示；当 $n=2$ 时，$f(x)=a_2x^2+a_1x+a_0$ 为一元二次函数，二次函数是自变量的最高次数为二次的多项式函数，其图像在平面直角坐标系中呈一条抛物线；当 $n\geqslant 3$ 时，$f(x)$又是不一样的函数. 以下给出多项式函数的定义.

9.1.1　多项式函数

定义 13　设 $f(x)=a_nx^n+a_{n-1}x^{n-1}+\cdots+a_0\in F[x]$. 对任意的 $a\in F$，我们定义 $f(x)$ 在 $x=a$ 处的值 $f(a)=a_na^n+a_{n-1}a^{n-1}+\cdots+a_0$，这样 $f(x)$就定义了 F 上的一个**函数**. 设 $f(x)\in F[x]$，$\forall c\in F$，作映射 $f:c\rightarrow f(c)\in F$，映射 f 确定了数域 F 上的一个函数 $f(x)$，$f(x)$称为 F 上的**多项式函数**.

定理 10(余式定理)　用一次多项式 $x-c$ 去除多项式 $f(x)$，所得的余式是 $f(c)$.

证明　用 $x-c$ 去除 $f(x)$，得 $f(x)=(x-c)q(x)+r$，令 $x=c$ 则 $f(c)=r$.

例如，用 $x+1$ 去除 $f(x)=x^2+2x-1$，得 $f(x)=(x+1)^2-2$，即 $r=f(-1)=-2$.

定理 11　多项式 $f(x)$有一个因式 $x-c$ 的充要条件是 $f(c)=0$.

由此定理可知，要判断一个数 c 是不是 $f(x)$的根，可以直接代入多项式函数，看 $f(x)$ 是否等于零，也可以利用综合除法判断其余数是否为零.

例如，$f(x)=(x-1)^2(x+1)\Leftrightarrow f(1)=0$.

9.1.2　多项式的根

定义 14　如果 $f(x)$在 $x=a$ 处的值 $f(a)=0$，则称 a 是 $f(x)$的一个根或一个零点.

例如，$f(x)=x^2-x-2=(x-2)(x+1)$，则 $x=2$ 是 $f(x)$的一个根，$x=-1$ 是 $f(x)$的一个根.

定义 15　若 $x-a$ 是 $f(x)$的一个 k 重因式，即有$(x-a)^k \mid f(x)$，但$(x-a)^{k+1} \nmid f(x)$，则 $x=a$ 是 $f(x)$的一个 k 重根.

例如，$f(x)=x^3-x^2-x+1$，$x-1$ 是 $f(x)$的 2 重因式，即$(x-1)^2 \mid f(x)$且$(x-1)^3 \nmid f(x)$，则 1 是 $f(x)$的一个 2 重根.

定理 12　a 是 $f(x)$的根的充分必要条件是 $f(x)$能被 $x-a$ 整除.

证明　设 $f(x)=(x-a)q(x)+r$，若 $f(a)=0$，则 $r=0$，故 $x-a$ 是 $f(x)$的一个因式. 若$(x-a) \mid f(x)$，则 $r=0$，即 $f(a)=0$.

推论 8　$(x-a) \mid f(x)\Leftrightarrow f(a)=0$.

例如，若 $f(x)=x^3-x^2-x+1$，则有$(x-1) \mid f(x)\Rightarrow f(1)=0$，$f(1)=0\Rightarrow(x-1) \mid f(x)$.

问题 1：若多项式 $f(x)$有重根，能否推出 $f(x)$有重因式；反之，若 $f(x)$有重因式，能否说 $f(x)$有重根？

由于多项式 $f(x)$有无重因式与系数域无关，而 $f(x)$有无重根与系数域有关，故 $f(x)$有重根$\Rightarrow f(x)$有重因式，但反之不对.

定义 16　设 $k\geqslant 1$，如果 $x-a$ 是 $f(x)$的 k 重因式，则称 a 是 $f(x)$的 k 重根；$k>1$ 时称为重根，$k=1$ 时称为单根.

例如，$f(x)=x^3-x^2-x+1=(x-1)^2(x+1)$，$-1$ 是 $f(x)$的单根，1 是 $f(x)$的 2 重根.

定理 13　数域 F 上的 $n(\geqslant 0)$次多项式 $f(x)$在 F 中至多有 n 个根，重根按重数计算.

定理 14　若 $f(x)$，$g(x)\in F[x]$，$\partial(f(x))\leqslant n$，$\partial(g(x))\leqslant n$，如果 F 中有 $n+1$ 个不同的数 a_1，a_2，…，a_{n+1} 使 $f(a_i)=g(a_i)$，$i=1, 2, 3, \cdots, n+1$，则 $f(x)=g(x)$.

证明　令 $h(x)=f(x)-g(x)$，如果 $h(x)\neq 0$，即 $f(x)\neq g(x)$，则$\partial(h(x))\leqslant n$，但 $h(x)$有 $n+1$ 个不同的根 a_1，a_2，…，a_{n+1}，与定理 13 矛盾. 故 $h(x)=0$，即 $f(x)=g(x)$.

问题 2：用形式定义的多项式与用函数观定义的多项式是否一致？

多项式相等：$f(x)=g(x)\Leftrightarrow$对应项的系数相同.

多项式函数相等：$f(x)=g(x)\Leftrightarrow\forall c\in F$，有 $f(c)=g(c)$.

由于 F 中有无限个数，因此，如果 $f(x)$与 $g(x)$所定义的多项式函数相等，即 $f(a)=g(a)$，$a\in F$，则 $f(x)=g(x)$.

9.2　专业应用案例

例 36　求一个次数小于 3 的多项式 $f(x)$，使 $f(-2)=7$，$f(-1)=2$，$f(2)=1$.

解　设所求的多项式 $f(x)=ax^2+bx+c$.

由已知条件得到线性方程组：

$$\begin{cases}4a-2b+c=7\\ a-b+c=2\\ 4a+2b+c=1\end{cases}$$

解得

$$\begin{cases}a=\dfrac{7}{6}\\ b=-\dfrac{3}{2}\\ c=-\dfrac{2}{3}\end{cases}$$

所以 $f(x)=\dfrac{7}{6}x^2-\dfrac{3}{2}x-\dfrac{2}{3}$.

例 37　求用 $x+2$ 去除 $f(x)=x^5+x^3+2x^2+8x-5$ 的商式和余式.

解　由题意可知

$$\begin{array}{c|r|l}
 & x^5+x^3+2x^2+8x-5 & x^4-2x^3+5x^2-8x+24\\
 & \underline{x^5+2x^4\qquad\qquad\qquad\quad} & \\
 & -2x^4+x^3+2x^2+8x-5 & \\
 & \underline{-2x^4-4x^3\qquad\qquad\quad} & \\
 & 5x^3+2x^2+8x-5 & \\
x+2 & \underline{5x^3+10x^2\qquad\quad} & \\
 & -8x^2+8x-5 & \\
 & \underline{-8x^2-16x\quad} & \\
 & 24x-5 & \\
 & \underline{24x+48} & \\
 & -53 &
\end{array}$$

所以 $f(x)=(x+2)(x^4-2x^3+5x^2-8x+24)-53$.

例 38　设 $f(x)=2x^3-3x^2+ax+b$，除以 $x+1$ 所得余式为 7，除以 $x-1$ 所得余式为 5，求 a，b.

解
$$f(-1)=-2-3-a+b=7,\ f(1)=2-3+a+b=5$$

即

$$\begin{cases}-a+b=12\\ a+b=6\end{cases}\Rightarrow\begin{cases}a=-3\\ b=9\end{cases}$$

例 39　求 $f(x)=x^n+a^n$ 被 $x+a$ 除所得的余式.

解　设 $f(x)=(x+a)q(x)+r$，则 $r=f(-a)=(-a)^n+a^n=\begin{cases}2a^n,\ n\text{为偶数},\\ 0,\ n\text{为奇数}.\end{cases}$

例 40　求 $f(x)=x^3-3x^2+4$ 的根.

解 $f(x)=x^3-3x^2+4=x^3+x^2-4x^2+4=x^2(x+1)-4(x^2-1)$

$=x^2(x+1)-4(x+1)(x-1)=(x+1)(x^2-4x+4)=(x+1)(x-2)^2$.

所以-1是$f(x)$的单根，2是$f(x)$的2重根.

例 41 证明多项式$f(x)$除以$ax-b(a\neq0)$得到的余式为$f\left(\frac{b}{a}\right)$.

证明 $ax-b=a\left(x-\frac{b}{a}\right)$，用$a\left(x-\frac{b}{a}\right)$去除$f(x)$的商为$g(x)$，余式为$r$，所以

$$f(x)=a\left(x-\frac{b}{a}\right)g(x)+r$$

令$x=\frac{b}{a}$，代入上式得$f\left(\frac{b}{a}\right)=r$，即余式为$f\left(\frac{b}{a}\right)$.

例 42 求$f(x)=x^3+px+q$有重根的条件.

解 $f(x)$有重根$\Leftrightarrow(f(x), f'(x))\neq1$，$f'(x)=3x^2+p$.

(1) 当$p=0$时，只有当$q=0$时，$f(x)$与$f'(x)$有公因式x^2，此时$f(x)=x^3$(有3重根$x=0$).

(2) 当$p\neq0$时，对$f(x)$与$f'(x)$采用辗转相除法，可得

	$3x^2 \qquad +p$	x^3+px+q	$\frac{1}{3}x$
	$3x^2+\frac{9q}{2p}x$	$x^3+\frac{p}{3}x$	
$\frac{9}{2p}x-\frac{27q}{4p^2}$	$-\frac{9q}{2p}x+p$	$\frac{2}{3}px+q$	
	$-\frac{9q}{2p}x-\frac{27q^2}{4p^2}$		
	$p+\frac{27q^2}{4p^2}$		

即当$p+\frac{27q^2}{4p^2}=0$时，$f(x)$有重根.

例 43 2是否是$f(x)=x^5-6x^4+11x^3-2x^2-12x+8$的根，若是，则为几重根？

解 因为$f(2)=0$，所以2是$f(x)$的根.

因为$f'(x)=5x^4-24x^3+33x^2-4x-12$，$f'(2)=0$，所以2是$f'(x)$的根.

因为$f''(x)=20x^3-72x^2+66x-4$，$f''(2)=0$，所以2是$f''(x)$的根.

因为$f'''(x)=60x^2-142x+66$，$f'''(2)=22\neq0$，所以2不是$f'''(x)$的根.

故2是$f(x)$的3重根.

例 44 若-1是多项式$f(x)=x^5-ax^2-ax+1$的重根，则a应满足什么条件？

解 由题意可知

$$f(-1)=-1-a+a+1=0,\ f'(x)=5x^4-2ax-a,\ f'(-1)=5+2a-a=0$$

得$a=-5$.

例 45 证明$\sin x$不能是一个多项式.

解 令 $f(x)=\sin x$，显然 $f(x)$不是常数. 假设 $f(x)$是多项式，设 $f(x)=\sin x$ 的次数为 n，但当 $x=k\pi(k\in\mathbf{Z})$时，$f(x)=0$，即 $\sin x$ 有无数多个根，与定理 13 相矛盾，所以 $\sin x$ 不能是一个多项式.

思政课堂

计算数学研究的奠基人——冯康

冯康(1920.09.09—1993.08.17)，浙江绍兴人，出生于江苏省南京市，数学家、中国有限元法创始人、计算数学研究的奠基人和开拓者，中国科学院院士，中国科学院计算中心创始人、研究员、博士生导师.

1944 年冯康毕业于中央大学；1945 年在复旦大学数学物理系担任助教；1946 年在清华大学任物理系助教；1951 年转任数学系助教；1951 年调入中国科学院数学研究所担任助理研究员，后在苏联斯捷克洛夫数学研究所进修；1957 年调入中国科学院计算技术研究所；1965 年发表了名为《基于变分原理的差分格式》的论文，这篇论文被国际学术界视为中国独立发展"有限元法"的重要里程碑；1978 年起任中国科学院计算中心主任；1980 年当选为中国科学院院士；1993 年 8 月 17 日逝世于北京；1997 年冯康的"哈密尔顿系统辛几何算法"获得国家自然科学奖一等奖.

冯康最早的工作是辛群的生成子和四维数代数基本定理的拓扑证明(没有发表). 接着他研究殆周期拓扑群理论，这是 1934 年由冯·诺依曼创始的，与酉阵表现密切相连. 按照群所有的酉阵表现的多寡分出两种极端类型：极大殆周期群——有"足够多"的酉阵表现；极小殆周期群——没有非平凡酉阵表现. 1936 年 A. 韦伊(Weil)及 H. 弗勒登塔尔(Freudenthal)解决了极大群的表征问题，它们就是紧群与欧几里德向量群的直积. 1940 年冯·诺依曼及 E. 威格纳(Wigner)对于极小群作出了重要进展，但其表征问题一直没有解决.

1950 年，冯康率先对线性李(Lie)群(及其覆盖群)解决了这一问题：没有非平凡酉阵表现的充要条件是"本质上"不可交换与非紧. 这一成果在后来酉表现论和物理应用中愈发显示出其重要性. 1954 年起，冯康开展了广义函数系统性理论(50 年代初 L. 施瓦尔茨(Schwartz)提出)的研究，发表了《广义函数论》长篇综合性论文，也含有一些自己的新成果，推动了这项理论在中国的发展. 他还建立了广义函数中离散型函数(δ 函数及其导数)与连续型函数之间的对偶定理. 他应华罗庚教授的建议，建立了广义梅林变换理论，对于偏微分方程和解析函数论等均有应用，国外迟至 20 世纪 60 年代才出现类似的工作.

20 世纪 50 年代末，冯康在解决大型水坝计算问题的集体研究实践的基础上，独立于西方创造了一整套求解微分方程问题的系统化、现代化的计算方法，当时命名为基于变分原理的差分方法，即现时国际通称的有限元方法，其系统的理论、总结论文《基于变分原理的差分格式》被刊于 1965 年的《应用数学与计算数学》，是中国独立于西方系统创始有限元法的标志，该文提出了对于二阶椭圆型方程各类边值问题的系统性的离散化方法. 为保证几何上的灵活适应性，对区域 Ω 可作适当的任意剖分，取相应的分片插值函数，它们形成

一个有限维空间 S，即索伯列夫广义函数空间 $H1(\Omega)$的子空间．基于变分原理，冯康把与原问题等价的在 $H1(\Omega)$上的正定二次泛函数极小问题转化为有限维子空间 S 上的二次函数的极小问题，正定性质得到了严格保持．这样得到的离散形式叫作基于变分原理的差分格式，即当今的标准有限元方法．文中给出了离散解的稳定性定理、逼近性定理和收敛性定理，并揭示了此方法在边界条件处理、特性保持、灵活适应性和理论牢靠等方面的突出优点．这些特别适合于解决复杂的大型问题，并便于在计算机上实现．

1984 年起，冯康将研究重点从以椭圆方程为主的平衡态稳态问题转向以哈密顿方程及波动方程为主的动态问题．同年在微分几何和微分方程国际会议上发表的论文《差分格式与辛几何》，首次系统地提出了哈密顿方程和哈密顿算法（辛几何算法或辛几何格式），以及从辛几何内部系统构成算法并研究其性质的途径，并提出了他对整个问题领域的独特见解，从而开创了哈密顿算法这一新领域，这是计算物理、计算力学和计算数学相互结合渗透的前沿界面．自此以后，冯康领导中国科学院计算中心的一个研究小组，将纯理论的辛几何和现代的科学工程计算有机地结合起来，系统地开展了这方面的研究．他论证了“实验、理论、计算已成为科学方法上相辅相成的而又相对独立，可以相互补充代替而又彼此不可缺少的三个重要环节”，指出“科学与工程计算作为一门工具性、方法性、边缘交叉性的新科学已经开始了自己的新发展，它包括了近年不断形成的各个计算性学科，如计算数学、计算物理、计算力学、计算化学以及计算地震学等各种计算性工程学．计算数学则是它们的联系纽带和共性基础”．这些说明了计算手段对于科学技术进步的重要性和迫切性，从而在科学技术发展的战略高度上阐明了科学与工程计算的地位和作用，这将有力地促进计算数学在我国四个现代化建设中发挥它应有的作用．

任务10 复数域与实数域多项式

※任务内容

(1) 完成复数域与实数域多项式概念相关的工作页；

(2) 学习复数域上多项式的因式分解；

(3) 学习实数域上多项式的因式分解；

(4) 学习有理根的定义并计算有理根.

※任务目标

(1) 学习复数域上多项式的因式分解；

(2) 学习根与系数的关系；

(3) 学习实数域上多项式的因式分解.

※任务工作页

1. $f(x)=x^4+16$ 在 $C[x]$上的因式分解______________.

2. $f(x)=x^4+1$ 在 $R[x]$上的因式分解______________.

3. $f(x)=4x^4-7x^2-5x-1$ 的有理根______________.

4. 判断 $f(x)=x^2+x+1$ 在 $R[x]$上是否可约.

10.1 相关知识

多项式在实数范围内是否都可以进行因式分解？在复数范围内是否都能进行因式分解？如果多项式在实数范围内不能进行因式分解，那么在复数范围内是否都可以进行因式分解？本节主要讨论复数域和实数域上多项式的因式分解问题，并讨论有理系数多项式的有理根.

10.1.1 复数域上的多项式

【案例引入】

假设 $f(x)\in F[x]$且在数域 F 上无根，那在复数域 C 上是否也无根？

定理 15(代数基本定理) 每个次数$\geqslant 1$的复系数多项式在复数域上至少有一个根.

例如，$x^2+1=0\Rightarrow x=\mathrm{i}$ 或 $x=-\mathrm{i}$；$x^3+1=0\Rightarrow x=\mathrm{i}$.

推论 9 复数域上的不可约多项式只有一次多项式.

证明 设 $p(x)$是复数域上的不可约多项式，$n=\partial(p(x))$. 如果 $n>1$，则由代数基本定理知，$p(x)$在复数域中有一个根，设为 a. 于是，存在复系数多项式 $g(x)$使得 $p(x)=(x-a)g(x)$，因为 $p(x)$是不可约的，所以 $g(x)$为非零常数，这与 $n>1$ 相矛盾，所以 $p(x)$

是一次多项式.

定理 16(复数域上的多项式因式分解定理)　复数域上的每个次数≥1 的多项式在复数域上都可以分解成一次因式的乘积.

复系数多项式的标准分解式如下：

$$f(x)=a_n(x-\alpha_1)^{l_1}(x-\alpha_2)^{l_2}\cdots(x-\alpha_s)^{l_s}$$

其中 α_1，α_2，…，α_s 是不同的复数，$l_i(i=1, 2, \cdots, s)$是正整数.

例如，$x^2+2x+2=(x+1)^2+1=(x+1+\mathrm{i})(x+1-\mathrm{i})$.

定理 17　任何次数≥1 的复系数多项式在复数域中有 n 个根(重根按重数计算)，即

$$f(x)=a_n(x-\alpha_1)(x-\alpha_2)\cdots(x-\alpha_n)$$

例如，$f(x)=x^2+1=(x+\mathrm{i})(x-\mathrm{i})$，在复数域上有 $x=\mathrm{i}$，$x=-\mathrm{i}$ 两个根.

推论 10　任何次数≥1 的复系数多项式在复数域上都能分解为一次因式的乘积，在适当排序后，这个分解是唯一的.

一般地，复系数多项式在复数域上的根与系数的关系如下：

$$\begin{aligned}f(x)&=a_nx^n+a_{n-1}x^{n-1}+\cdots+a_1x+a_0\\&=a_n\left(x^n+\frac{a_{n-1}}{a_n}x^{n-1}+\cdots+\frac{a_1}{a_n}+\frac{a_0}{a_n}\right)\\&=a_n(x-\alpha_1)(x-\alpha_2)\cdots(x-\alpha_n)\end{aligned}$$

令

$$\begin{aligned}g(x)&=x^n+\frac{a_{n-1}}{a_n}x^{n-1}+\cdots+\frac{a_1}{a_n}+\frac{a_0}{a_n}\\&=(x-\alpha_1)(x-\alpha_2)\cdots(x-\alpha_n)\\&=x^n-(\alpha_1+\alpha_2+\cdots+\alpha_n)x^{n-1}+\sum_{1\leqslant i\leqslant j\leqslant n}\alpha_i\alpha_jx^{n-2}+\cdots+(-1)^n\alpha_1\alpha_2\cdots\alpha_n\end{aligned}$$

则

$$\frac{a_{n-1}}{a_n}=-(\alpha_1+\alpha_2+\cdots+\alpha_n)$$

$$\frac{a_{n-2}}{a_n}=(-1)^2(\alpha_1\alpha_2+\alpha_1\alpha_3+\cdots+\alpha_{n-2}\alpha_n)$$

$$\cdots$$

$$\frac{a_0}{a_n}=(-1)^n\alpha_1\alpha_2\cdots\alpha_n$$

10.1.2　实数域上的多项式

定理 18　如果 α 是实系数多项式 $f(x)$的非实复根，则 α 的共轭复数 $\bar{\alpha}$ 也是 $f(x)$的根，且 α 与 $\bar{\alpha}$ 有相同的重数.

例如，$f(x)=x^4-1=(x^2-1)(x^2+1)=(x^2-1)(x+\mathrm{i})(x-\mathrm{i})$，$x=\mathrm{i}$ 是 $f(x)$的 1 重根，且 x 的共轭复数$-\mathrm{i}$ 也是 $f(x)$的 1 重根.

实际上，若 $a_n\alpha^n+a_{n-1}\alpha^{n-1}+\cdots+a_1\alpha+a_0=0$，则

$$a_n\overline{\alpha}^n+a_{n-1}\overline{\alpha}^{n-1}+\cdots+a_1\overline{\alpha}+a_0=0$$

引理 2　实数域上首项系数为 1 的不可约多项式只有下列两种形式：

(1) $x-a$；

(2) x^2+px+q，其中 $p^2-4q\leqslant 0$.

定理 19　每个次数$\geqslant 1$的实系数多项式都可唯一地分解为实系数一次和二次不可约多项式的乘积.

例如，$f(x)=x^4-2x^3+2x^2+2x-3=(x-1)(x+1)(x^2-2x+3)$.

推论 11　$R[x]$中不可约多项式除一次多项式外，只有含非实共轭复数的二次多项式.

推论 12　$n(n>0)$次实系数多项式 $f(x)$在 $\mathbf{R}$ 上具有标准分解式：

$$f(x)=a_0(x-b_1)^{k_1}\cdots(x-b_r)^{k_r}(x^2+p_1x+q_1)^{l_1}\cdots(x^2+p_ix+q_i)^{l_t}$$

其中 $x^2+p_ix+q_i$ 不可约，即满足 $p_i{}^2-4q_i\leqslant 0$，$i=1,2,\cdots,t$.

例如，$f(x)=x^4+x^3-x^2+x-2$ 在实数域上的因式分解如下：

$$\begin{aligned}f(x)&=x^4-x^3+2x^3-2x^2+x^2-x+2x-2\\&=x^3(x-1)+2x^2(x-1)+x(x-1)+2(x-1)\\&=(x-1)(x^3+2x^2+x+2)\\&=(x-1)(x+2)(x^2+1)\end{aligned}$$

10.1.3　有理根

定义 17　若整系数多项式 $f(x)$的系数互素，则称 $f(x)$是一个本原多项式.

例如，$f(x)=3x^2+6x-4$ 的系数互素，$g(x)=x^5+1$ 的系数互素，它们都是本原多项式；$f(x)=\frac{4}{15}x^2-2x+\frac{2}{3}=\frac{2}{15}(2x^2-15x+5)$不是本原多项式.

定理 20　任何一个非零的有理数系数多项式 $f(x)$都可表示为一个有理数与一个本原多项式的乘积，且这种表示法除相差一个正负号外是唯一的.

引理 3(高斯定理)　两个本原多项式的乘积仍是本原多项式.

例如，$f(x)=3x^2+2x-1$，$g(x)=2x^2+5x-1$ 都是本原多项式，则 $f(x)g(x)=6x^4+19x^3+5x^2-7x+1$ 的系数互素，也是本原多项式.

定理 21(有理根的求法及判别)　设 $f(x)=a_nx^n+a_{n-1}x^{n-1}+\cdots+a_1x+a_0$ 是整系数多项式，如果$\frac{r}{s}$是它的一个有理根，(r,s)互素，则必有 $s|a_n$，$r|a_0$.

例如，$f(x)=x^3-x^2+2$ 的有理根只能是± 1，± 2，而 $f(\pm 1)\neq 0$，$f(\pm 2)\neq 0$，即± 1，± 2 都不是 $f(x)$的根，所以 $f(x)$在有理数域上不可约.

问题：$\mathbf{C}$ 上的不可约多项式只能是一次的，$\mathbf{R}$ 上的不可约多项式只能是一次的和含非实共轭复数的二次多项式，$\mathbf{Q}$ 上的不可约多项式的特征是什么？

定理 22　设 $f(x)=a_nx^n+a_{n-1}x^{n-1}+\cdots+a_1x+a_0$ 是整系数多项式，若存在素数 p，使得

(1) $p\nmid a_n$.

(2) $p \mid a_{n-1}$, a_{n-2}, …, a_1, a_0.

(3) $p^2 \nmid a_0$.

那么多项式 $f(x)$在有理数域上不可约.

例如，证明 $f(x)=x^3-2x+2$ 在有理数域上不可约.

证明　取素数 $p=2$，则有

(1) $2 \nmid 1$.

(2) $2 \mid -2$, 2.

(3) $4 \nmid 2$.

由定理 22 得 $f(x)$在有理数域上不可约.

注：(1)不可约(可约)的概念是对于次数≥1 的多项式而言的，一切常数都不在议论之列.

(2)一个多项式是否不可约依赖于系数域.

10.2　专业应用案例

例 46　求一个首项系数为 1 的 4 次多项式，使它以 1 和 4 为单根，−2 为 2 重根.

解　设 $f(x)=x^4+a_1x^3+a_2x^2+a_3x+a_4$，则

$$a_1=-(1+4-2-2)=-1$$

$$a_2=4-2-2-8-8+4=-12$$

$$a_3=-4$$

$$a_4=(-1)^4 16=16$$

所以 $f(x)=x^4-x^3-12x^2-4x+16$.

例 47　求一个有单根 5，−2 及重根 3 的 4 次多项式.

解　由题意可知

$$a_1=-(5-2+3+3)=-9$$

$$a_2=5\times(-2)+5\times3+5\times3+(-2)\times3+(-2)\times3+3\times3=17$$

$$a_3=-[5\times(-2)\times3+5\times(-2)\times3+5\times3\times3+(-2)\times3\times3]=33$$

$$a_4=5\times(-2)\times3\times3=-90$$

所以 $f(x)=x^4-9x^3+17x^2+33x-90$.

例 48　判断多项式 $f(x)=x^2+2x+7$ 在 **Q** 上是否可约?

解　若 $f(x)$可约，则一定有有理根. 又 $f(x)$可能的有理根是±1，±7，因为 $f(\pm1)\neq0$，$f(\pm7)\neq0$，所以±1，±7 均不是 $f(x)$的有理根，故 $f(x)$在 **Q** 上不可约.

例 49　证明：$f(x)=x^n+3$ 在有理数域上不可约.

证明　取素数 $p=3$，则有

(1) $3 \nmid 1$.

(2) $a_{n-1}=a_{n-2}=\cdots=a_1=0, a_0=3$ 都能被 3 整除；

(3) $9 \nmid 3$.

故 $f(x)=x^n+3$ 在有理数域上不可约.

例 50 判断 $f(x)=x^3-92x^2+191x-107$ 在有理数域上是否可约？

解 若 $f(x)$可约，则一定有有理根. 又 $f(x)$可能的有理根是±1，±107，而 $f(\pm1)\neq 0$，$f(\pm107)\neq0$，所以±1，±107 均不是 $f(x)$的有理根，故 $f(x)$在 $\mathbf{Q}$ 上不可约.

例 51 判断多项式 $f(x)=4x^4+4x^2+1$ 在 $\mathbf{Q}$ 上是否可约？

解 若 $f(x)$可约，则一定有有理根. 又 $f(x)$可能的有理根是±1，$\pm\frac{1}{2}$，$\pm\frac{1}{4}$，而 $f(\pm1)\neq0$，$f(\pm\frac{1}{2})\neq0$，$f(\pm\frac{1}{4})\neq0$，所以±1，$\pm\frac{1}{2}$，$\pm\frac{1}{4}$均不是 $f(x)$的有理根，故 $f(x)$在 $\mathbf{Q}$ 上不可约.

例 52 计算 $f(x)=x^4+3x^3+x^2+15x-20$ 在 $C[x]$及 $R[x]$上的多项式.

解
$$
\begin{aligned}
f(x)&=x^4+3x^3+x^2+15x-20=x^4-x^3+4x^3-4x^2+5x^2-5x+20x-20\\
&=x^3(x-1)+4x^2(x-1)+5x(x-1)+20(x-1)\\
&=(x-1)(x^3+4x^2+5x+20)\\
&=(x-1)[x^2(x+4)+5(x+4)]\\
&=(x-1)[(x+4)(x^2+5)]
\end{aligned}
$$

在 $R[x]$上，$f(x)=(x-1)[(x+4)(x^2+5)]$.

在 $C[x]$上，$f(x)=(x-1)[(x+4)(x^2+5)]=(x-1)(x+4)(x+\sqrt{5}\mathrm{i})(x-\sqrt{5}\mathrm{i})$.

例 53 求 $f(x)=2x^4-2x^3-9x^2-8x-3$ 的有理根，并在 $\mathbf{R}$ 上将其写为不可约因式的乘积.

解 $f(x)$的有理根只可能是±1，±3，$\pm\frac{1}{2}$，$\pm\frac{3}{2}$，带入验证知-1 和 3 是 $f(x)$的有理根，且 $f(x)=2x^4-2x^3-9x^2-8x-3=(x+1)(x-3)(2x^2+2x+1)$.

例 54 证明：$f(x)=3x^n+6x+6$ 在 $\mathbf{Q}$ 上不可约.

证明 取素数 2，有

(1) $2 \nmid 3$.

(2) $a_{n-1}=a_{n-2}=\cdots=a_2=0$，$a_1=a_0=6$ 都能被 2 整除.

(3) $4 \nmid 6$.

故 $f(x)$在有理数域上不可约.

思政课堂

南开数学第一院士——严志达

严志达(1917.11. 01—1999.04.30)生于江苏省南通市的一个农村. 父亲是清朝的生员，后受新思潮的影响，就读于张謇创建的通州师范学校(全国最早的少数新学校之一)，

1930 年他进入通州师范初中班．一年级暑假期间，其堂兄送给他一部(6 本)初中用混编数学教科书，这部书打破了算术、几何、三角的界限，在适当内容之后还附有重要数学家的生平简介和画像、照片．这对少年时代的严志达产生了极大的吸引力．他在暑期一口气读完了它，使他在父亲藏书之外，找到了一个更有趣味、更富挑战性的新的知识天地．在进入省立南通中学(高中)之后，他课外学习得最多的还是数学．

从 1952 年至 1965 年，严志达在培养高级数学人才、课程建设等方面也取得了可喜的成绩．在南开大学数学系他首先开设了李群、李代数课．在研究生与教师(特别是年轻教师)中组织了李群与微分几何讨论班．这些在国内是少有的．同时他对于国内高校与研究所间的学术交流也非常热心．1955 年与 1956 年，严志达应复旦大学之请，作了一个多月的李群与对称黎曼空间的报告．根据这些报告，以及他当时刚取得的研究成果——实单纯李代数的分类与自同构，严志达撰写了《李群与微分几何》一书．此书不仅是严志达的第一本书，也是我国第一部关于李群与微分几何(主要是对称黎曼空间)的书，对促进我国李群与对称黎曼空间的研究有很大作用．为了更好地进行李群、李代数的教学，并进一步研究李群与李代数的表示理论，严志达在 1961 年至 1962 年又以南开大学几何代数专门化的讲义为基础写成了《半单纯李群李代数表示论》．这是我国第一部论述李代数与紧致李群的表示论的书．此书已被《中国大百科全书·数学》列入"李代数"条目的参考书目．1963 年，严志达又应中国科学院数学研究所之邀在该所报告了他在实半单李代数等方面的研究成果．他的报告使许多年轻数学家深受教益，促使他们踏上了研究李群之路．该报告后来由江家福整理成了《实李代数讲义》，后来又以此为基础写成了《Lie 群及其 Lie 代数》一书，更全面、详尽地论述了李群与李代数的结构与表示，特别是实半单李代数的严志达分类法．此书获得了国家教委颁发的优秀教材奖．到 20 世纪 60 年代中期，我国在李群的研究、课程建设、教材建设与人才培养诸方面均取得了可喜的进步．

1978 年之后，严志达又继续从事李群与微分几何的研究．他利用 Satake 图(刻画实单李代数分类的另一种图解)讨论实半单李代数的实表示问题，得出了这方面的一般性结果，避免了 E. 嘉当论文中的一些复杂计算．他还将李群的表示理论用于对称黎曼空间的谱理论，给出了计算秩为 1 的对称黎曼空间的谱的非常简捷的方法．这些成果同样得到了国内外同行的高度评价与关注．由于严志达在学术研究与教育上的杰出成就，国内外许多"名人录"都来找他约稿．而他总是尽可能地谢绝，淡泊名利、谦虚和祥也是他的美好品德．

习　题

任　务　5

一、填空题

1. 数集{0}对__________运算封闭，自然数集 **N** 对__________运算封闭.

2. 下列形式的表达式：

(1) 2;

(2) $\frac{1}{x}$;

(3) 0;

(4) $1+\ln(x+x^2+3x^3)$;

(5) ix^3+1;

(6) $1+x+2x^2+\cdots+nx^n+\cdots$,

其中__________是多项式.

3. 设多项式 $f(x)=\sum_{i=1}^{n}a_ix^i$，$g(x)=\sum_{i=1}^{m}b_ix^i$，则 $f(x)g(x)$ 的 k 次项系数是________.

二、判断题

1. 数域必含有无穷多个数.

2. 所有无理数构成的集合是数域.

3. 0 是零次多项式.

4. 若 $f(x)g(x)=f(x)h(x)$，则 $g(x)=h(x)$.

5. 若 $f(x)$，$g(x)$，$h(x)$都是数域 F 上的多项式，则$\partial(f(x)+g(x))\geqslant\partial(f(x))$或者$\partial(f(x)+g(x))\geqslant\partial(g(x))$.

三、解答题

1. 证明：$Q(\sqrt{5})=\{a+b\sqrt{5}\mid a, b\in\mathbf{Q}\}$是数域.

2. 设 $f(x)=a(x-2)^2+b(x+1)+c(x^2-x+2)$，试确定 a，b，c，使 $f(x)$满足如下条件：

(1) 零次多项式；

(2) 零多项式；

(3) 一次多项式 $x-5$.

3. 若 $f(x)$，$g(x)$是实数域上的多项式，证明：若 $f^2(x)+g^2(x)=0$，则 $f(x)=g(x)=0$.

任务 6

一、填空题

1. $f(x)$，$g(x)$，$h(x)\in F[x]$，若 $f(x)=h(x)g(x)$，则称________整除________，称________为________的因式，________为________的倍式，记为________.

2. $f(x)$是任意多项式，c 是非零常数，则下列结论成立的是_________.

(a) $0|f(x)$；　(b) $f(x)|0$；　(c) $0|0$；　(d) $0|c$；

(e) $c|0$；　(f) $f(x)|c$；　(g) $c|f(x)$；　(h) $cf(x)|f(x)$.

3. 设 $p(x)|f(x)$，$p(x)|g(x)$，则 $p(x)$整除________.

① $f(x)+g(x)$；　② $f^2(x)+g^2(x)$；　③ $f(x)g(x)$；　④ $f^3(x)+g^3(x)$.

二、判断题

1. 零多项式能够整除任意多项式.

2. 任意多项式能够被零次多项式整除.

3. 若 $g(x)|f(x)$，$f(x)|g(x)$，则$\partial(f(x))=\partial(g(x))$.

4. 若 $f(x)=g(x)q(x)+r(x)$，$g(x)\neq 0$，则满足该式的多项式 $q(x)$，$r(x)$有且只有一对.

5. 若 $f(x)|(g(x)+h(x))$，则 $f(x)|g(x)$，$f(x)|h(x)$.

三、解答题

1. 设 $f(x)=x^3-2x^2+ax+b$，$g(x)=x^2-x-2$，$g(x)$除 $f(x)$的余式 $r(x)=2x+1$，求 a，b.

2. 如果 $g(x)|(f_1(x)-f_2(x))$，$g(x)|(f_1(x)+f_2(x))$，则 $g(x)|f_1(x)$，$g(x)|f_2(x)$.

3. 证明:$x|f^k(x)$的充分必要条件是 $x|f(x)$.

任务 7

一、填空题

1. 零多项式与任意多项式 $f(x)$的最大公因式是__________.

2. 若 $f(x)u(x)+g(x)v(x)=1$，则 $u(x)$与 $v(x)$__________.

3. $f(x)=1-x$，$g(x)=1-x^2$，则$(g(x), f(x))=$__________，取 $u(x)=$__________，$v(x)=$__________，使 $f(x)u(x)+g(x)v(x)=(f(x), g(x))$.

二、判断题

1. 若 $d(x)$是 $f(x)$，$g(x)$的最大公因式，则 $cd(x)$也是 $f(x)$，$g(x)$的最大公因式(c 为常数).

2. 若$(f(x), g(x))=1$，则存在唯一一对 $u(x)$，$v(x)$使 $f(x)u(x)+g(x)v(x)=1$.

3. 由于(16, 8)=8，所以多项式 8 与 16 不互素.

4. 若 $f(x)$，$g(x)$不全为零，则$\left(\frac{f(x)}{(f(x), g(x))}\right)$，$\left(\frac{g(x)}{(f(x), g(x))}\right)=1$.

三、解答题

1. 判定 $f(x)=3x^3-6x^2+3x+1$，$g(x)=x^2-2x+3$ 是否互素，并求 $u(x)$，$v(x)$使 $f(x)u(x)+g(x)v(x)=(f(x), g(x))$.

2. 证明：$(f(x), g(x))=(f(x), f(x)+g(x))=(f(x), f(x)-g(x))$.

3. 证明：两个多项式 $f(x)$，$g(x)$都与 $h(x)$互素的充要条件是它们的乘积 $f(x)g(x)$与 $h(x)$互素.

任 务 8

一、选择题

1. $f(x)=x^3-1$ 在 $R[x]$上的标准分解式为(　　).

A. $(x+1)(x^2-x-1)$　　B. $(x-1)(x^2-x+1)$

C. $(x-1)(x^2+x+1)$　　D. $(x+1)(x^2+x-1)$

2. $f(x)=x^4+x^2-2$ 在 $C[x]$上的标准分解式为(　　).

A. $(x-i)(x+i)(x+\sqrt{2})(x-\sqrt{2})$　　B. $(x-2)(x+1)(x+\mathrm{i})(x-\mathrm{i})$

C. $(x-i)(x+\sqrt{2}\mathrm{i})(x+1)(x-\sqrt{2})$　　D. $(x-1)(x+1)(x+\sqrt{2}\mathrm{i})(x-\sqrt{2}\mathrm{i})$

二、填空题

1. $f(x)=x^4-16$ 在 $Q[x]$上的标准分解式=____________.

2. $f(x)=x^4-16$ 在 $C[x]$上的标准分解式=____________.

3. $f(x)=x^4-64$ 在 $C[x]$上的标准分解式=____________.

4. $f(x)=x^4-64$ 在 $R[x]$上的标准分解式=____________.

三、解答题

1. 求 $f(x)=x^4-6x^2+1$ 在 $R[x]$上的标准分解式.

2. 求 $f(x)=x^3-3x+2$ 在 $R[x]$上的标准分解式.

3. 求 $f(x)=4x^3-3x+1$ 的重因式.

任 务 9

一、填空题

1. $f(x)=x^3-3x^2+4$ 在 $R[x]$上的重根是____________.

2. $f(x)=x^3-2x^2+x-1$ 在 $C[x]$上的重根是____________.

3. $f(x)=x^4-64$ 在 $C[x]$上的重根是____________.

二、解答题

1. 判断 2 是否是 $f(x)=x^3-8x^2+20x-16$ 的根，如果是，为几重根？

2. 判断 5 是否是 $f(x)=x^4-14x^3+60x^2-50x-125$ 的根，如果是，为几重根？

任　务　10

一、填空题

1. $f(x)=x^4-x^2-2$ 在 $R[x]$上的多项式是__________.

2. $f(x)=x^4+4x^3+6x^2+5x+2$ 在 $R[x]$上的多项式是__________.

3. $f(x)=x^2+x+1$ 在 $C[x]$上的多项式是__________.

二、解答题

1. 求 $f(x)=4x^4-7x^2-5x-1$ 的有理根.

2. 求 $f(x)=x^3-6x^2+15x-14$ 的有理根.

综合练习

一、填空题

1. 数集$\{a+bi|a, b\in \mathbf{Z}\}$对______________封闭.

2. 零多项式是__________，零次多项式是__________.

3. 若 $g(x)|f(x)$，则 $f(x)$，$g(x)$的最大公因式是__________.

4. 若 $f(x)=g(x)q(x)+r(x)$，则__________成立.

(A) $(f(x), g(x))=(g(x), r(x))$；　(B) $(f(x), g(x))=(f(x), r(x))$；

(C) $(f(x), g(x))=(q(x), r(x))$；　(D) $(f(x), r(x))=(g(x), q(x))$；

(E) $(f(x), q(x))=(q(x), r(x))$.

5. 若$(f(x), g(x))=d(x)$，则________成立.

(A) $(f(x), f(x)+g(x))=d(x)$；　(B) $(f(x)+h(x), g(x)+h(x))=d(x)h(x)$.

(C) $(f^m(x), g^n(x))=d^{m+n}(x)$；　(D) $(f(x)h(x), g(x)h(x))=d(x)h(x)$.

6. 若在 $F(x)$中，$g(x)$整除 $f(x)$，我们记 $g(x)|_F f(x)$. 设 $f(x)$，$g(x)\in Q[x]$，下列结论正确的有________.

(A) 若 $g(x)|_Q f(x)$，则 $g(x)|_R f(x)$；(B) 若 $g(x)\nmid_Q f(x)$，则 $g(x)\nmid_R f(x)$；

(C) 若 $g(x)|_R f(x)$，则 $g(x)|_Q f(x)$；(D) 若 $g(x)\nmid_R f(x)$，则 $g(x)\nmid_Q f(x)$.

7. $f(x)=x^4+1$ 在 $C[x]$上的标准分解式=__________.

8. 若 $f(x)=x^4-5x^3+5x^2+kx+3$ 以 3 为根，则 $k=$__________.

9. 求多项式 $f(x)=x^5+x^3-6x+4$ 的有理根__________.

10. 求多项式 $f(x)=2x^4+2x^3-5x+1$ 的有理根____________.

二、判断题

1. 多项式 $f(x)$ 分解成不可约多项式的乘积不是唯一的.（ ）

2. $f(x)=x^3+2x^2-3x+4$ 无重因式.（ ）

3. $f(x)=x^5-5x^4+7x^3-2x^2+4x-8$ 有重因式.（ ）

4. 若多项式 $f(x)$ 有重根 $\Leftrightarrow f(x)$ 有重因式.（ ）

5. 用形式定义的多项式与用函数观定义的多项式是一样的.（ ）

6. $4x^4+16$ 在实数域上可约.（ ）

三、解答题

1. $f(x)=x^4-2x+5$，$g(x)=x^2-x+2$，求 $g(x)$ 除以 $f(x)$ 的商 $q(x)$ 与余式 $r(x)$.

2. $f(x)=x^3+px+q$，$g(x)=x^2+mx-1$，问 m，p，q 适合什么条件时，$f(x)$ 能被 $g(x)$ 整除？

3. $f(x)=x^4+x^3-3x^2-4x-1$，$g(x)=x^3+x^2-x-1$，求 $(f(x),\ g(x))$.

4. 若 $(f(x),\ g(x))=1$，则 $(f^m(x),\ g^n(x))=1$.

5. 求 $f(x)=4x^5-8x^4+17x^3-25x^2+15x-3$ 在 $R[x]$ 上的标准分解式.

6. 求 $f(x)=x^4-2x^3+3x^2-4x+2$ 在 $C[x]$ 上的标准分解式.

7. 求 $f(x)=x^4+x^3-3x^2+5x-2$ 的重因式.

8. 求 $f(x)=x^4-6x^2-8x-3$ 的重因式.

9. 求 $f(x)=x^4+\dfrac{3}{2}x^3-3x^2+4x-\dfrac{3}{2}$ 的有理根.

10. 求 $f(x)=x^5+x^4-6x^3-14x^2-11x-3$ 的有理根.

四、证明题

1. 证明：$\{a+b\sqrt[3]{2}\mid a,b\in\mathbf{Q}\}$ 不是数域.

2. 若 P_1，P_2 是数域，证明：$P_1\cap P_2$ 也是数域，而 $P_1\cup P_2$ 不一定是数域.

3. 证明：如果 x 不整除 $f(x)$ 与 $g(x)$，则 x 不整除 $f(x)g(x)$.

4. 证明：$f(x)=x^5-x^3+x^2-2$ 在 $\mathbf{Q}$ 上不可约.

5. 证明：$f(x)=x^3-2x+2$ 在有理数域上不可约.

6. 证明：$f(x)=x^2+2(n\geqslant 2)$ 在有理数域上不可约.

7. 证明：$f(x)=x^6+x^3+1$ 在有理数域上不可约.

8. 证明：$\sin x$ 不能是一个多项式.

9. 奇数次系数多项式至少有一个实根.

拓展模块

例 1　小华家的篱笆周长是 14 米，面积是 12 平方米，问：小华家篱笆的长和宽各多少米？

分析　能被 12 整除的是 2，3，4，6. 假设篱笆的长为 6 米，根据面积是 12 平方米得出宽是 2 米，周长为 16 米，与题目不符，舍去；假设篱笆的长为 4 米，根据面积得出宽为 3 米，周长为 14 米，正好与题目相符，故而得到答案.

解　设篱笆的长为 4 米，则宽为 $12\div 4=3$(米)，周长为 $4\times 2+3\times 2=14$(米)，与题目相符.

答　篱笆的长为 4 米，宽为 3 米.

知识点应用：假设长为 x，则宽为 $7-x$，有 $x(7-x)-12=0$.

例 2　某校参加电脑兴趣小组的有 42 人，其中男生、女生的比例为 4∶3，则男女生各多少人？

分析　假设男生有 16 人，则女生有 12 人，加起来为 28 人，与题目不符，舍去；假设男生有 20 人，则女生有 15 人，加起来为 35 人，与题目不符，舍去；假设男生有 24 人，则女生有 18 人，加起来为 42 人，与题目总人数相同. 故男生有 24 人，女生有 18 人.

解　男生有 $4\times 6=24$(人)，

女生有 $3\times 6=18$(人)，

答　男生有 24 人，女生有 18 人.

知识点应用：假设男生有 $4x$ 人，则女生有 $3x$ 人，有 $7x-42=0$.

例 3　小西今年 11 岁，她的爸爸今年 43 岁，问：几年前小西的年龄是爸爸的 20%？

分析　假设一年前小西 10 岁，她的爸爸 42 岁，$10\div 42\approx 0.24\neq 0.2$，与题目不符，舍去；假设两年前小西 9 岁，她的爸爸 41 岁，$9\div 41\approx 0.22\neq 0.2$，与题目不符，舍去；假设三年前小西 8 岁，她的爸爸 40 岁，$8\div 40=0.2$，与题目相符，故三年前小西的年龄是爸爸的 20%.

解　三年前小西 8 岁，$8\div 0.2=40$，故她的爸爸 40 岁.

答　三年前小西的年龄是爸爸的 20%.

知识点应用：假设 x 年前小西的年龄是爸爸的 20%，则有 $(40-x)\times 0.2-(8-x)=0$.

项目二习题
参考答案

项目三 行列式

【数学文库】 行列式与数学家克莱姆

行列式的出现是由线性方程组的求解问题引出的. 1545 年，意大利的卡当在著作《大术》中给出了一种解两个一次方程组的方法. 这种方法和后来的 Cramer 法则已经很相似了，但卡当并没有给出行列式的概念. 行列式被明确地提出是在 1683 年，而且巧合的是它是由两个属于不同国家的数学家提出的，这两个人分别是德国的莱布尼茨和日本的关孝和. 1683 年，莱布尼茨在写给法国数学家洛必达的信中提到：如果含两个未知数三个方程的线性方程组有解，那么，这个线性方程组也就相当于行列式. 尽管他没能创造出完整的行列式理论体系，但是他明确地指出了求解线性方程组的过程中行列式的重要性，并掌握了行列式的结构和一些对称准则.

另一位提出行列式的人是日本的关孝和，他的著作《解伏题之法》直到他死后才由后人于 1970 年整理出版. 这本书叙述了关孝和关于行列式的研究，他提炼并扩展了《九章算术》里的行消元法，同时提出了行列式，但没有系统地阐述行列式及其理论. 直到 1750 年瑞士数学家克莱姆在他的著作《代数分析导论》中明确地提出了用行列式求解 n 个未知量 n 个方程(n 为正整数)的线性方程组，即 Cramer 法则.

克莱姆(Cramer Gabriel，1704—1752)，瑞士数学家，1704 年 7 月 31 日生于日内瓦，早年在日内瓦读书，1724 年起在日内瓦加尔文学院任教，1734 年成为几何学教授，1750 年任哲学教授. 他自 1727 年进行了为期两年的旅行访学，在巴塞尔与约翰·伯努利(Johann Bernoulli)、欧拉(Euler)等人学习交流，并结为挚友；后又到英国、荷兰、法国等地拜见了许多数学名家，回国后在与他们的长期通信中，加强了数学家之间的联系，为数学宝库留下大量有价值的文献.

克莱姆的主要著作是《代数曲线的分析引论》(1750). 本书首先定义了正则、非正则、超越曲线和无理曲线等概念，第一次正式引入了坐标系的纵轴(Y 轴)；然后讨论了曲线变换，并依据曲线方程的阶数将曲线进行了分类. 书中还讨论了马克劳林注意到的一个曲线相交的悖论，给出与欧拉在 1748 年的相同解释，后人称之为“克莱姆悖论”(Cramer's paradox). 此外，他还留下了若干数学史笔记，提出了应用于数理经济和概率论的“数学效益”的概念.

任务11 行列式

※任务内容

(1) 完成行列式概念相关的工作页；

(2) 学习二阶的列式、三阶行列式和 n 阶行列式的概念.

※任务目标

(1) 了解行列式产生的意义；

(2) 理解二阶行列式、三阶行列式和 n 阶行列式的概念；

(3) 能求解一些简单的行列式.

※任务工作页

1. 二元一次线性方程组 $\begin{cases} x_1 - 4x_2 = 13 \\ x_1 + 2x_2 = -5 \end{cases}$ 的解为________.

2. 写出一个 2×2 行列式，写出一个 3×2 行列式.

3. $\begin{vmatrix} 2 & 32 \\ 7 & 8 \end{vmatrix} =$________.

4. $\begin{vmatrix} 1 & 2 & 3 \\ 101 & 202 & 303 \\ 10 & 20 & 30 \end{vmatrix} =$________.

11.1 相关知识

行列式的概念最初是伴随着方程组的求解发展起来的. 行列式的提出可以追溯到17世纪，其雏形由日本数学家关孝和与德国数学家莱布尼茨各自独立提出. 日本数学家关孝和在1683年写了一部名为《解伏题之法》的著作(当时未出版)，意思是"解行列式问题的方法"，书中对行列式的概念和它的展开已经有了清楚的叙述. 18世纪开始，行列式开始作为独立的数学概念被研究. 19世纪以后，行列式理论进一步得到了发展和完善. 矩阵概念的引入使得更多有关行列式的性质被发现，行列式在许多领域逐渐显现出重要的意义，且出现了线性自同态和向量组的行列式的定义.

11.1.1 二阶行列式

【案列引入】

用消元法解二元一次方程组$\begin{cases}2x_1+5x_2=17 & (11.1)\\ 5x_1-3x_2=-4 & (11.2)\end{cases}$.

解 由 3×(11.1)＋5×(11.2)得

$$(2\times3+5\times5)x_1=17\times3-4\times5$$

由 5×(11.1)－2×(11.2)得

$$(5\times5+2\times3)x_2=17\times5-(-4)\times2$$

则求得上述方程组的解为 $x_1=1$，$x_2=3$.

上述解答过程中，我们可以省略 x_1，x_2，直接通过方程系数求解.

若规定以下运算法则：

$$\begin{vmatrix}b_{11} & b_{12}\\ b_{21} & b_{22}\end{vmatrix}=b_{11}b_{22}-b_{12}b_{21}$$

则上述案例方程组的解可表示成

$$x_1=\frac{\begin{vmatrix}17 & 5\\ -4 & -3\end{vmatrix}}{\begin{vmatrix}2 & 5\\ 5 & -3\end{vmatrix}},\quad x_2=\frac{\begin{vmatrix}2 & 17\\ 5 & -4\end{vmatrix}}{\begin{vmatrix}2 & 5\\ 5 & -3\end{vmatrix}}$$

上述规定的运算法则就是本节学习的第一个新概念——二阶行列式.

定义 1 在数域 F 上，形如$\begin{vmatrix}a_{11} & a_{12}\\ a_{21} & a_{22}\end{vmatrix}$的数叫作二阶行列式($a_{ij}\in F$，$i$，$j=1$，2)，其中

$$\begin{vmatrix}a_{11} & a_{12}\\ a_{21} & a_{22}\end{vmatrix}=a_{11}a_{22}-a_{12}a_{21}.$$

例 1 计算二阶行列式 $D=\begin{vmatrix}3 & 1\\ -5 & 3\end{vmatrix}$.

解 根据行列式的定义得

$$D=\begin{vmatrix}3 & 1\\ -5 & 3\end{vmatrix}=3\times3-1\times(-5)=14$$

例 2 用消元法解二元一次方程组$\begin{cases}a_{11}x_1+a_{12}x_2=b_1 & (11.3)\\ a_{21}x_1-a_{22}x_2=b_2 & (11.4)\end{cases}$

解 由 a_{22}×(11.3)－a_{12}×(11.4)得

$$(a_{11}a_{22}-a_{12}a_{21})x_1=b_1a_{22}-b_2a_{12}$$

由 a_{11}×(11.4)－a_{21}×(11.3)得

$$(a_{11}a_{22}-a_{12}a_{21})x_2=b_2a_{11}-b_1a_{21}$$

如果$(a_{11}a_{22}-a_{12}a_{21})\neq 0$，即$\begin{vmatrix} a_{11} & a_{12} \\ a_{21} & a_{22} \end{vmatrix}\neq 0$，则上述方程组的解可用行列式表示为

$$x_1=\frac{\begin{vmatrix} b_1 & a_{12} \\ b_2 & a_{22} \end{vmatrix}}{\begin{vmatrix} a_{11} & a_{12} \\ a_{21} & a_{22} \end{vmatrix}},\quad x_2=\frac{\begin{vmatrix} a_{11} & b_1 \\ a_{21} & b_2 \end{vmatrix}}{\begin{vmatrix} a_{11} & a_{12} \\ a_{21} & a_{22} \end{vmatrix}}$$

例 3　求解二元一次线性方程组$\begin{cases} 3x_1-2x_2=12 \\ 2x_1+x_2=1 \end{cases}$.

解　根据例 2 及行列式的定义得

$$D=\begin{vmatrix} 3 & -2 \\ 2 & 1 \end{vmatrix}=3-(-2)\times 2=7\neq 0$$

$$D_1=\begin{vmatrix} 12 & -2 \\ 1 & 1 \end{vmatrix}=12-(-2)=14$$

$$D_2=\begin{vmatrix} 3 & 12 \\ 2 & 1 \end{vmatrix}=3-12\times 2=-21$$

所以

$$x_1=\frac{D_1}{D}=\frac{14}{7}=2,\ x_1=\frac{D_2}{D}=\frac{-21}{7}=-3$$

11.1.2　三阶行列式

【案例引入】

用消元法解三元一次方程组$\begin{cases} x_1-x_2+x_3=0 & (11.5) \\ 4x_1+2x_2+x_3=3 & (11.6) \\ 25x_1+5x_2+x_3=-12 & (11.7) \end{cases}$.

解　由 2×(11.7)−5×(11.6)得

$$(2\times 25-5\times 4)x_1+(2\times 5-5\times 2)x_2+(2-5)x_3=2\times(-12)-5\times 3$$

把上式中的系数用二阶行列式表示：

$$-\begin{vmatrix} 4 & 2 \\ 25 & 5 \end{vmatrix}x_1+\begin{vmatrix} 2 & 1 \\ 5 & 1 \end{vmatrix}x_3=\begin{vmatrix} 2 & 3 \\ 5 & -12 \end{vmatrix} \qquad (11.8)$$

同理，由−1×(11.7)−5×(11.5)得

$$-\begin{vmatrix} 1 & -1 \\ 25 & 5 \end{vmatrix}x_1+\begin{vmatrix} -1 & 1 \\ 5 & 1 \end{vmatrix}x_3=\begin{vmatrix} -1 & 0 \\ 5 & -12 \end{vmatrix} \qquad (11.9)$$

同理，由−1×(11.6)−2×(11.5)得

$$-\begin{vmatrix} 1 & -1 \\ 4 & 2 \end{vmatrix}x_1+\begin{vmatrix} -1 & 1 \\ 2 & 1 \end{vmatrix}x_3=\begin{vmatrix} -1 & 0 \\ 2 & 3 \end{vmatrix} \qquad (11.10)$$

再由 1×(11.8)−4×(11.9)+25×(11.10)得

$$\left(\begin{vmatrix}2&1\\5&1\end{vmatrix}-4\begin{vmatrix}-1&1\\5&1\end{vmatrix}+25\begin{vmatrix}-1&1\\2&1\end{vmatrix}\right)x_3=\begin{vmatrix}2&3\\5&-12\end{vmatrix}-4\begin{vmatrix}-1&0\\5&-12\end{vmatrix}+25\begin{vmatrix}-1&0\\2&3\end{vmatrix}$$

解得 $x_3=3$.

同理求得 $x_1=-1$，$x_2=2$.

上述解答过程中，我们可以省略 x_1，x_2，x_3，直接通过方程系数求解.

若规定以下运算法则：

$$\begin{vmatrix}b_{11}&b_{12}&b_{13}\\b_{21}&b_{22}&b_{23}\\b_{31}&b_{32}&b_{33}\end{vmatrix}=b_{11}\begin{vmatrix}b_{22}&b_{23}\\b_{32}&b_{33}\end{vmatrix}-b_{21}\begin{vmatrix}b_{12}&b_{13}\\b_{32}&b_{33}\end{vmatrix}+b_{31}\begin{vmatrix}b_{12}&b_{13}\\b_{22}&b_{23}\end{vmatrix}$$

则上述案例方程组的解可表示如下：

$$x_1=\frac{\begin{vmatrix}0&-1&1\\3&2&1\\-12&5&1\end{vmatrix}}{\begin{vmatrix}1&-1&1\\4&2&1\\25&5&1\end{vmatrix}},\quad x_2=\frac{\begin{vmatrix}1&0&1\\4&3&1\\25&-12&1\end{vmatrix}}{\begin{vmatrix}1&-1&1\\4&2&1\\25&5&1\end{vmatrix}},\quad x_3=\frac{\begin{vmatrix}1&-1&0\\4&2&3\\25&5&-12\end{vmatrix}}{\begin{vmatrix}1&-1&1\\4&2&1\\25&5&1\end{vmatrix}}$$

上述规定的运算法则就是本节学习的第二个新概念——三阶行列式.

定义 2 在数域 F 上，形如 $\begin{vmatrix}a_{11}&a_{12}&a_{13}\\a_{21}&a_{22}&a_{23}\\a_{31}&a_{32}&a_{33}\end{vmatrix}$ 的数叫作三阶行列式($a_{ij}\in F$, i, $j=1, 2, 3$)，其中

$$\begin{aligned}\begin{vmatrix}a_{11}&a_{12}&a_{13}\\a_{21}&a_{22}&a_{23}\\a_{31}&a_{32}&a_{33}\end{vmatrix}&=a_{11}a_{22}a_{33}+a_{12}a_{23}a_{31}+a_{13}a_{21}a_{32}-a_{13}a_{22}a_{31}-a_{12}a_{21}a_{33}-a_{11}a_{23}a_{32}\\&=a_{11}(a_{22}a_{33}-a_{23}a_{32})-a_{12}(a_{21}a_{33}-a_{23}a_{31})+a_{13}(a_{21}a_{32}-a_{22}a_{31})\\&=a_{11}\begin{vmatrix}a_{22}&a_{23}\\a_{32}&a_{33}\end{vmatrix}-a_{12}\begin{vmatrix}a_{21}&a_{23}\\a_{31}&a_{33}\end{vmatrix}+a_{13}\begin{vmatrix}a_{21}&a_{22}\\a_{31}&a_{32}\end{vmatrix}\end{aligned}$$

例 4 求行列式 $D=\begin{vmatrix}3&1&2\\-5&3&4\\1&7&4\end{vmatrix}$ 的值.

解 根据行列式的定义得

$$D=\begin{vmatrix}3&1&2\\-5&3&4\\1&7&4\end{vmatrix}=3\begin{vmatrix}3&4\\7&4\end{vmatrix}-(-5)\begin{vmatrix}1&2\\7&4\end{vmatrix}+\begin{vmatrix}1&2\\3&4\end{vmatrix}=-100$$

例 5　用消元法解三元一次方程组
$$\begin{cases} a_{11}x_1+a_{12}x_2+a_{13}x_3=b_1 & (11.11)\\ a_{21}x_1+a_{22}x_2+a_{23}x_3=b_2. & (11.12)\\ a_{31}x_1+a_{32}x_2+a_{33}x_3=b_3 & (11.13)\end{cases}$$

解　由 $a_{22}\times(11.13)-a_{32}\times(11.12)$得

$$-\begin{vmatrix} a_{21} & a_{22} \\ a_{31} & a_{32}\end{vmatrix}x_1+\begin{vmatrix} a_{22} & a_{23} \\ a_{32} & a_{33}\end{vmatrix}x_3=\begin{vmatrix} a_{22} & b_2 \\ a_{32} & b_3\end{vmatrix} \qquad (11.14)$$

由 $a_{12}\times(11.13)-a_{32}\times(11.11)$得

$$-\begin{vmatrix} a_{11} & a_{12} \\ a_{31} & a_{32}\end{vmatrix}x_1+\begin{vmatrix} a_{12} & a_{13} \\ a_{32} & a_{33}\end{vmatrix}x_3=\begin{vmatrix} a_{12} & b_1 \\ a_{32} & b_3\end{vmatrix} \qquad (11.15)$$

由 $a_{12}\times(11.12)-a_{22}\times(11.11)$得

$$-\begin{vmatrix} a_{11} & a_{12} \\ a_{21} & a_{22}\end{vmatrix}x_1+\begin{vmatrix} a_{12} & a_{13} \\ a_{22} & a_{23}\end{vmatrix}x_3=\begin{vmatrix} a_{12} & b_1 \\ a_{22} & b_2\end{vmatrix} \qquad (11.16)$$

由$a_{11}\times(11.14)-a_{21}\times(11.15)+a_{31}\times(11.16)$得

$$\left(a_{11}\begin{vmatrix} a_{22} & a_{23} \\ a_{32} & a_{33}\end{vmatrix}-a_{21}\begin{vmatrix} a_{12} & a_{13} \\ a_{32} & a_{33}\end{vmatrix}+a_{31}\begin{vmatrix} a_{12} & a_{13} \\ a_{22} & a_{23}\end{vmatrix}\right)x_3=a_{11}\begin{vmatrix} a_{22} & b_2 \\ a_{32} & b_3\end{vmatrix}-a_{21}\begin{vmatrix} a_{12} & b_1 \\ a_{32} & b_3\end{vmatrix}+a_{31}\begin{vmatrix} a_{12} & b_1 \\ a_{22} & b_2\end{vmatrix}$$

如果 $a_{11}\begin{vmatrix} a_{22} & a_{23} \\ a_{32} & a_{33}\end{vmatrix}-a_{21}\begin{vmatrix} a_{12} & a_{13} \\ a_{32} & a_{33}\end{vmatrix}+a_{31}\begin{vmatrix} a_{12} & a_{13} \\ a_{22} & a_{23}\end{vmatrix}\neq 0$，即 $\begin{vmatrix} a_{11} & a_{12} & a_{13} \\ a_{21} & a_{22} & a_{23} \\ a_{31} & a_{32} & a_{33}\end{vmatrix}\neq 0$，则上述方程组的解可用行列式表示为

$$x_3=\frac{\begin{vmatrix} a_{11} & a_{12} & b_1 \\ a_{21} & a_{22} & b_2 \\ a_{31} & a_{32} & b_3\end{vmatrix}}{\begin{vmatrix} a_{11} & a_{12} & a_{13} \\ a_{21} & a_{22} & a_{23} \\ a_{31} & a_{32} & a_{33}\end{vmatrix}}$$

同理可得

$$x_1=\frac{\begin{vmatrix} b_1 & a_{12} & a_{13} \\ b_2 & a_{22} & a_{23} \\ b_3 & a_{32} & a_{33}\end{vmatrix}}{\begin{vmatrix} a_{11} & a_{12} & a_{13} \\ a_{21} & a_{22} & a_{23} \\ a_{31} & a_{32} & a_{33}\end{vmatrix}},\quad x_2=\frac{\begin{vmatrix} a_{11} & b_1 & a_{13} \\ a_{21} & b_2 & a_{23} \\ a_{31} & b_3 & a_{33}\end{vmatrix}}{\begin{vmatrix} a_{11} & a_{12} & a_{13} \\ a_{21} & a_{22} & a_{23} \\ a_{31} & a_{32} & a_{33}\end{vmatrix}}$$

例 6　解线性方程组
$$\begin{cases} x_1-2x_2+x_3=-2 \\ 2x_1+x_2-3x_3=1 \\ -x_1+x_2-x_3=0\end{cases}.$$

解　根据例 5 及行列式的定义得

$$D=\begin{vmatrix}1 & -2 & 1\\ 2 & 1 & -3\\ -1 & 1 & -1\end{vmatrix}=\begin{vmatrix}1 & -3\\ 1 & -1\end{vmatrix}-2\begin{vmatrix}-2 & 1\\ 1 & -1\end{vmatrix}+(-1)\begin{vmatrix}-2 & 1\\ 1 & -3\end{vmatrix}=-5\neq 0$$

$$D_1=\begin{vmatrix}-2 & -2 & 1\\ 1 & 1 & -3\\ 0 & 1 & -1\end{vmatrix}=-2\begin{vmatrix}1 & -3\\ 1 & -1\end{vmatrix}-\begin{vmatrix}-2 & 1\\ 1 & -1\end{vmatrix}+0\begin{vmatrix}-2 & 1\\ 1 & -3\end{vmatrix}=-5$$

$$D_2=\begin{vmatrix}1 & -2 & 1\\ 2 & 1 & -3\\ -1 & 0 & -1\end{vmatrix}=\begin{vmatrix}1 & -3\\ 0 & -1\end{vmatrix}-2\begin{vmatrix}-2 & 1\\ 0 & -1\end{vmatrix}-\begin{vmatrix}-2 & 1\\ 1 & -3\end{vmatrix}=-10$$

$$D_3=\begin{vmatrix}1 & -2 & -2\\ 2 & 1 & 1\\ -1 & 1 & 0\end{vmatrix}=\begin{vmatrix}1 & 1\\ 1 & 0\end{vmatrix}-2\begin{vmatrix}-2 & -2\\ 1 & 0\end{vmatrix}+(-1)\begin{vmatrix}-2 & -2\\ 1 & 1\end{vmatrix}=-5$$

所以方程组的解为

$$x_1=\frac{D_1}{D}=1,\qquad x_2=\frac{D_2}{D}=2,\qquad x_3=\frac{D_3}{D}=1$$

11.1.3　行列式的定义

从定义 1 和定义 2 可知二元和三元一次方程组的解可以分别由二阶和三阶行列式表达出来，且三阶行列式的计算可以转化为一些二阶行列式的计算. 可以设想 n 元一次方程组的解可以用 n 阶行列式表示出来且 n 阶行列式可以用一些 $n-1$ 阶行列式的代数和来表示，下面我们就来用归纳的方法定义行列式.

定义 3　数域 F 上，形如 $\begin{vmatrix}a_{11} & a_{12} & \cdots & a_{1n}\\ a_{21} & a_{22} & \cdots & a_{2n}\\ \vdots & \vdots & & \vdots\\ a_{n1} & a_{n2} & \cdots & a_{nn}\end{vmatrix}$ 的数叫作 **n 阶行列式**，$a_{ij}\in F$，i，$j=1, 2, \cdots, n$.

(1) 当 $n=1$ 时，$|a_{11}|=a_{11}$.

(2) 当 $n>1$ 时，有

$$\begin{vmatrix}a_{11} & a_{12} & \cdots & a_{1n}\\ a_{21} & a_{22} & \cdots & a_{2n}\\ \vdots & \vdots & & \vdots\\ a_{n1} & a_{n2} & \cdots & a_{nn}\end{vmatrix}=a_{11}\begin{vmatrix}a_{22} & \cdots & a_{2n}\\ a_{32} & \cdots & a_{3n}\\ \vdots & & \vdots\\ a_{n2} & \cdots & a_{nn}\end{vmatrix}-a_{21}\begin{vmatrix}a_{12} & \cdots & a_{1n}\\ a_{32} & \cdots & a_{3n}\\ \vdots & & \vdots\\ a_{n2} & \cdots & a_{nn}\end{vmatrix}+\cdots+(-1)^{n+1}a_{n1}\begin{vmatrix}a_{12} & \cdots & a_{1n}\\ a_{22} & \cdots & a_{2n}\\ \vdots & & \vdots\\ a_{n-12} & \cdots & a_{n-1n}\end{vmatrix}$$

例 7　计算行列式 $D=\begin{vmatrix}1 & 2 & 3 & 4\\ 1 & 0 & 1 & 2\\ 3 & -1 & -1 & 0\\ 1 & 2 & 0 & 5\end{vmatrix}$.

解　根据 n 阶行列式的定义得

$$D=1\times\begin{vmatrix}0&1&2\\-1&-1&0\\2&0&5\end{vmatrix}-1\times\begin{vmatrix}2&3&4\\-1&-1&0\\2&0&5\end{vmatrix}+3\times\begin{vmatrix}2&3&4\\0&1&2\\2&0&5\end{vmatrix}-1\times\begin{vmatrix}2&3&4\\0&1&2\\-1&-1&0\end{vmatrix}$$

$$=1\times\left(0\times\begin{vmatrix}-1&0\\0&5\end{vmatrix}-(-1)\times\begin{vmatrix}1&2\\0&5\end{vmatrix}+2\times\begin{vmatrix}1&2\\-1&0\end{vmatrix}\right)-1\times\left[2\times\begin{vmatrix}-1&0\\0&5\end{vmatrix}-(-1)\times\begin{vmatrix}3&4\\0&5\end{vmatrix}+2\times\begin{vmatrix}3&4\\-1&0\end{vmatrix}\right]+3\times\left(2\times\begin{vmatrix}1&2\\0&5\end{vmatrix}-0\times\begin{vmatrix}3&4\\0&5\end{vmatrix}+2\times\begin{vmatrix}3&4\\1&2\end{vmatrix}\right)-1\times\left(2\times\begin{vmatrix}1&2\\-1&0\end{vmatrix}-0\times\begin{vmatrix}3&4\\-1&0\end{vmatrix}+(-1)\times\begin{vmatrix}3&4\\1&2\end{vmatrix}\right)$$

$$=1\times(5+4)-1\times(-10+15+8)+3\times(10+4)-1\times(4-2)$$

$$=36$$

例 8　证明上三角形行列式 $D=\begin{vmatrix}a_{11}&a_{12}&\cdots&a_{1n}\\0&a_{22}&\cdots&a_{2n}\\\vdots&\vdots&&\vdots\\0&0&\cdots&a_{nn}\end{vmatrix}=a_{11}a_{22}\cdots a_{nn}$.

证明　对 n 采用数学归纳法.

当 $n=1$ 时，$\begin{vmatrix}a_{11}&a_{12}\\0&a_{22}\end{vmatrix}=a_{11}a_{22}$，结论成立.

假设结论对 $n-1$ 阶行列式成立，则对 n 阶行列式，由定义得

$$D=a_{11}\begin{vmatrix}a_{22}&a_{23}&\cdots&a_{2n}\\0&a_{33}&\cdots&a_{3n}\\\vdots&\vdots&&\vdots\\0&0&\cdots&a_{nn}\end{vmatrix}$$

由归纳假设得

$$\begin{vmatrix}a_{22}&a_{23}&\cdots&a_{2n}\\0&a_{33}&\cdots&a_{3n}\\\vdots&\vdots&&\vdots\\0&0&\cdots&a_{nn}\end{vmatrix}=a_{22}a_{33}\cdots a_{nn}$$

所以 $D=a_{11}a_{22}a_{33}\cdots a_{nn}$.

11.2　专业应用案例

例 9　有蜘蛛、蜻蜓、蝉三种动物共 18 只，共有腿 118 条，翅膀 20 对(蜘蛛 8 条腿；蜻

蜓 6 条腿，2 对翅膀；蝉 6 条腿，1 对翅膀)，三种动物各几只？

解　设蜘蛛为 x 只，蜻蜓为 y 只，蝉为 z 只，那么

$$\begin{cases} x+y+z=18 \\ 8x+6y+6z=118 \\ 2y+z=20 \end{cases}$$

根据例 5 的结论可计算出 $x=5$，$y=7$，$z=6$.

答　蜘蛛是 5 只，蜻蜓是 7 只，蝉是 6 只.

定义例题　设平面 α 内不共线的两个向量的坐标为 $\boldsymbol{e}_1=(x_1, y_1, z_1)$，$\mathbf{e}_2=(x_2, y_2, z_2)$，

则行列式 $\begin{vmatrix} \boldsymbol{i} & \boldsymbol{j} & \boldsymbol{k} \\ x_1 & y_1 & z_1 \\ x_2 & y_2 & z_2 \end{vmatrix}$ 叫作平面 α 的一个法向量，记为$\boldsymbol{n}$.

例如，直棱柱 $ABC\text{-}A_1B_1C_1$ 中，$AB=AC=\dfrac{1}{2}AA_1$，$\angle BAC=90°$，D 为棱B_1B 的中点. 求平面 ADC 的一个法向量.

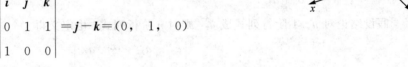

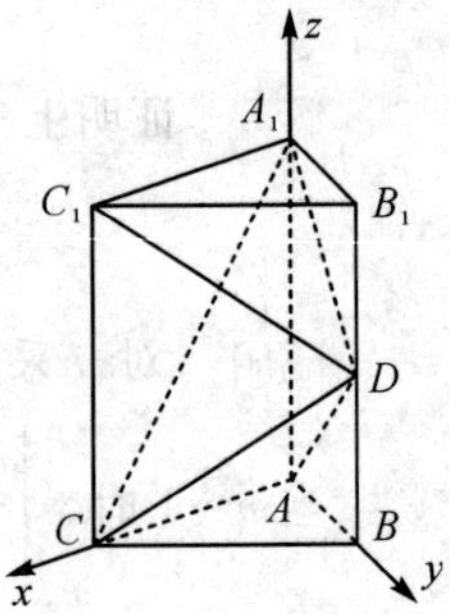

如图，建立空间直角坐标系 $A\text{-}xyz$，则 $A(0, 0, 0)$，$A_1(0, 0, 2)$，$B(0, 1, 0)$，$B_1(0, 1, 2)$，$C(1, 0, 0)$，$C_1(1, 0, 2)$，$D(0, 1, 1)$.

取平面 ADC 内两个不共线向量$\overrightarrow{AD}=(0, 1, 1)$，$\overrightarrow{AC}=(1, 0, 0)$，则平面 ADC 的一个法向量为

$$\begin{vmatrix} \boldsymbol{i} & \boldsymbol{j} & \boldsymbol{k} \\ 0 & 1 & 1 \\ 1 & 0 & 0 \end{vmatrix}=\boldsymbol{j}-\boldsymbol{k}=(0,\ 1,\ 0)$$

例 10　正三棱柱 $ABC\text{-}A_1B_1C_1$ 的侧棱长为$\sqrt{3}$，底面边长为 2，D 是 AC 的中点.

(1) 证明：AB_1∥平面 DBC_1；

(2) 求二面角 $D\text{-}BC_1\text{-}C$ 的余弦值.

解　(1) 证明：依题意，建立空间直角坐标系 $C\text{-}xyz$，则 $C(0, 0, 0)$，$C_1(0, 0, \sqrt{3})$，$B(0, 2, 0)$，$B_1(0, 2, \sqrt{3})$，$A(\sqrt{3}, 1, 0)$，$A_1(\sqrt{3}, 1, \sqrt{3})$，$D\left(\dfrac{\sqrt{3}}{2}, \dfrac{1}{2}, 0\right)$. 则 $\overrightarrow{BD}=\left(\dfrac{\sqrt{3}}{2}, -\dfrac{3}{2}, 0\right)$，$\overrightarrow{B_1D}=\left(\dfrac{\sqrt{3}}{2}, -\dfrac{3}{2}, -\sqrt{3}\right)$，平面 BB_1D 的一个法向量为

$$\boldsymbol{n}=\begin{vmatrix} \boldsymbol{i} & \boldsymbol{j} & \boldsymbol{k} \\ \dfrac{\sqrt{3}}{2} & \dfrac{3}{2} & 0 \\ \dfrac{\sqrt{3}}{2} & -\dfrac{3}{2} & -\sqrt{3} \end{vmatrix}$$

即

$$\boldsymbol{n}=\left(\frac{3\sqrt{3}}{2},\ \frac{3}{2},\ 0\right),\ \overrightarrow{AB_1}=(-\sqrt{3},\ 1,\ \sqrt{3}),\ \overrightarrow{AB_1}\cdot\boldsymbol{n}=\frac{3\sqrt{3}}{2}\times(-\sqrt{3})+\frac{3}{2}\times 1=0.$$

则$\overrightarrow{AB_1}\perp\boldsymbol{n}$，所以$\overrightarrow{AB_1}//$平面 BB_1D.

(2) 平面 DBC_1的一个法向量为$\boldsymbol{n}=\left(\frac{3\sqrt{3}}{2},\ \frac{3}{2},\ \sqrt{3}\right)$，平面 BC_1C 的一个法向量为

$$\boldsymbol{m}=\begin{vmatrix}\boldsymbol{i} & \boldsymbol{j} & \boldsymbol{k}\\ 0 & 0 & \sqrt{3}\\ 0 & 2 & 0\end{vmatrix}=-2\sqrt{3}\boldsymbol{i},\ \boldsymbol{m}=(-2\sqrt{3},\ 0,\ 0)$$

则

$$|\cos\langle\boldsymbol{m},\ \boldsymbol{n}\rangle|=\left|\frac{\boldsymbol{m}\cdot\boldsymbol{n}}{|\boldsymbol{m}|\cdot|\boldsymbol{n}|}\right|=\left|\frac{-9}{2\sqrt{3}\cdot 2\sqrt{3}}\right|=\frac{3}{4}$$

因此二面角 $D\text{-}BC_1\text{-}C$ 的余弦值为$\frac{3}{4}$.

例 11　已知正方体 $ABCD\text{-}A_1B_1C_1D_1$的棱长为 1. 求异面直线 DA_1与 AC 的距离.

解　建立空间直角坐标系 $D\text{-}xyz$，则 $D(0,\ 0,\ 0)$，$A(1,\ 0,\ 0)$，$A_1(1,\ 0,\ 1)$，$C(0,\ 1,\ 0)$，$\overrightarrow{DA_1}=(1,\ 0,\ 1)$，$\overrightarrow{AC}=(-1,\ 1,\ 0)$. 于是异面直线 DA_1与 AC 的一个法向量为

$$\boldsymbol{n}=\begin{vmatrix}\boldsymbol{i} & \boldsymbol{j} & \boldsymbol{k}\\ 1 & 0 & 1\\ -1 & 1 & 0\end{vmatrix}=-\boldsymbol{i}-\boldsymbol{j}+\boldsymbol{k}=(-1,\ -1,\ 1)$$

分别在异面直线 DA_1与 AC 上各取一点 A、D，则异面直线 DA_1与 AC 的距离为

$$d=\frac{|\boldsymbol{n}\cdot\overrightarrow{AD}|}{|\boldsymbol{n}|}=\frac{|(-1,\ -1,\ 1)(-1,\ 0,\ 0)|}{\sqrt{3}}=\frac{\sqrt{3}}{3}$$

思政课堂

中国古代解方程法——增乘开方法

11 世纪中期贾宪撰写了《黄帝九章算经细草》，他提出了有世界意义的“开方作法本源图”(指数为正整数的二项定理系数法)和“增乘开方法”. 用增乘开方法开平方和开立方要比《少广章》中传统的方法简单很多，并且还可以推广到求任何高次幂或高次方程的正根. 13 世纪中，秦九韶又用增乘开方法解决了数学高次方程的有理数根和无理数根的近似值问题. 和秦九昭同时代的李治、朱世杰等也补充了求解高次方程正根的方法. 在这三百年中，增乘开方法的发展是我国代数学取得的重大进步，它为 13 世纪中的“天元术”和“四元术”提供了优越的条件. 可惜在 14 世纪初年以后的五百年中方程论在我国没有更进一步的发展. 19 世纪初，汪莱、李锐才重新学习了当时几乎失传的增乘开方法，因而创获了许多属

于方程论的命题，但已落后于英法各国数学家.

在计算技术方面，西欧数学家们起初并不知道我国古代已有推算数学高次方程正根的巧妙方法. 意大利数学家罗斐尼于1804年创立了一种逐步近似法，解决了数字高次方程无理数根的近似值问题. 英国一位中学教员霍纳也于1819年撰写了论文《连续近似解任何次数方程的新方法》，并在伦敦皇家学会宣读. 英国人十分珍视霍纳的研究成果，因而流传下来了“霍纳方法”. 实际上，罗斐尼—霍纳的方法和中国宋元时代的增乘开方法的演算步骤完全相同，而比贾宪要迟750年，比秦九韶要迟550年.

任务 12　行列式按行(列)展开

※任务内容

(1) 完成行列式按行(列)展开的工作页；

(2) 学习元素a_{ij}余子式、代数余子式的概念，能计算a_{ij}的余子式、代数余子式；

(3) 学习把复杂行列式通过行列式按行(列)展开方法进行计算.

※任务目标

(1) 了解行列式按行(列)展开产生的意义；

(2) 理解元素a_{ij}的余子式、代数余子式的概念；

(3) 掌握运用行列式按行(列)展开的方法求解行列式.

※任务工作页

1. $D=\begin{vmatrix} 3 & 1 & -1 & 2 \\ -5 & 1 & 3 & -4 \\ 2 & 0 & 1 & -1 \\ 1 & -5 & 3 & -3 \end{vmatrix}$中，$M_{23}=$__________；$A_{23}=$__________.

2. 行列式$\begin{vmatrix} 4 & 1 & 0 \\ 3 & -2 & a \\ 6 & 5 & -7 \end{vmatrix}$中，元素 a 的代数余子式为__________.

3. 设某 3 阶行列式的第二行元素分别为-1，2，3，对应的余子式分别为-3，-2，1，则此行列式的值为__________.

4. 已知行列式第一列的元素为 1，4，-3，2，第二列元素的代数余子式为 2，3，4，x，则 $x=$__________.

12.1　相关知识

线性代数的主要研究对象是线性方程组，而行列式正是为解线性方程组而建立起来的，因此行列式是一种研究线性代数的基本工具. 无论是在线性代数、多项式理论，还是在微积分学中，行列式作为基本的数学公式，都有着重要的应用.

12.1.1 余子式与代数余子式

【案列引入】

对于三阶行列式来说，容易验证：

$$\begin{vmatrix} a_{11} & a_{12} & a_{13} \\ a_{21} & a_{22} & a_{23} \\ a_{31} & a_{32} & a_{33} \end{vmatrix} = a_{11}\begin{vmatrix} a_{22} & a_{23} \\ a_{32} & a_{33} \end{vmatrix} - a_{12}\begin{vmatrix} a_{21} & a_{23} \\ a_{31} & a_{33} \end{vmatrix} + a_{13}\begin{vmatrix} a_{21} & a_{22} \\ a_{31} & a_{32} \end{vmatrix}$$

这样，三阶行列式的计算可以归结为二阶行列式的计算.

我们可以根据上述思路把 n 阶行列式的计算归纳为阶数较低的行列式进行求解，以简化行列式的计算.

定义 4　n 阶行列式 $D=\begin{vmatrix} a_{11} & \cdots & a_{1j} & \cdots & a_{1n} \\ \vdots & & \vdots & & \vdots \\ a_{i1} & \cdots & a_{ij} & \cdots & a_{in} \\ \vdots & & \vdots & & \vdots \\ a_{n1} & \cdots & a_{nj} & \cdots & a_{nn} \end{vmatrix}$，把 a_{ij} 所在的第 i 行和第 j 列划掉，剩下的元素构成的 $n-1$ 阶行列式：

$$\begin{vmatrix} a_{11} & \cdots & a_{1j-1} & a_{1j+1} & \cdots & a_{1n} \\ \vdots & & \vdots & \vdots & & \vdots \\ a_{i-11} & \cdots & a_{i-1j-1} & a_{i-1j+1} & \cdots & a_{i-1n} \\ a_{i+11} & \cdots & a_{i+1j-1} & a_{i+1j+1} & \cdots & a_{i+1n} \\ \vdots & & \vdots & \vdots & & \vdots \\ a_{n1} & \cdots & a_{nj-1} & a_{nj+1} & \cdots & a_{nn} \end{vmatrix}$$

称为元素 a_{ij} 的余子式，记为 M_{ij}. $(-1)^{i+j}M_{ij}$ 称为 a_{ij} 的代数余子式，记为 A_{ij}.

例 12　求下列四阶行列式的元素 a_{23} 的余子式及代数余子式：

$$D=\begin{vmatrix} 1 & 3 & -5 & 1 \\ 5 & -2 & 7 & -2 \\ 2 & 1 & -4 & -1 \\ -3 & -4 & 6 & 3 \end{vmatrix}$$

解　根据余子式的定义得

$$M_{23}=\begin{vmatrix} a_{11} & a_{12} & a_{14} \\ a_{31} & a_{32} & a_{34} \\ a_{41} & a_{42} & a_{44} \end{vmatrix}=\begin{vmatrix} 1 & 3 & 1 \\ 2 & 1 & -1 \\ -3 & -4 & 3 \end{vmatrix}=-15$$

根据代数余子式的定义得

$$A_{23}=(-1)^{2+3}M_{23}=-M_{23}=15$$

定理 1　若一个 n 阶行列式

$$D=\begin{vmatrix} a_{11} & \cdots & a_{1j-1} & a_{1j+1} & \cdots & a_{1n} \\ \vdots & & \vdots & \vdots & & \vdots \\ a_{i-11} & \cdots & a_{i-1j-1} & a_{i-1j+1} & \cdots & a_{i-1n} \\ a_{i+11} & \cdots & a_{i+1j-1} & a_{i+1j+1} & \cdots & a_{i+1n} \\ \vdots & & \vdots & \vdots & & \vdots \\ a_{n1} & \cdots & a_{nj-1} & a_{nj+1} & \cdots & a_{nn} \end{vmatrix}$$

中，第 i 行(或第 j 行)的所有元素除 a_{ij} 外都为零，那么这个行列式等于 a_{ij} 与它的代数余子式 A_{ij} 的乘积，即

$$D=a_{ij}A_{ij}$$

例 13 计算行列式 $D=\begin{vmatrix} 0 & 0 & -1 & 2 \\ -5 & 6 & 3 & 0 \\ 0 & 0 & 1 & -1 \\ 0 & -5 & 3 & -3 \end{vmatrix}$.

解 在求解此行列式时，发现第一列中除了 $a_{21}=-5$，其余元素都为零，根据定理 1 可知

$$D=a_{21}A_{21}=(-1)^{2+1}\times(-5)\begin{vmatrix} 0 & -1 & 2 \\ 0 & 1 & -1 \\ -5 & 3 & -3 \end{vmatrix}=5\begin{vmatrix} 0 & -1 & 2 \\ 0 & 1 & -1 \\ -5 & 3 & -3 \end{vmatrix}$$

同理可得

$$D=5\times(-1)^{3+1}\times(-5)\begin{vmatrix} -1 & 2 \\ 1 & -1 \end{vmatrix}=5\times(-1)^{3+1}\times(-5)\times[(-1)\times(-1)-1\times 2]=25$$

12.1.2 行列式按行展开

由行列式代数余子式的定义，我们有

$$D=a_{11}A_{11}+a_{12}A_{12}+\cdots+a_{1n}A_{1n}$$

$$D=a_{11}A_{11}+a_{21}A_{21}+\cdots+a_{n1}A_{n1}$$

这是行列式按第一行和第一列展开的表达式. 下面的定理表明行列式可以按任意一行或任意一列进行展开.

定理 2

$$\begin{aligned} D &= a_{i1}A_{i1}+a_{i2}A_{i2}+\cdots+a_{in}A_{in} \quad (i=1, 2, \cdots, n) \\ &= a_{1j}A_{1j}+a_{2j}A_{2j}+\cdots+a_{nj}A_{nj} \quad (j=1, 2, \cdots, n) \end{aligned}$$

即行列式等于其任意一列的元素分别与它们对应代数余子式的乘积之和.

定理 3 行列式的任一行(列)的元素与另一行(列)的对应元素的代数余子式的乘积之和为零，即

$$a_{i1}A_{k1}+a_{i2}A_{k2}+\cdots+a_{in}A_{kn}=0,\ k\neq i$$

$$a_{1j}A_{1l}+a_{2j}A_{2l}+\cdots+a_{nj}A_{lj}=0,\ l\neq j$$

证明 由定理1知，行列式等于某一行的元素分别与它们代数余子式的乘积之和.

在 $D=\begin{vmatrix} a_{11} & a_{12} & \cdots & a_{1n} \\ \vdots & \vdots & & \vdots \\ a_{i1} & a_{i2} & \cdots & a_{in} \\ \vdots & \vdots & & \vdots \\ a_{k1} & a_{k2} & \cdots & a_{kn} \\ \vdots & \vdots & & \vdots \\ a_{n1} & a_{n2} & \cdots & a_{nn} \end{vmatrix}$ 中，如果令第 i 行的元素等于另外一行，譬如第 k 行的元素，则

$$a_{k1}A_{i1}+a_{k2}A_{i2}+\cdots+a_{kn}A_{in}=\begin{vmatrix} a_{11} & a_{12} & \cdots & a_{1n} \\ \vdots & \vdots & & \vdots \\ a_{k1} & a_{k2} & \cdots & a_{kn} \\ \vdots & \vdots & & \vdots \\ a_{k1} & a_{k2} & \cdots & a_{kn} \\ \vdots & \vdots & & \vdots \\ a_{n1} & a_{n2} & \cdots & a_{nn} \end{vmatrix}$$

右端的行列式含有两个相同的行，值为零.

综上可得

$$a_{k1}A_{i1}+a_{k2}A_{i2}+\cdots+a_{kn}A_{in}=\begin{cases} D & (k=i) \\ 0 & (k\neq i) \end{cases}$$

$$a_{1l}A_{1j}+a_{2l}A_{2j}+\cdots+a_{nl}A_{nj}=\begin{cases} D & (l=j) \\ 0 & (l\neq j) \end{cases}$$

例 14 假设 $\alpha\neq\beta$，证明：n 阶行列式

$$D_n=\begin{vmatrix} \alpha+\beta & \alpha\beta & 0 & \cdots & 0 & 0 \\ 1 & \alpha+\beta & \alpha\beta & \cdots & 0 & 0 \\ \vdots & \vdots & \vdots & & \vdots & \vdots \\ 0 & 0 & 0 & \cdots & 1 & \alpha+\beta \end{vmatrix}=\frac{\alpha^{n+1}-\beta^{n+1}}{\alpha-\beta}$$

证明 对 n 采用数学归纳法.

当 $n=2$ 时，

$$D_2=\begin{vmatrix} \alpha+\beta & \alpha\beta \\ 1 & \alpha+\beta \end{vmatrix}=(\alpha+\beta)^2-\alpha\beta=\frac{\alpha^3-\beta^3}{\alpha-\beta}$$

故结论成立.

假设结论对 $\leqslant n-1$ 阶的行列式都成立. 对于 n 阶行列式 D_n，按第一行展开得

$$D_n=(\alpha+\beta)D_{n+1}-\alpha\beta=\begin{vmatrix}\alpha+\beta & \alpha\beta & 0 & \cdots & 0 & 0\\ 1 & \alpha+\beta & \alpha\beta & \cdots & 0 & 0\\ \vdots & \vdots & \vdots & & & \vdots\\ 0 & 0 & 0 & \cdots & 1 & \alpha+\beta\end{vmatrix}$$

$$=(\alpha+\beta)D_{n-1}-\alpha\beta D_{n-2}$$

所以，由归纳假设得

$$D_n=(\alpha+\beta)\frac{\alpha^n-\beta^n}{\alpha-\beta}-\alpha\beta\frac{\alpha^{n-1}-\beta^{n-1}}{\alpha-\beta}=\frac{\alpha^{n+1}-\beta^{n+1}}{\alpha-\beta}$$

12.2　专业应用案例

例 15　求经过点$\left(1,\frac{4\sqrt{2}}{3}\right)$、$\left(-\frac{3\sqrt{7}}{4},\frac{3}{2}\right)$，且焦点在 x 轴上的椭圆方程.

解　设椭圆方程为$\frac{x^2}{a^2}+\frac{y^2}{b^2}=1$. 若点$(x_1, y_1)$和$(x_2, y_2)$在椭圆上，则

$$\begin{cases}x^2\,\frac{1}{a^2}+y^2\,\frac{1}{b^2}-1=0\\ x_1^2\frac{1}{a^2}+y_1^2\frac{1}{b^2}-1=0\\ x_2^2\,\frac{1}{a^2}+y_2^2\,\frac{1}{b^2}-1=0\end{cases}$$

将其看成关于$\frac{1}{a^2}$，$\frac{1}{b^2}$和-1的齐次线性方程组，因为它有非零解，所以椭圆方程可写成

$$\begin{vmatrix}x^2 & y^2 & 1\\ x_1^2 & y_1^2 & 1\\ x_2^2 & y_2^2 & 1\end{vmatrix}=0$$

将点$\left(1,\frac{4\sqrt{2}}{3}\right)$、$\left(-\frac{3\sqrt{7}}{4},\frac{3}{2}\right)$代入上式得

$$\begin{vmatrix}x^2 & y^2 & 1\\ 1 & \frac{32}{9} & 1\\ \frac{63}{16} & \frac{9}{4} & 1\end{vmatrix}=0$$

即

$$\begin{vmatrix}\frac{32}{9} & 1\\ \frac{9}{4} & 1\end{vmatrix}x^2-\begin{vmatrix}1 & 1\\ \frac{63}{16} & 1\end{vmatrix}y^2+\begin{vmatrix}1 & \frac{32}{9}\\ \frac{63}{16} & \frac{9}{4}\end{vmatrix}=0$$

解得

$$\frac{x^2}{9}+\frac{y^2}{4}=1$$

例 16　求经过点$(9,4\sqrt{2})$、$\left(-\frac{15}{4},\frac{3}{2}\right)$，且焦点在 x 轴上的双曲线方程.

解　设双曲线方程为$\frac{x^2}{a^2}-\frac{y^2}{b^2}=1$. 若点$(x_1, y_1)$和$(x_2, y_2)$在双曲线上，则

$$\begin{cases} x^2\frac{1}{a^2}-y^2\frac{1}{b^2}-1=0 \\ x_1^2\frac{1}{a^2}-y_1^2\frac{1}{b^2}-1=0 \\ x_2^2\frac{1}{a^2}-y_2^2\frac{1}{b^2}-1=0 \end{cases}$$

将其看成关于$\frac{1}{a^2}$，$\frac{1}{b^2}$和-1的齐次线性方程组，因为它有非零解，所以椭圆方程可写为

$$\begin{vmatrix} x^2 & y^2 & 1 \\ x_1^2 & y_1^2 & 1 \\ x_2^2 & y_2^2 & 1 \end{vmatrix}=0$$

将点$(9,4\sqrt{2})$、$\left(-\frac{15}{4},\frac{3}{2}\right)$代入上式得

$$\begin{vmatrix} x^2 & y^2 & 1 \\ 81 & 32 & 1 \\ \frac{225}{16} & \frac{9}{4} & 1 \end{vmatrix}=0$$

即

$$\begin{vmatrix} 32 & 1 \\ \frac{9}{4} & 1 \end{vmatrix}x^2-\begin{vmatrix} 81 & 1 \\ \frac{225}{16} & 1 \end{vmatrix}y^2+\begin{vmatrix} 81 & 32 \\ \frac{225}{16} & \frac{9}{4} \end{vmatrix}=0$$

解得

$$\frac{x^2}{9}-\frac{y^2}{4}=1$$

拓展:类比可以给出直线方程、圆的方程、一元二次函数等的行列式形式.

思政课堂

中国现代数学大师——潘承洞

潘承洞，我国著名数学家，专长解析数论，在“哥德巴赫猜想”问题方面的研究也颇有建树. 同时，他也是极具代表性的教育学家，秉承着“不拘一格降人才”的观点，培育了一大批真才实干的数学人才. 他治学严谨，工作踏实，为人谦逊，是真正的大师.

1934年5月26日，潘承洞生于江苏省苏州市. 1946年8月考入苏州振声中学(初中)，1949年毕业后考入苏州桃坞中学(高中). 中学时期，潘承洞就体现了他在数学方面的天赋. 当他发现《范氏大代数》一书中一道有关循环排列题的解答错误的时候，潘承洞没有迷信权威，而是敢于指出问题并作了改正. 之后，潘承洞依旧不改对数学的热情，并于1952年考入北京大学数学力学系. 在北大学习期间，他在多位数学家的熏陶下，对"数论"产生了深厚的兴趣，还参加了华罗庚教授在中国科学院数学研究所主持的哥德巴赫猜想讨论班，并与陈景润、王元等一起讨论，互相学习和启发. 这些都为潘承洞在解析数论的基础理论和方法的研究上打下了坚实的基础.

20世纪60年代，潘承洞证明了哥德巴赫猜想命题中的"1+5"和"1+4"，两次在这一世界数学难题中居于领先地位，也因此与著名数学家华罗庚、王元、陈景润被国际数学界公认为中国数论学派的四大杰出代表. 在哥德巴赫猜想问题的研究上，潘承洞很有自己的见解，他在《哥德巴赫猜想》一书中系统地总结和介绍了猜想的研究历史、主要研究方法及研究成果，得到了国内外数学界的一致赞誉，还为后续研究打下了坚实的基础. 因此，潘承洞也被称为中国数论学派的代表人物.

除了在数学领域取得的成就之外，潘承洞在培养人才方面所做的工作也为人称道. 他十分重视学生学习的自主性，反对教师照本宣科、大谈特谈的讲课方式. 在潘承洞的课堂上，人们总能看到他循循善诱、娓娓道来. 这样独辟蹊径的教学方式大大激发了学生的创造性和课堂的活力，有助于学生更好地理解知识点.

潘承洞无疑是成功的，在学术研究上成果显著，在教育工作上成就斐然. 但更难能可贵的是他踏实勤勉的工作作风，宽以待人、严以律己的道德品质，这些都将鼓舞无数的青年努力向上，成为祖国栋梁.

任务 13　行列式的性质

※任务内容

（1）完成行列式性质的相关工作页；

（2）学习行列式的性质、克莱姆法则及其简单应用；

（3）扩展行列式在实际问题中的应用.

※任务目标

（1）理解行列式性质的证明思路及克莱姆法则；

（2）会运用行列式性质求解一些简单的行列式问题；

（3）会使用克莱姆法则求解线性方程组的解.

※任务工作页

1. 行列式 D 不为零，利用行列式的性质对 D 进行变换后，行列式的值(　　).

A. 保持不变　　B. 可以变成任何值

C. 保持不为零　　D. 保持相同的正负号

2. 下列选项中错误的是(　　)

A. $\begin{vmatrix} a & b \\ c & d \end{vmatrix} = -\begin{vmatrix} c & d \\ a & b \end{vmatrix}$

B. $\begin{vmatrix} a & b \\ c & d \end{vmatrix} = \begin{vmatrix} d & b \\ c & a \end{vmatrix}$

C. $\begin{vmatrix} a+3c & b+3d \\ c & d \end{vmatrix} = \begin{vmatrix} a & b \\ c & d \end{vmatrix}$

D. $\begin{vmatrix} a & b \\ c & d \end{vmatrix} = -\begin{vmatrix} -a & -b \\ -c & -d \end{vmatrix}$

3. 设行列式 $D_1 = \begin{vmatrix} x & 0 & 1 \\ 0 & x-1 & 0 \\ 1 & 0 & x \end{vmatrix}$，$D_2 = \begin{vmatrix} 2 & 3 & 2 \\ 1 & 5 & 3 \\ 3 & 1 & 1 \end{vmatrix}$，若 $D_1 = D_2$，则 x 的取值为(　　).

A. 2，−1　　B. 1，−1　　C. 0，2　　D. 0，1

13.1　相关知识

在线性代数中，行列式是一个重要的基本工具，直接计算行列式往往是困难和烦琐的，特别当行列式的元素是字母时更加明显，因此熟练地掌握行列式的计算方法是非常重要的. 行列式的重点是计算，应当在理解 n 阶行列式的概念、掌握行列式性质的基础上，熟练正确地计算三阶、四阶行列式，以及计算简单的 n 阶行列式的值. 计算行列式的基本方法是:按行(列)展开公式，通过降阶来进行计算. 但在展开之前往往先通过对行列式进行恒等变形，构造出较多的零或公因式，从而简化计算.

13.1.1　行列式的性质

【案例引入】

n 阶行列式一共有 $n!$ 项，计算它就需要做 $n!\,(n-1)$次乘法. 当 n 较大时，$n!$ 是一个相当大的数字. 直接从定义来计算行列式几乎是不大可能的事. 因此我们需要进一步讨论行列式的性质，利用这些性质简化行列式的计算.

定理 4

$$\begin{vmatrix} a_{11} & a_{12} & \cdots & a_{1n} \\ \vdots & \vdots & & \vdots \\ ka_{i1} & ka_{i2} & \cdots & ka_{in} \\ \vdots & \vdots & & \vdots \\ a_{n1} & a_{n2} & \cdots & a_{nn} \end{vmatrix} = \begin{vmatrix} a_{11} & a_{12} & \cdots & a_{1n} \\ \vdots & \vdots & & \vdots \\ a_{i1} & a_{i2} & \cdots & a_{in} \\ \vdots & \vdots & & \vdots \\ a_{n1} & a_{n2} & \cdots & a_{nn} \end{vmatrix}$$

证明　对 n 采用数学归纳法.

当 $n=1$ 时，$|ka_{11}|=ka_{11}=k|a_{11}|$，故定理成立.

假设定理对 $n-1$ 阶行列式成立. 对 n 阶行列式，由行列式的定义及归纳假设得

$$\begin{vmatrix} a_{11} & a_{12} & \cdots & a_{1n} \\ \vdots & \vdots & & \vdots \\ ka_{i1} & ka_{i2} & \cdots & ka_{in} \\ \vdots & \vdots & & \vdots \\ a_{n1} & a_{n2} & \cdots & a_{nn} \end{vmatrix} = a_{11}\begin{vmatrix} a_{22} & \cdots & a_{2n} \\ \vdots & & \vdots \\ ka_{i2} & \cdots & ka_{in} \\ \vdots & & \vdots \\ a_{n2} & \cdots & a_{nn} \end{vmatrix} + \cdots + (-1)^{i+1}ka_{i1}\begin{vmatrix} a_{12} & \cdots & a_{1n} \\ \vdots & & \vdots \\ a_{i-12} & \cdots & a_{i-1n} \\ a_{i+12} & \cdots & a_{i+1n} \\ \vdots & & \vdots \\ a_{n2} & \cdots & a_{nn} \end{vmatrix} +$$

$$\cdots + (-1)^{n+1}a_{n1}\begin{vmatrix} a_{12} & \cdots & a_{1n} \\ \vdots & & \vdots \\ ka_{i2} & \cdots & ka_{in} \\ \vdots & & \vdots \\ a_{n-12} & \cdots & a_{n-1n} \end{vmatrix}$$

$$= ka_{11}\begin{vmatrix} a_{22} & \cdots & a_{2n} \\ \vdots & & \vdots \\ a_{i2} & \cdots & a_{in} \\ \vdots & & \vdots \\ a_{n2} & \cdots & a_{nn} \end{vmatrix} + \cdots + k(-1)^{i+1}a_{i1}\begin{vmatrix} a_{12} & \cdots & a_{1n} \\ \vdots & & \vdots \\ a_{i-12} & \cdots & a_{i-1n} \\ a_{i+12} & \cdots & a_{i+1n} \\ \vdots & & \vdots \\ a_{n2} & \cdots & a_{nn} \end{vmatrix}$$

$$+\cdots+k(-1)^{n+1}a_{n1}\begin{vmatrix} a_{12} & \cdots & a_{1n} \\ \vdots & & \vdots \\ a_{i2} & \cdots & a_{in} \\ \vdots & & \vdots \\ a_{n-12} & \cdots & a_{n-1n} \end{vmatrix}$$

$$=k\begin{vmatrix} a_{11} & a_{12} & \cdots & a_{1n} \\ \vdots & \vdots & & \vdots \\ a_{i1} & a_{i2} & \cdots & a_{in} \\ \vdots & \vdots & & \vdots \\ a_{n1} & a_{n2} & \cdots & a_{nn} \end{vmatrix}$$

令 $k=0$ 即得

$$\begin{vmatrix} a_{11} & a_{12} & \cdots & a_{1n} \\ \vdots & \vdots & & \vdots \\ ka_{i1} & ka_{i2} & \cdots & ka_{in} \\ \vdots & \vdots & & \vdots \\ a_{n1} & a_{n2} & \cdots & a_{nn} \end{vmatrix}=0$$

即如果行列式中的某一行全为零，则行列式为零.

例如，$\begin{vmatrix} 0 & 0 & 0 & 0 \\ 4 & 7 & 9 & 3 \\ 6 & 1 & 8 & 12 \\ 5 & 3 & 2 & 6 \end{vmatrix}=0.$

定理 5

$$i\text{行}\begin{vmatrix} a_{11} & a_{12} & \cdots & a_{1n} \\ \vdots & \vdots & & \vdots \\ b_1+c_1 & b_2+c_2 & \cdots & b_n+c_n \\ \vdots & \vdots & & \vdots \\ a_{n1} & a_{n2} & \cdots & a_{nn} \end{vmatrix}=\begin{vmatrix} a_{11} & a_{12} & \cdots & a_{1n} \\ \vdots & \vdots & & \vdots \\ b_1 & b_2 & \cdots & b_n \\ \vdots & \vdots & & \vdots \\ a_{n1} & a_{n2} & \cdots & a_{nn} \end{vmatrix}+\begin{vmatrix} a_{11} & a_{12} & \cdots & a_{1n} \\ \vdots & \vdots & & \vdots \\ c_1 & c_2 & \cdots & c_n \\ \vdots & \vdots & & \vdots \\ a_{n1} & a_{n2} & \cdots & a_{nn} \end{vmatrix}$$

证明　对 n 采用数学归纳法.

当 $n=1$ 时，$|b_1+c_1|=b_1+c_1=|b_1|+|c_1|$，故定理成立.

假设定理对 $n-1$ 阶行列式成立. 对 n 阶行列式，由行列式的定义及假设得

$$
i\text{行}\begin{vmatrix} a_{11} & a_{12} & \cdots & a_{1n} \\ \vdots & \vdots & & \vdots \\ b_1+c_1 & b_2+c_2 & \cdots & b_n+c_n \\ \vdots & \vdots & & \vdots \\ a_{n1} & a_{n2} & \cdots & a_{nn} \end{vmatrix}
$$

$$
=a_{11}\begin{vmatrix} a_{22} & \cdots & a_{2n} \\ \vdots & & \vdots \\ b_2+c_2 & \cdots & b_n+c_n \\ \vdots & & \vdots \\ a_{n2} & \cdots & a_{nn} \end{vmatrix}+\cdots+(-1)^{i+1}(b_1+c_1)\begin{vmatrix} a_{12} & \cdots & a_{1n} \\ \vdots & & \vdots \\ a_{i-12} & \cdots & a_{i-1n} \\ a_{i+12} & \cdots & a_{i+1n} \\ \vdots & & \vdots \\ a_{n2} & \cdots & a_{nn} \end{vmatrix}+\cdots+
$$

$$
(-1)^{n+1}a_{n1}\begin{vmatrix} a_{12} & \cdots & a_{1n} \\ \vdots & & \vdots \\ b_2+c_2 & \cdots & b_n+c_n \\ \vdots & & \vdots \\ a_{n-12} & \cdots & a_{n-1n} \end{vmatrix}
$$

$$
=a_{11}\begin{vmatrix} a_{22} & \cdots & a_{2n} \\ \vdots & & \vdots \\ b_2 & \cdots & b_n \\ \vdots & & \vdots \\ a_{n2} & \cdots & a_{nn} \end{vmatrix}+\cdots+(-1)^{i+1}b_1\begin{vmatrix} a_{12} & \cdots & a_{1n} \\ \vdots & & \vdots \\ a_{i-12} & \cdots & a_{i-1n} \\ a_{i+12} & \cdots & a_{i+1n} \\ \vdots & & \vdots \\ a_{n2} & \cdots & a_{nn} \end{vmatrix}+\cdots+(-1)^{n+1}a_{n1}\begin{vmatrix} a_{12} & \cdots & a_{1n} \\ \vdots & & \vdots \\ b_2 & \cdots & b_n \\ \vdots & & \vdots \\ a_{n-12} & \cdots & a_{n-1n} \end{vmatrix}+
$$

$$
a_{11}\begin{vmatrix} a_{22} & \cdots & a_{2n} \\ \vdots & & \vdots \\ c_2 & \cdots & c_n \\ \vdots & & \vdots \\ a_{n2} & \cdots & a_{nn} \end{vmatrix}+\cdots+(-1)^{i+1}c_1\begin{vmatrix} a_{12} & \cdots & a_{1n} \\ \vdots & & \vdots \\ a_{i-12} & \cdots & a_{i-1n} \\ a_{i+12} & \cdots & a_{i+1n} \\ \vdots & & \vdots \\ a_{n2} & \cdots & a_{nn} \end{vmatrix}+\cdots+(-1)^{n+1}a_{n1}\begin{vmatrix} a_{12} & \cdots & a_{1n} \\ \vdots & & \vdots \\ c_2 & \cdots & c_n \\ \vdots & & \vdots \\ a_{n-12} & \cdots & a_{n-1n} \end{vmatrix}
$$

$$=\begin{vmatrix} a_{11} & a_{12} & \cdots & a_{1n} \\ \vdots & \vdots & & \vdots \\ b_1 & b_2 & \cdots & b_n \\ \vdots & \vdots & & \vdots \\ a_{n1} & a_{n2} & \cdots & a_{nn} \end{vmatrix}+\begin{vmatrix} a_{11} & a_{12} & \cdots & a_{1n} \\ \vdots & \vdots & & \vdots \\ c_1 & c_2 & \cdots & c_n \\ \vdots & \vdots & & \vdots \\ a_{n1} & a_{n2} & \cdots & a_{nn} \end{vmatrix}$$

定理 6 交换行列式的两行，行列式变号，即

$$\begin{vmatrix} a_{11} & a_{12} & \cdots & a_{1n} \\ \vdots & \vdots & & \vdots \\ a_{i1} & a_{i2} & \cdots & a_{in} \\ \vdots & \vdots & & \vdots \\ a_{j1} & a_{j2} & \cdots & a_{jn} \\ \vdots & \vdots & & \vdots \\ a_{n1} & a_{n2} & \cdots & a_{nn} \end{vmatrix}=-\begin{vmatrix} a_{11} & a_{12} & \cdots & a_{1n} \\ \vdots & \vdots & & \vdots \\ a_{j1} & a_{j2} & \cdots & a_{jn} \\ \vdots & \vdots & & \vdots \\ a_{i1} & a_{i2} & \cdots & a_{in} \\ \vdots & \vdots & & \vdots \\ a_{n1} & a_{n2} & \cdots & a_{nn} \end{vmatrix}$$

证明 交换第 i 行和第 j 行可以通过交换 $2(j-i)-1$ 次相邻两行来得到，如果交换行列式相邻两行，行列式变号，则交换第 i 行和第 j 行，行列式也变号. 下面对 n 采用数学归纳法证明下列结论：

$$\begin{vmatrix} a_{11} & a_{12} & \cdots & a_{1n} \\ \vdots & \vdots & & \vdots \\ a_{i1} & a_{i2} & \cdots & a_{in} \\ a_{i+11} & a_{i+12} & \cdots & a_{i+1n} \\ \vdots & \vdots & & \vdots \\ a_{n1} & a_{n2} & \cdots & a_{nn} \end{vmatrix}=-\begin{vmatrix} a_{11} & a_{12} & \cdots & a_{1n} \\ \vdots & \vdots & & \vdots \\ a_{i+11} & a_{i+12} & \cdots & a_{i+1n} \\ a_{i1} & a_{i2} & \cdots & a_{in} \\ \vdots & \vdots & & \vdots \\ a_{n1} & a_{n2} & \cdots & a_{nn} \end{vmatrix}$$

当 $n=2$ 时，有

$$\begin{vmatrix} a_{11} & a_{12} \\ a_{21} & a_{22} \end{vmatrix}=a_{11}a_{22}-a_{21}a_{12}=-(a_{21}a_{12}-a_{22}a_{11})=-\begin{vmatrix} a_{21} & a_{22} \\ a_{11} & a_{12} \end{vmatrix}$$

故结论成立.

假设 $n\geqslant 3$ 且结论对 $n-1$ 阶行列式成立. 对 n 阶行列式，有

$$
\begin{vmatrix} a_{11} & a_{12} & \cdots & a_{1n} \\ \vdots & \vdots & & \vdots \\ a_{i1} & a_{i2} & \cdots & a_{in} \\ a_{i+11} & a_{i+12} & \cdots & a_{i+1n} \\ \vdots & \vdots & & \vdots \\ a_{n1} & a_{n2} & \cdots & a_{nn} \end{vmatrix}
$$

$$
=a_{11}\begin{vmatrix} a_{22} & \cdots & a_{2n} \\ \vdots & & \vdots \\ a_{i2} & \cdots & a_{in} \\ a_{i+12} & \cdots & a_{i+1n} \\ \vdots & & \vdots \\ a_{n2} & \cdots & a_{nn} \end{vmatrix}+\cdots+(-1)^{i+1}a_{i1}\begin{vmatrix} a_{22} & \cdots & a_{2n} \\ \vdots & & \vdots \\ a_{i-12} & \cdots & a_{i-1n} \\ a_{i+12} & \cdots & a_{i+1n} \\ \vdots & & \vdots \\ a_{n2} & \cdots & a_{nn} \end{vmatrix}+
$$

$$
\cdots+(-1)^{i+2}a_{i+11}\begin{vmatrix} a_{22} & \cdots & a_{2n} \\ \vdots & & \vdots \\ a_{i2} & \cdots & a_{in} \\ a_{i+22} & \cdots & a_{i+2n} \\ \vdots & & \vdots \\ a_{n2} & \cdots & a_{nn} \end{vmatrix}+\cdots+(-1)^{n+1}a_{n1}\begin{vmatrix} a_{22} & \cdots & a_{2n} \\ \vdots & & \vdots \\ a_{i2} & \cdots & a_{in} \\ a_{i+12} & \cdots & a_{i+1n} \\ \vdots & & \vdots \\ a_{n-12} & \cdots & a_{n-1n} \end{vmatrix}
$$

$$
=-a_{11}\begin{vmatrix} a_{22} & \cdots & a_{2n} \\ \vdots & & \vdots \\ a_{i+12} & \cdots & a_{i+1n} \\ a_{i2} & \cdots & a_{in} \\ \vdots & & \vdots \\ a_{n2} & \cdots & a_{nn} \end{vmatrix}-\cdots-(-1)^{i+1}a_{i1}\begin{vmatrix} a_{22} & \cdots & a_{2n} \\ \vdots & & \vdots \\ a_{i+12} & \cdots & a_{i+1n} \\ a_{i-12} & \cdots & a_{i-1n} \\ \vdots & & \vdots \\ a_{n2} & \cdots & a_{nn} \end{vmatrix}-
$$

$$
\cdots-(-1)^{i+2}a_{i+11}\begin{vmatrix} a_{22} & \cdots & a_{2n} \\ \vdots & & \vdots \\ a_{i+22} & \cdots & a_{i+2n} \\ a_{i2} & \cdots & a_{in} \\ \vdots & & \vdots \\ a_{n2} & \cdots & a_{nn} \end{vmatrix}-\cdots-(-1)^{n+1}a_{n1}\begin{vmatrix} a_{22} & \cdots & a_{2n} \\ \vdots & & \vdots \\ a_{i+12} & \cdots & a_{i+1n} \\ a_{i2} & \cdots & a_{in} \\ \vdots & & \vdots \\ a_{n-12} & \cdots & a_{n-1n} \end{vmatrix}
$$

$$=-\begin{vmatrix} a_{11} & a_{12} & \cdots & a_{1n} \\ \vdots & \vdots & & \vdots \\ a_{i+11} & a_{i+12} & \cdots & a_{i+1n} \\ a_{i1} & a_{i2} & \cdots & a_{in} \\ \vdots & \vdots & & \vdots \\ a_{n1} & a_{n2} & \cdots & a_{nn} \end{vmatrix}$$

例 17 计算行列式 $D=\begin{vmatrix} 1 & 4 & 6 \\ 2 & 5 & 0 \\ 3 & 0 & 0 \end{vmatrix}$.

解 这个行列式可以将第一行与第三行交换，即

$$D=\begin{vmatrix} 1 & 4 & 6 \\ 2 & 5 & 0 \\ 3 & 0 & 0 \end{vmatrix} \xlongequal{r_1 \leftrightarrow r_3} -\begin{vmatrix} 3 & 0 & 0 \\ 2 & 5 & 0 \\ 1 & 4 & 6 \end{vmatrix} = -3\times5\times6=-90$$

定理 7 行列式两行(列)相同，则行列式为零.

证明 设 D 是 n 阶行列式. 假设 D 的第 i 行和第 j 行相同. 则由定理 6 可知，交换 D 的第 i 行和第 j 行，D 改变符号. 而 D 的第 i 行和第 j 行相同，所以 $D=-D$. 于是 $D=0$.

例如，$\begin{vmatrix} 1 & 2 & 5 & 1 \\ 1 & 7 & 9 & 1 \\ 1 & 1 & 8 & 1 \\ 1 & 3 & 2 & 1 \end{vmatrix}=0$.

定理 8 行列式两行成比列，则行列式为零.

证明

$$\begin{vmatrix} a_{11} & a_{12} & \cdots & a_{1n} \\ \vdots & \vdots & & \vdots \\ a_{i1} & a_{i2} & \cdots & a_{in} \\ \vdots & \vdots & & \vdots \\ ka_{i1} & ka_{i2} & \cdots & ka_{in} \\ \vdots & \vdots & & \vdots \\ a_{n1} & a_{n2} & \cdots & a_{nn} \end{vmatrix} = k\begin{vmatrix} a_{11} & a_{12} & \cdots & a_{1n} \\ \vdots & \vdots & & \vdots \\ a_{i1} & a_{i2} & \cdots & a_{in} \\ \vdots & \vdots & & \vdots \\ a_{i1} & a_{i2} & \cdots & a_{in} \\ \vdots & \vdots & & \vdots \\ a_{n1} & a_{n2} & \cdots & a_{nn} \end{vmatrix} = 0$$

例 18 计算行列式 $D=\begin{vmatrix} 2 & -4 & 1 \\ 3 & -6 & 3 \\ -5 & 10 & 4 \end{vmatrix}$.

解　因为第一列和第二列的对应元素成比例，根据定理 8 得

$$D=\begin{vmatrix} 2 & -4 & 1 \\ 3 & -6 & 3 \\ -5 & 10 & 4 \end{vmatrix}=0$$

定理 9　将行列式一行的倍数加到另一行去，行列式不变.

证明

$$\begin{vmatrix} a_{11} & a_{12} & \cdots & a_{1n} \\ \vdots & \vdots & & \vdots \\ a_{i1}+ka_{j1} & a_{i2}+ka_{j2} & \cdots & a_{in}+ka_{jn} \\ \vdots & \vdots & & \vdots \\ a_{j1} & a_{j2} & \cdots & a_{jn} \\ \vdots & \vdots & & \vdots \\ a_{n1} & a_{n2} & \cdots & a_{nn} \end{vmatrix} = \begin{vmatrix} a_{11} & a_{12} & \cdots & a_{1n} \\ \vdots & \vdots & & \vdots \\ a_{i1} & a_{i2} & \cdots & a_{in} \\ \vdots & \vdots & & \vdots \\ a_{j1} & a_{j2} & \cdots & a_{jn} \\ \vdots & \vdots & & \vdots \\ a_{n1} & a_{n2} & \cdots & a_{nn} \end{vmatrix} + \begin{vmatrix} a_{11} & a_{12} & \cdots & a_{1n} \\ \vdots & \vdots & & \vdots \\ ka_{j1} & ka_{j2} & \cdots & ka_{jn} \\ \vdots & \vdots & & \vdots \\ a_{j1} & a_{j2} & \cdots & a_{jn} \\ \vdots & \vdots & & \vdots \\ a_{n1} & a_{n2} & \cdots & a_{nn} \end{vmatrix}$$

$$= \begin{vmatrix} a_{11} & a_{12} & \cdots & a_{1n} \\ \vdots & \vdots & & \vdots \\ a_{i1} & a_{i2} & \cdots & a_{in} \\ \vdots & \vdots & & \vdots \\ a_{j1} & a_{j2} & \cdots & a_{jn} \\ \vdots & \vdots & & \vdots \\ a_{n1} & a_{n2} & \cdots & a_{nn} \end{vmatrix}$$

定理 10　将行列式一列的倍数加到另一列，行列式的值不变，即

$$\begin{vmatrix} a_{11} & \cdots & a_{1i}+ka_{1j} & \cdots & a_{1j} & \cdots & a_{1n} \\ a_{21} & \cdots & a_{2i}+ka_{2j} & \cdots & a_{2j} & \cdots & a_{2n} \\ \vdots & & \vdots & & \vdots & & \vdots \\ a_{n1} & \cdots & a_{ni}+ka_{nj} & \cdots & a_{nj} & \cdots & a_{nn} \end{vmatrix} = \begin{vmatrix} a_{11} & \cdots & a_{1i} & \cdots & a_{1j} & \cdots & a_{1n} \\ a_{21} & \cdots & a_{2i} & \cdots & a_{2j} & \cdots & a_{2n} \\ \vdots & & \vdots & & \vdots & & \vdots \\ a_{n1} & \cdots & a_{ni} & \cdots & a_{nj} & \cdots & a_{nn} \end{vmatrix}$$

定理 6、定理 8、定理 9、定理 10 体现了行列式的三种运算，复杂行列式的运算均可通过这三种运算的组合运算化为简单行列式的运算，然后利用行列式的结果算出复杂行列式的值.

为了简化计算过程，三种运算分别记作：

(1) 互换 i、j 两行(列)：$r_i \leftrightarrow r_j$ $(c_i \leftrightarrow c_j)$——定理 6.

(2) 第 i 行(列)提取公因数 k：$r_i \times \frac{1}{k}$ $(c_i \times \frac{1}{k})$——定理 8.

(3) 将第 j 行(列)的 k 倍加到第 i 行(列)上去:$r_i+kr_j(c_i+kc_j)$ ——定理 9、10.

例 19 计算 4 阶行列式 $\begin{vmatrix} 0 & -1 & -1 & 2 \\ 1 & -1 & 0 & 2 \\ -1 & 2 & -1 & 0 \\ 2 & 1 & 1 & 0 \end{vmatrix}$.

解

$$\begin{vmatrix} 0 & -1 & -1 & 2 \\ 1 & -1 & 0 & 2 \\ -1 & 2 & -1 & 0 \\ 2 & 1 & 1 & 0 \end{vmatrix} \xlongequal{r_1 \leftrightarrow r_2} \begin{vmatrix} 1 & -1 & 0 & 2 \\ 0 & -1 & -1 & 2 \\ -1 & 2 & -1 & 0 \\ 2 & 1 & 1 & 0 \end{vmatrix} \xlongequal[r_4-2r_1]{r_3+r_1} \begin{vmatrix} 1 & -1 & 0 & 2 \\ 0 & -1 & -1 & 2 \\ 0 & 1 & -1 & 2 \\ 0 & 3 & 1 & -4 \end{vmatrix}$$

$$\xlongequal[r_4+3r_2]{r_3+r_2} \begin{vmatrix} 1 & -1 & 0 & 2 \\ 0 & -1 & -1 & 2 \\ 0 & 0 & -2 & 4 \\ 0 & 0 & -2 & 2 \end{vmatrix} \xlongequal{r_4-r_3} \begin{vmatrix} 1 & -1 & 0 & 2 \\ 0 & -1 & -1 & 2 \\ 0 & 0 & -2 & 4 \\ 0 & 0 & 0 & -2 \end{vmatrix}$$

$$=1\times(-1)\times(-2)\times(-2)=-4.$$

小结:计算行列式时,常常利用行列式的性质,把它转化为三角形行列式来计算. 其中,化为上三角行列式的步骤是:如果第一列第一个元素为 0,先将第一行与其他行交换,使第一列的第一个元素不为 0;然后将第一行分别乘以适当的数加到其他各行,使第一列除第一个元素外的其余元素全为 0;再用同样的方法处理除去第一行和第一列后余下的低一阶行列式;依次作下去,直至使它成为上三角行列式,这时主对角线上元素的乘积就是行列式的值.

例 20 计算 $D=\begin{vmatrix} a & b & c & d \\ a & a+b & a+b+c & a+b+c+d \\ a & 2a+b & 3a+2b+c & 4a+3b+2c+d \\ a & 3a+b & 6a+3b+c & 10a+6b+3c+d \end{vmatrix}$.

解 方法一:

$$D \xlongequal[\substack{r_3-r_2 \\ r_2-r_1}]{r_4-r_3} \begin{vmatrix} a & b & c & d \\ 0 & a & a+b & a+b+c \\ 0 & a & 2a+b & 3a+2b+c \\ 0 & a & 3a+b & 6a+3b+c \end{vmatrix} \xlongequal[r_3-r_2]{r_4-r_3} \begin{vmatrix} a & b & c & d \\ 0 & a & a+b & a+b+c \\ 0 & 0 & a & 2a+b \\ 0 & 0 & a & 3a+b \end{vmatrix}$$

$$\xlongequal{r_4-r_3} \begin{vmatrix} a & b & c & d \\ 0 & a & a+b & a+b+c \\ 0 & 0 & a & 2a+b \\ 0 & 0 & 0 & a \end{vmatrix} = a^4$$

注:(1) 运算中次序不能颠倒,同时要注意运算 r_i+r_j(加到第 i 行上去)与 r_j+r_i 的

区别.

(2) 算法不是唯一的，也可有其他解法.

方法二：

$$D\xlongequal[r_4-r_1]{\substack{r_2-r_1\\ r_3-r_1}}\begin{vmatrix} a & b & c & d \\ 0 & a & a+b & a+b+c \\ 0 & 2a & 3a+2b & 4a+3b+2c \\ 0 & 3a & 6a+3b & 10a+6b+3c \end{vmatrix}\xlongequal[r_4-3r_2]{r_3-2r_2}\begin{vmatrix} a & b & c & d \\ 0 & a & a+b & a+b+c \\ 0 & 0 & a & 2a+b \\ 0 & 0 & 3a & 7a+3b \end{vmatrix}$$

$$\xlongequal{r_4-3r_3}\begin{vmatrix} a & b & c & d \\ 0 & a & a+b & a+b+c \\ 0 & 0 & a & 2a+b \\ 0 & 0 & 0 & a \end{vmatrix}=a^4$$

定理 11 行列互换，行列式的值不变，即

$$\begin{vmatrix} a_{11} & a_{12} & \cdots & a_{1n} \\ a_{21} & a_{22} & \cdots & a_{2n} \\ \vdots & \vdots & & \vdots \\ a_{n1} & a_{n2} & \cdots & a_{nn} \end{vmatrix}=\begin{vmatrix} a_{11} & a_{21} & \cdots & a_{n1} \\ a_{12} & a_{22} & \cdots & a_{n2} \\ \vdots & \vdots & & \vdots \\ a_{1n} & a_{2n} & \cdots & a_{nn} \end{vmatrix}$$

13.1.2 克莱姆法则

定理 12(克莱姆法则) 如果线性方程组

$$\begin{cases} a_{11}x_1+a_{12}x_2+\cdots+a_{1n}x_n=b_1 \\ a_{21}x_1+a_{22}x_2+\cdots+a_{2n}x_n=b_2 \\ \qquad\qquad\vdots \\ a_{n1}x_1+a_{n2}x_2+\cdots+a_{nn}x_n=b_n \end{cases}$$

的系数行列式

$$d=\begin{vmatrix} a_{11} & a_{12} & \cdots & a_{1n} \\ a_{21} & a_{22} & \cdots & a_{2n} \\ \vdots & \vdots & & \vdots \\ a_{n1} & a_{n2} & \cdots & a_{nn} \end{vmatrix}\neq 0$$

则此方程组存在唯一解：

$$x_1=\frac{d_1}{d},\ x_2=\frac{d_2}{d},\ \cdots,\ x_n=\frac{d_n}{d}$$

其中

$$d_i=\begin{vmatrix} a_{11} & \cdots & a_{1j-1} & b_1 & a_{1j+1} & \cdots & a_{1n} \\ a_{21} & \cdots & a_{2j-1} & b_2 & a_{2j+1} & \cdots & a_{2n} \\ \vdots & & \vdots & \vdots & \vdots & & \vdots \\ a_{n1} & \cdots & a_{nj-1} & b_n & a_{nj+1} & \cdots & a_{nn} \end{vmatrix},\ j=1,\ 2,\ \cdots,\ n$$

例 21　解方程组

$$\begin{cases}2x_1+x_2-5x_3+x_4=8\\x_1-3x_2-6x_4=9\\2x_2-x_3+2x_4=-5\\x_1+4x_2-7x_3+6x_4=0\end{cases}$$

解　由于方程组的系数矩阵为

$$d=\begin{vmatrix}2&1&-5&1\\1&-3&0&-6\\0&2&-1&2\\1&4&-7&6\end{vmatrix}=27\neq 0$$

所以，可以用克莱姆法则解此方程组. 由于

$$d_1=\begin{vmatrix}8&1&-5&1\\9&-3&0&-6\\-5&2&-1&2\\0&4&-7&6\end{vmatrix}=81,\ d_2=\begin{vmatrix}2&8&-5&1\\1&9&0&-6\\0&-5&-1&2\\1&0&-7&6\end{vmatrix}=-108$$

$$d_3=\begin{vmatrix}2&1&8&1\\1&-3&9&-6\\0&2&-5&2\\1&4&0&6\end{vmatrix}=-27,\ d_4=\begin{vmatrix}2&1&-5&8\\1&-3&0&9\\0&2&-1&-5\\1&4&-7&0\end{vmatrix}=27$$

所以此方程组的唯一解是

$$x_1=\frac{d_1}{d}=3,\ x_2=\frac{d_2}{d}=-4,\ x_3=\frac{d_3}{d}=-1,\ x_4=\frac{d_4}{d}=1$$

推论 1　如果齐次线性方程组

$$\begin{cases}a_{11}x_1+a_{12}x_2+\cdots+a_{1n}x_n=0\\a_{21}x_1+a_{22}x_2+\cdots+a_{2n}x_n=0\\\qquad\vdots\\a_{n1}x_1+a_{n2}x_2+\cdots+a_{nn}x_n=0\end{cases}$$

的系数行列式不为零，则此齐次线性方程组只有零解.

例 22　考虑方程组 $\begin{cases}(a+1)x+2y-z=0\\-x+ay+2z=0\\(a-1)y+z=0\end{cases}$，这个方程组显然有解 $x=0$，$y=0$，$z=0$，问 a 为何值时，方程组有非零解.

解　考虑系数行列式 D，若 $D\neq 0$，则方程组有唯一零解. 所以方程组要有非零解必定满足系数行列式 $D=0$.

$$D=\begin{vmatrix} a+1 & 2 & -1 \\ -1 & a & 2 \\ 0 & a-1 & 1 \end{vmatrix}=\begin{vmatrix} a+1 & a+1 & 0 \\ -1 & a & 2 \\ 0 & a-1 & 1 \end{vmatrix}$$

$$=(a+1)\begin{vmatrix} 1 & 1 & 0 \\ -1 & a & 2 \\ 0 & a-1 & 1 \end{vmatrix}$$

$$=(a+1)(3-a)$$

从而当 $D=0$ 时，解为 $a=-1$ 或 $a=3$.

经过检验得 $a=-1$ 或 $a=3$ 时方程组有非零解.

13.2 专业应用案例

例 23 分解因式 x^3+x^2-x+2.

解 $x^3+x^2-x+2=x^2(x+1)-(x-2)$

$$=\begin{vmatrix} x^2 & x-2 \\ 1 & x+1 \end{vmatrix}\text{（第一列乘以 1 加到第二列）}$$

$$=\begin{vmatrix} x^2 & x^2+x-2 \\ 1 & x+2 \end{vmatrix}=\begin{vmatrix} x^2 & (x+2)(x-1) \\ 1 & x+2 \end{vmatrix}\text{（提取公因式）}$$

$$=(x+2)\begin{vmatrix} x^2 & x-1 \\ 1 & 1 \end{vmatrix}=(x+2)(x^2-x+1)$$

例 24 已知反比例函数 $y=\dfrac{6}{x}$ 和一元二次函数 $y=x^2+4x+1$，求在实数域内它们的交点所构成的三角形的面积.

解 由已知得 $\dfrac{6}{x}=x^2+4x+1$，即

$$x^3+4x^2+x-6=0$$

而

$$x^3+4x^2+x-6=x^2(x+4)-(-1)(x-6)$$

$$=\begin{vmatrix} x^2 & x-6 \\ -1 & x+4 \end{vmatrix}\text{（第一列乘以 1 加到第二列）}$$

$$=\begin{vmatrix} x^2 & x^2+x-6 \\ -1 & x+3 \end{vmatrix}\text{（提取公因式）}$$

$$=(x+3)\begin{vmatrix} x^2 & x-2 \\ -1 & 1 \end{vmatrix}=(x+3)(x+2)(x-1)$$

所以 $x_1=-3$，$x_2=-2$，$x_3=1$.

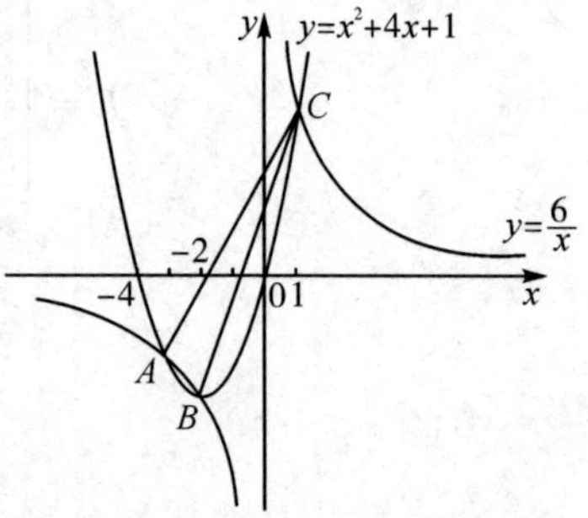

如图所示，交点坐标设为 $A(-3, -2)$，$B(-2, -3)$，$C(1, 6)$. 交点 A，B，C 所围成的图形是三角形，则

$$AB=\sqrt{2},\ AC=4\sqrt{5},\ BC=3\sqrt{10}$$

由海伦公式可知

$$S_{\Delta ABC}=6$$

例 25 若直线 l 过平面上不同的已知点 $A(x_1, y_1)$，$B(x_2, y_2)$，求直线方程.

解 设直线 l 的方程为 $ax+by+c=0$，a，b，c 不全为 0，因为点 $A(x_1, y_1)$，$B(x_2, y_2)$ 在直线 l 上，则必须满足上述方程，从而有

$$\begin{cases} ax+by+c=0 \\ ax_1+by_1+c=0 \\ ax_2+by_2+c=0 \end{cases}$$

这是一个以 a，b，c 为未知量的齐次线性方程组，且 a，b，c 不全为 0，说明该齐次线性方程组有非零解. 其系数行列式等于 0，即

$$\begin{vmatrix} x & y & 1 \\ x_1 & y_1 & 1 \\ x_2 & y_2 & 1 \end{vmatrix}=0$$

则所求直线 l 的方程为

$$\begin{vmatrix} x & y & 1 \\ x_1 & y_1 & 1 \\ x_2 & y_2 & 1 \end{vmatrix}=0$$

例 26 三次函数 $f(x)=ax^3+bx^2+cx+d(a\neq 0)$ 图像上有不同的三点 A，B，C，其横坐标分别为 x_1，x_2，x_3，则 A，B，C 三点共线的充要条件是 $x_1+x_2+x_3=-\frac{b}{a}$.

证明 依照行列式的性质，可知 A，B，C 三点共线的充要条件是

$$\begin{vmatrix} x_1 & f(x_1) & 1 \\ x_2 & f(x_2) & 1 \\ x_3 & f(x_3) & 1 \end{vmatrix}=0$$

即

$$\begin{vmatrix} x_1 & ax_1^3+bx_1^2+cx_1+d & 1 \\ x_2 & ax_2^3+bx_2^2+cx_2+d & 1 \\ x_3 & ax_3^3+bx_3^2+cx_3+d & 1 \end{vmatrix}$$

$$=\begin{vmatrix} x_1 & ax_1^3 & 1 \\ x_2 & ax_2^3 & 1 \\ x_3 & ax_3^3 & 1 \end{vmatrix}+\begin{vmatrix} x_1 & bx_1^2 & 1 \\ x_2 & bx_2^2 & 1 \\ x_3 & bx_3^2 & 1 \end{vmatrix}+\begin{vmatrix} x_1 & cx_1 & 1 \\ x_2 & cx_2 & 1 \\ x_3 & cx_3 & 1 \end{vmatrix}+\begin{vmatrix} x_1 & d & 1 \\ x_2 & d & 1 \\ x_3 & d & 1 \end{vmatrix}$$

$$=a\begin{vmatrix} x_1 & x_1^3 & 1 \\ x_2 & x_2^3 & 1 \\ x_3 & x_3^3 & 1 \end{vmatrix}+b\begin{vmatrix} x_1 & x_1^2 & 1 \\ x_2 & x_2^2 & 1 \\ x_3 & x_3^2 & 1 \end{vmatrix}+c\begin{vmatrix} x_1 & x_1 & 1 \\ x_2 & x_2 & 1 \\ x_3 & x_3 & 1 \end{vmatrix}+d\begin{vmatrix} x_1 & 1 & 1 \\ x_2 & 1 & 1 \\ x_3 & 1 & 1 \end{vmatrix}$$

$$=a\begin{vmatrix} x_1-x_2 & x_1^3-x_2^3 & 0 \\ x_2-x_3 & x_2^3-x_3^3 & 0 \\ x_3 & x_3^3 & 1 \end{vmatrix}+b\begin{vmatrix} x_1-x_2 & x_1^2-x_2^2 & 0 \\ x_2-x_3 & x_2^2-x_3^2 & 0 \\ x_3 & x_3^2 & 1 \end{vmatrix}$$

$$=a\begin{vmatrix} x_1-x_2 & x_1^3-x_2^3 \\ x_2-x_3 & x_2^3-x_3^3 \end{vmatrix}+b\begin{vmatrix} x_1-x_2 & x_1^2-x_2^2 \\ x_2-x_3 & x_2^2-x_3^2 \end{vmatrix}$$

$$=a(x_1-x_2)(x_2-x_3)\begin{vmatrix} 1 & x_1^2+x_1x_2+x_2^2 \\ 1 & x_2^2+x_2x_3+x_3^2 \end{vmatrix}+b(x_1-x_2)(x_2-x_3)\begin{vmatrix} 1 & x_1+x_2 \\ 1 & x_2+x_3 \end{vmatrix}$$

$$=a(x_1-x_2)(x_2-x_3)(x_3-x_1)(x_1+x_2+x_3)+b(x_1-x_2)(x_2-x_3)(x_3-x_1)$$

$$=(x_1-x_2)(x_2-x_3)(x_3-x_1)[a(x_1+x_2+x_3)+b]=0$$

因为$(x_1-x_2)(x_2-x_3)(x_3-x_1)\neq 0$，所以$x_1+x_2+x_3=-\dfrac{b}{a}$.

思政课堂

中国近代数学带头人——华罗庚

华罗庚(1910—1985)出生于江苏省金坛市一个小商人家庭，从小喜欢数学，而且非常聪明. 一天老师出了一道数学题:“今有物不知其数，三三数之剩二，五五数之剩三，七七数之剩二，问物几何?”“23!”老师的话音刚落，华罗庚的答案就脱口而出，老师连连点头称赞他的运算能力. 8 岁时，他染上了伤寒病，与死神搏斗半年，虽然活了下来，但却留下了终身遗憾——右腿残疾.

1930 年，19 岁的华罗庚写了一篇《苏家驹之代数的五次方程式解法不能成立之理由》，发表在上海《科学》杂志上. 清华大学数学系主任熊庆来从文章中看到了作者的数学才华，便问周围的人:“他是哪国留学的? 在哪个大学任教?”当他知道华罗庚原来是一个 19 岁的小店员时，很受感动，主动把华罗庚请到清华大学. 起初华罗庚做图书馆管理员期间，充分利用清华大学丰富的图书资料，如饥似渴地攻读一门又一门数学课程;后转做教学工作，并很快由助教升为讲师. 1934 年，华罗庚成为中华教育文化基金会研究员. 1936 年他留学英国，在剑桥大学学习，并获得博士学位. 在此期间，他连续发表了几篇有重要学术价值的论文，得出了著名的华氏定理，引起了世界数学界的注意.

抗日战争时期(1938)，华罗庚回到祖国，由于他的卓越成就，被聘为西南联合大学教授. 华罗庚白天在西南联合大学任教，晚上在昏暗的油灯下研究. 在这样艰苦的环境中，他写出了 20 多篇论文和厚厚的一本书——《堆垒素数论》. 1946 年他又应邀赴美国，任普林斯顿数学研究所研究员、普林斯顿大学和伊利诺伊大学教授.

1950 年回国后，华罗庚历任清华大学教授，中国科学院数学研究所、应用数学研究所所长、名誉所长，中国数学学会理事长、名誉理事长，全国数学竞赛委员会主任，美国国家科学院国外院士，第三世界科学院院士，联邦德国巴伐利亚学院院士，中国科学院副院长主席团成员，中国科学院物理学、数学、化学部副主任，中国科学技术大学数学系主任、副校长，中国科协副主席，国务院学位委员会委员等职. 他还曾任第一届至第六届全国人大常务委员，第六届全国政协副主席.

华罗庚教授一生成就辉煌，在世界级刊物上发表过150多篇论文，写了9本书，其中有许多重要成果至今仍居世界领先水平. 他主要从事解析数论、矩阵几何学、典型群、自守函数论、多复变函数论、偏微分方程、高维数值积分等领域的研究与教授工作，并取得了突出的成就. 20世纪40年代，他解决了高斯完整三角和的估计这一历史难题，得到了最佳误差阶估计(此结果在数论中有着广泛的应用)；他对G. H. 哈代与J. E. 李特尔伍德关于华林问题及E. 赖特关于塔里问题的结果作了重大的改进，至今仍是最佳纪录. 在代数方面，他证明了历史长久遗留的一维射影几何的基本定理；给出了体的正规子体一定包含在它的中心之中这个结果的一个简单而直接的证明，被称为"嘉当-布饶尔-华定理". 其专著《堆垒素数论》系统地总结、发展与改进了哈代与李特尔伍德圆法、维诺格拉多夫三角和的估计方法及他本人的方法，发表40余年来，其主要结果仍居世界领先地位，先后被译为俄、匈、日、德、英文出版，成为20世纪经典数论著作之一. 其专著《多个复变典型域上的调和分析》以精密的分析和矩阵技巧，结合群表示论，具体给出了典型域的完整正交系，从而给出了柯西与泊松核的表达式. 这项工作的调和分析、复分析、微分方程等研究中有着广泛深入的影响，曾获中国自然科学奖一等奖. 他曾出版《统筹方法平话》《优选学》等多部著作，并在我国推广应用. 他与王元教授合作，在近代数论方法应用研究方面获得了重要成果，被称为"华-王方法".

他还培养了一批数学界的骨干和年轻的新一代数学家，如段学复、万哲先、王元、陈景润等. 20世纪50至60年代，根据我国国情和国际潮流，华罗庚教授积极倡导应用数学与计算机的研制，并亲自去全国各地普及应用数学知识与方法，走遍了20多个省市自治区，动员群众把优选法用于农业生产，为经济建设做出了巨大贡献. 华罗庚教授的卓越成就，使他成为振兴我国近代数学的带头人和世界知名的数学家，他的名字与少数经典数学家一起被列入了美国芝加哥科技博物馆等著名的博物馆中.

习　题

任　务　11

一、填空题

1. $\begin{vmatrix} \log_a b & 1 \\ 1 & \log_b a \end{vmatrix}=$________.　　　2. $\begin{vmatrix} \cos\frac{\pi}{3} & \sin\frac{\pi}{6} \\ \sin\frac{\pi}{3} & \cos\frac{\pi}{6} \end{vmatrix}=$________.

3. 函数 $f(x)=\begin{vmatrix} 2x & 1 & 3 \\ x & -x & 1 \\ 2 & 1 & x \end{vmatrix}$ 中，x^3 的系数为________.

$g(x)=\begin{vmatrix} 2x & 1 & -1 \\ -x & -x & x \\ 1 & 2 & x \end{vmatrix}$ 中，x^3 的系数为________.

4. n 阶行列式 D_n 中 n 的最小值是________.

5. 若 $\begin{vmatrix} 2^x & 8 \\ 1 & 2 \end{vmatrix}=0$，则 $x=$________.

6. 设 a，b 为实数，则当 $a=$________，$b=$______时，$\begin{vmatrix} a & b & 0 \\ -b & a & 0 \\ -1 & 0 & -1 \end{vmatrix}=0$.

二、解答题

1. 用行列式的定义计算.

(1) $\begin{vmatrix} 0 & 1 & 0 & 1 \\ 1 & 0 & 1 & 0 \\ 0 & 1 & 0 & 0 \\ 0 & 0 & 1 & 0 \end{vmatrix}$；　(2) $\begin{vmatrix} a & b & 0 & 0 \\ 0 & c & d & 0 \\ 0 & 0 & e & f \\ g & h & 0 & 0 \end{vmatrix}$；　(3) $\begin{vmatrix} 0 & y & 0 & x \\ x & 0 & y & 0 \\ 0 & x & 0 & y \\ y & 0 & x & 0 \end{vmatrix}$.

2. 设行列式 $D_1=\begin{vmatrix} \lambda & 0 & 1 \\ 0 & \lambda-1 & 0 \\ 1 & 0 & \lambda \end{vmatrix}$，$D_2=\begin{vmatrix} 3 & 1 & 1 \\ 2 & 3 & 2 \\ 1 & 5 & 3 \end{vmatrix}$，若 $D_1=D_2$，求 λ 的值.

任务 12

一、选择题

1. 设行列式 $D_1=\begin{vmatrix} x & 0 & 1 \\ 0 & x-1 & 0 \\ 1 & 0 & x \end{vmatrix}$，$D_2=\begin{vmatrix} 2 & 3 & 2 \\ 1 & 5 & 3 \\ 3 & 1 & 1 \end{vmatrix}$，若 $D_1=D_2$，则 x 的取值为（　　）.

A. 2，−1　　B. 1，−1　　C. 0，2　　D. 0，1

二、填空题

1. 三阶行列式 $\begin{vmatrix} 1 & 2 & 3 \\ 0 & 2 & 4 \\ 3 & 1 & -1 \end{vmatrix}$ 中第 2 行第 1 列元素的代数余子式等于________.

2. 若三阶行列式 D 的第一行元素分别是 1，2，0，第三行元素的余子式分别是 8，x，19，则 $x=$________.

3. 若 $\begin{vmatrix} 1 & 0 & 2 \\ x & 3 & 1 \\ 4 & x & 5 \end{vmatrix}$ 中代数余子式 $A_{12}=-1$，那么 $A_{21}=$________.

4. 行列式 $D=\begin{vmatrix} a & b & c \\ b & a & c \\ d & b & c \end{vmatrix}$，则 $A_{11}+A_{21}+A_{31}=$________.

三、解答题

1. 设 $D=\begin{vmatrix} 1 & -5 & 1 & 3 \\ 1 & 1 & 3 & 4 \\ 1 & 1 & 2 & 3 \\ 2 & 2 & 3 & 4 \end{vmatrix}$，则 $A_{41}+A_{42}+A_{43}+A_{44}=$________. 其中 $A_{4j}(j=1, 2, 3, 4)$ 是 D 的代数余子式.

2. 已知 $D=\begin{vmatrix} 3 & -5 & 2 & 1 \\ 1 & 1 & 0 & -1 \\ -1 & 3 & 1 & 1 \\ 2 & -4 & -1 & -1 \end{vmatrix}$，则 $M_{11}+M_{21}+M_{31}+M_{41}=$________.

任务 13

一、选择题

1. 下列选项中错误的是(　　)

A. $\begin{vmatrix} a & b \\ c & d \end{vmatrix}=-\begin{vmatrix} c & d \\ a & b \end{vmatrix}$　　B. $\begin{vmatrix} a & b \\ c & d \end{vmatrix}=\begin{vmatrix} d & b \\ c & a \end{vmatrix}$

C. $\begin{vmatrix} a+3c & b+3d \\ c & d \end{vmatrix}=\begin{vmatrix} a & b \\ c & d \end{vmatrix}$　　D. $\begin{vmatrix} a & b \\ c & d \end{vmatrix}=-\begin{vmatrix} -a & -b \\ -c & -d \end{vmatrix}$

2. 若 $D=\begin{vmatrix} a_{11} & a_{12} & a_{13} \\ a_{21} & a_{22} & a_{23} \\ a_{31} & a_{32} & a_{33} \end{vmatrix}=3$，则 $D_1=\begin{vmatrix} 2a_{11} & 5a_{13}+a_{12} & a_{13} \\ 2a_{21} & 5a_{23}+a_{22} & a_{23} \\ 2a_{31} & 5a_{33}+a_{32} & a_{33} \end{vmatrix}=(\quad)$.

A. 30　　B. −30　　C. 6　　D. −6

二、解答题

1. 化简 $\begin{vmatrix} 1 & x & yz \\ 1 & y & zx \\ 1 & z & xy \end{vmatrix}$.

2. 化简 $\begin{vmatrix} 1+x_1 & 1 & 1 & 1 \\ 1 & 1+x_2 & 1 & 1 \\ 1 & 1 & 1+x_3 & 1 \\ 1 & 1 & 1 & 1+x_4 \end{vmatrix}$，其中 x_2，x_3，x_4 不等于 0.

3. 计算以下 n 阶行列式.

(1) $\begin{vmatrix} 2 & 1 & \cdots & 1 \\ 1 & 2 & \cdots & 1 \\ \vdots & \vdots & & \vdots \\ 1 & 1 & \cdots & 2 \end{vmatrix}$；　　(2) $\begin{vmatrix} x & y & y & \cdots & y \\ y & x & y & \cdots & y \\ y & y & x & \cdots & y \\ \vdots & \vdots & \vdots & & \vdots \\ y & y & y & \cdots & x \end{vmatrix}$.

4. 用克莱姆法则解线性方程组 $\begin{cases} x_1+2x_2+x_3-x_4=1 \\ 2x_1+3x_2-x_3+2x_4=3 \\ x_1+3x_2+2x_3+x_4=3 \\ 2x_1+4x_2+3x_3-3x_4=2 \end{cases}$.

5. 判断线性方程组 $\begin{cases} 2x_1+2x_2-x_3=0 \\ x_1-2x_2+4x_3=0 \\ 5x_1+8x_2-2x_3=0 \end{cases}$ 是否有非零解？

6. 已知齐次线性方程组 $\begin{cases} x_1+kx_2-x_3=0 \\ kx_1+x_2+x_3=0 \\ 2x_1-x_2+x_3=0 \end{cases}$ 有非零解，求 k 的值.

7. 当 μ 取何值时，齐次线性方程组 $\begin{cases} 2x_1+4x_2+(\mu-1)x_3=0 \\ (\mu-3)x_1+x_2-2x_3=0 \\ -x_1+(1-\mu)x_2-x_3=0 \end{cases}$ 有非零解？

综合练习

一、判断题

1. n 阶行列式 D_n 中的 n 最小为 2.（　）

2. 在 n 阶行列式 $D=|a_{ij}|$ 中元素 a_{ij}（i, $j=1$, 2, …, n）均为整数，则 D 必为整数.（　）

3. $\begin{vmatrix} a_{11} & 0 & 0 & a_{14} \\ 0 & a_{22} & a_{23} & 0 \\ 0 & a_{32} & a_{33} & 0 \\ a_{41} & 0 & 0 & a_{44} \end{vmatrix}=a_{11}a_{22}a_{33}a_{44}-a_{14}a_{23}a_{32}a_{41}$.（　）

二、选择题

1. 若 $D_1=\begin{vmatrix} 3x+1 & -x \\ 1 & x-1 \end{vmatrix}$，$D_2=\begin{vmatrix} 2x+1 & 1 \\ 1 & x-2 \end{vmatrix}$，则 D_1 与 D_2 的大小关系是（　　）.

A. $D_1<D_2$　　B. $D_1>D_2$　　C. $D_1=D_2$　　D. 随 x 值变化而变化

2. 行列式 $\begin{vmatrix} a & b \\ c & d \end{vmatrix}$（$a$, b, c, $d\in\{-1, 1, 2\}$）的所有可能值中，最大的是（　　）.

A. 0　　B. 2　　C. 4　　D. 6

三、填空题

1. $\begin{vmatrix} \cos 20^\circ & \sin 40^\circ \\ \sin 20^\circ & \cos 40^\circ \end{vmatrix}=$__________.

2. 若 $\begin{vmatrix} x^2 & y^2 \\ -1 & 1 \end{vmatrix}=\begin{vmatrix} x & x \\ y & -y \end{vmatrix}$，则 $x+y=$__________.

3. 已知 $\begin{vmatrix} x & 2 \\ 1 & 1 \end{vmatrix}=0$，$\begin{vmatrix} x & y \\ 1 & 1 \end{vmatrix}=1$，则 $y=$__________.

4. 若 $\begin{vmatrix} 1 & 3 & 5 \\ a_2 & b_2 & c_2 \\ 2 & 4 & 6 \end{vmatrix}=a_2A_2+b_2B_2+c_2C_2$，则 C_2 化简后的结果等于__________.

5. 设 $f(x)=\begin{vmatrix} 2x & x & 1 & 2 \\ 1 & x & 1 & -1 \\ 3 & 2 & x & 1 \\ 1 & 1 & 1 & x \end{vmatrix}$，则 x^4 的系数为________；x^3 的系数为________.

6. 设 $D=\begin{vmatrix} 1 & 2 & 3 & 4 & 5 \\ 1 & 1 & 1 & 2 & 2 \\ 3 & 2 & 1 & 4 & 6 \\ 2 & 2 & 2 & 1 & 1 \\ 4 & 3 & 2 & 1 & 0 \end{vmatrix}$，则

(1) $A_{31}+A_{32}+A_{33}=$________；

(2) $A_{34}+A_{35}=$________；

(3) $A_{51}+A_{52}+A_{53}+A_{54}+A_{55}=$________.

四、解答题

1. 计算下列行列式.

(1) $\begin{vmatrix} x_1+y_1 & x_1+y_2 & x_1+y_3 & x_1+y_4 \\ x_2+y_1 & x_2+y_2 & x_2+y_3 & x_2+y_4 \\ x_3+y_1 & x_3+y_2 & x_3+y_3 & x_3+y_4 \\ x_4+y_1 & x_4+y_2 & x_4+y_3 & x_4+y_4 \end{vmatrix}$；　(2) $\begin{vmatrix} 0 & 0 & \cdots & 0 & 1 & 0 \\ 0 & 0 & \cdots & 2 & 0 & 0 \\ \vdots & \vdots & & \vdots & \vdots & \vdots \\ 0 & 2005 & \cdots & 0 & 0 & 0 \\ 2006 & 0 & \cdots & 0 & 0 & 0 \\ 0 & 0 & \cdots & 0 & 0 & 2007 \end{vmatrix}$.

2. 已知 $D=\begin{vmatrix} 1 & 2 & 3 & 4 & 5 \\ 2 & 2 & 2 & 1 & 1 \\ 3 & 1 & 2 & 4 & 5 \\ 1 & 1 & 1 & 2 & 2 \\ 4 & 3 & 1 & 5 & 0 \end{vmatrix}=27$，求

(1) $A_{41}+A_{42}+A_{43}$；

(2) $A_{44}+A_{45}$.

3. 解线性方程组 $\begin{cases} x_2-3x_3+4x_4=-5 \\ x_1-2x_3+3x_4=-4 \\ 3x_1+2x_2-5x_4=12 \\ 4x_1+3x_2-5x_3=5 \end{cases}$.

4. 已知齐次线性方程组 $\begin{cases} (3-\lambda)x_1+x_2+x_3=0 \\ (2-\lambda)x_2-x_3=0 \\ 4x_1-2x_2+(1-\lambda)x_3=0 \end{cases}$ 有非零解，求 λ.

拓展模块

例 1 小梅数她家的鸡与兔，数头有 16 个，数脚有 44 只. 问：小梅家的鸡与兔各有多少只？

分析 假设 16 只都是鸡，那么就应该有 2×16(只)脚，但实际上有 44 只脚，比假设的情况多了 $44-32=12$(只)脚，出现这种情况的原因是把兔当成鸡了.

如果我们以同样数量的兔去换同样数量的鸡，那么每换一只，头的数目不变，脚数增加了 2 只. 因此只要算出 12 里面有几个 2，就可以求出兔的只数.

解 有兔 $(44-2\times16)\div(4-2)=6$(只)，

有鸡 $16-6=10$(只).

答 有 6 只兔，10 只鸡.

例 2 有 100 个和尚，140 个馍，大和尚 1 人分 3 个馍，小和尚 1 人分 1 个馍. 问：大、小和尚各有多少人？

分析 假设 100 人全是大和尚，那么需要 300 个馍，比实际多 $300-140=160$(个). 现在以小和尚去换大和尚，每换一个总数不变，而馍就要减少 $3-1=2$(个). 因此只要算出 160 里面有几个 2，就可以求出小和尚的人数.

解 小和尚有 $160\div2=80$(人)，

大和尚有 $100-80=20$(人).

答 小和尚有 80 人，大和尚有 20 人.

例 3 李老师用 69 元给学校买作业本和日记本共 45 本，作业本每本 3.20 元，日记本每本 0.70 元. 问作业本和日记本各买了多少本？

解 设 45 本全都是日记本，则有

作业本数 $=(69-0.70\times45)\div(3.20-0.70)=15$(本)，

日记本数 $=45-15=30$(本).

答 作业本有 15 本，日记本有 30 本.

项目三习题
参考答案

项目四　线性方程组与矩阵

【数学文库】　线性方程组的发展史

线性方程组的研究起源于古代中国．大约在公元 263 年，刘徽撰写了《九章算术注》一书，他创立了方程组的“互乘相消法”，为《九章算术》中解方程组的方法增加了新的内容．

刘徽在深入研究《九章算术》方程的基础上，提出了比较系统的方程理论．刘徽所说的“程”是程式或关系式的意思，相当于现在的方程，而“方程”则相当于现在的方程组．他说：“二物者再程，三物者三程，皆如物数程之．并列为行，故谓之方程．”这就是说，有两个所求之物，需列两个程；有三个所求之物，需列三个程．程的个数必须与所求物的个数一致．诸程并列，恰成一方形，所以叫方程．这里的“物”，实质上是未知数，只是当时尚未抽象出未知数的明确概念．定义中的“皆如物数程之”是十分重要的，它与刘徽提出的另一原则“行之左右无所同存”，共同构成了方程组有唯一组解的条件．若译成现代数学语言，这两条即：方程的个数必须与未知数的个数一致，任意两个方程的系数不能相同或成比例．

刘徽还认识到，当方程组中方程的个数少于所求物个数时，方程组的解不唯一；如果是齐次方程组，则方程组的解可以成比例地扩大或缩小，即“举率以言之”．

公元 1247 年，秦九韶完成了《数书九章》一书．在该书中，秦九韶将《九章算术》中解方程组的“直除法”改进为“互乘法”，使线性方程组理论又增加了新内容，至此用初等方法解线性方程组理论已由我国数学家基本创立完成．在西方，大约 1678 年，德国数学家莱布尼兹首次开始了线性方程组的研究．

1729 年，马克劳林开始用行列式的方法解含 2～4 个未知量的线性方程组．1750 年，克莱姆把这种方法进行了总结，由此创立了克莱姆法则，并用此法则对含有 5 个未知量、5 个方程的线性方程组进行求解．

克莱姆法则　假若有 n 个未知数，n 个方程组成的方程组：

$$\begin{cases} a_{11}x_1+a_{12}x_2+\cdots+a_{1n}x_n=b_1 \\ a_{21}x_1+a_{22}x_2+\cdots+a_{2n}x_n=b_2 \\ \cdots \\ a_{n1}x_1+a_{n2}x_2+\cdots+a_{nn}x_n=b_n \end{cases}$$

或者写成矩阵形式 $\boldsymbol{Ax}=\boldsymbol{b}$，其中 $\boldsymbol{A}$ 为 $n\times n$ 方阵，$\boldsymbol{x}$ 为 n 个变量构成的列向量，$\boldsymbol{b}$ 为 n 个常数项构成的列向量．而当它的系数矩阵可逆，或者说对应的行列式 $|\boldsymbol{A}|$ 不等于 0 时，它有唯

一解 $x_i=\frac{|\mathbf{A}_i|}{|\mathbf{A}|}$，其中 $|\mathbf{A}_i|$ $(i=1, 2, \cdots, n)$ 是矩阵 $\mathbf{A}$ 中第 i 列的 a_{1i}，a_{2i}，…，a_{ni} 依次换成 b_1，b_2，…，b_n 所得的矩阵.

1764 年，法国数学家裴蜀(Bezout，1730—1783)研究了含有 n 个未知量、n 个方程的齐次线性方程组的求解问题，证明了这样的方程组有非零解的条件是系数行列式等于零. 后来，裴蜀和拉普拉斯(Laplace，1749—1827)等以行列式为工具，给出了齐次线性方程组有非零解的条件.

19 世纪，英国数学家史密斯(H. Smith，1826－1883) 和道奇森 (C-L. Dodgson，1832－1898) 继续研究线性方程组理论，前者引进了方程组的增广矩阵和非增广矩阵的概念，后者证明了含有 n 个未知量、m 个方程的一般线性方程组有解的充要条件是系数矩阵和增广矩阵有同阶的非零子式，这就是现在的结论：系数矩阵和增广矩阵的秩相等.

任务 14　线性方程组

※任务内容

(1) 完成线性方程组概念相关的工作页；

(2) 学习线性方程组的概念，掌握加减消元法解线性方程组；

(3) 学习线性方程组的初等变换和矩阵的行初等变换.

※任务目标

(1) 了解线性方程组产生的历史背景；

(2) 理解线性方程组的概念；

(3) 掌握加减消元法解线性方程组；

(4) 掌握线性方程组的初等变换及矩阵的行初等变换.

※任务工作页

1. 下列方程中是线性方程的为哪几个？

$x+y=2$，$xy-x=1$，$x+y-2z-3=0$，$x^2+2x-1=0$.

2. 求三元一次线性方程组$\begin{cases}x_1+x_2-x_3=2\\2x_1+x_2-x_3=1\\x_1-2x_2+x_3=5\end{cases}$的解.

3. 已知$\begin{cases}x_1+x_2-x_3=2\\2x_1+x_2-x_3=1\\x_1-2x_2+x_3=5\end{cases}$，写出它的系数矩阵和增广矩阵.

4. 线性方程组中第一个方程的 2 倍加到第二个方程上，得到的新的线性方程组与原线性方程组________.

5. 线性方程组系数 a_{ij} 中脚标 i 表示什么，脚标 j 表示什么？

14.1　相关知识

线性方程组是线性代数这门学科中的重要组成部分，它把行列式、矩阵以合理的方式联系起来，在线性代数中贯穿始终，我们在实际应用中经常会遇到将所求问题归结为解线性方程组.

14.1.1 线性方程组的定义

【案例引入】

《九章算术》中[卷第八](一)为

今有上禾三秉，中禾二秉，下禾一秉，实三十九斗；上禾二秉，中禾三秉，下禾一秉，实三十四斗；上禾一秉，中禾二秉，下禾三秉，实二十六斗. 问上、中、下禾实一秉各几何？

答曰：上禾一秉，九斗、四分斗之一，中禾一秉，四斗、四分斗之一，下禾一秉，二斗、四分斗之三.

其实这仅仅是三元一次方程的简单应用：

设上禾一秉 x 斗，中禾一秉 y 斗，下禾一秉 z 斗，由题意得

$$\begin{cases} 3x+2y+z=39 \\ 2x+3y+z=34 \\ x+2y+3z=26 \end{cases}$$

这就是大家在中学学过的三元一次方程组，我们也称之为三元线性方程组.

“线性”一词源于解析几何中笛卡尔平面坐标系下的一次方程，一个 n 元线性方程是指具有如下形式的方程：

$$a_1x_1+a_2x_2+\cdots+a_nx_n=b$$

其中 x_1，x_2，…，x_n 称为未知量，a_1，a_2，…，a_n 称为系数，b 称为常数项.

例如，$2x+4=0$ 是一元线性方程，平面上的直线 $\sqrt{2}x_1+x_2=5$ 是二元线性方程，方程 $4x_1+2x_2=x_1x_2$，$x_2=2\sqrt{x_1}+5$，$x_1=\frac{1}{x_1}+2$ 都不是线性方程组.

在很多理论和实际问题中导出的线性方程组常常含有相当多的未知量，并且未知量的个数与方程的个数也不一定相等，因此我们将讨论含任意未知量、任意个方程的线性方程组.

定义 1　一般地

$$\begin{cases} a_{11}x_1+a_{12}x_2+\cdots+a_{1n}x_n=b_1 \\ a_{21}x_1+a_{22}x_2+\cdots+a_{2n}x_n=b_2 \\ \cdots \\ a_{s1}x_1+a_{s2}x_2+\cdots+a_{sn}x_n=b_s \end{cases} \tag{14.1}$$

称为一个(n 元)线性方程组. 其中 x_1，x_2，…，x_n 代表 n 个未知量，s 是方程的个数，$a_{ij}(i=1, 2, \cdots, s; j=1, 2, \cdots, n)$称为方程组的系数，其中第一个脚标 i 表示它在第 i 个方程，第二个脚标 j 表示它是 x_j 的系数. $b_i(i=1, 2, \cdots, s)$称为常数项.

我们将在复数域 **C** 上讨论线性方程组．这就是说，方程组中未知量的系数和常数项都认为是复数，并且以后谈到数时，也总指的是复数(若把复数域换为其他任意数域，讨论可以同样进行)．

定义 2　设 k_1，k_2，…，k_n 是 n 个数，如果 x_1，x_2，…，x_n 分别用 k_1，k_2，…，k_n 代入后，线性方程组(14.1)中的每个式子都变成恒等式，则称(k_1，k_2，…，k_n)是线性方程组(14.1)的一个解．线性方程组(14.1)的解是由 n 个数组成的有序数组，解的集合称为解集合，若解集合是空集则称为无解，解线性方程组就是找出解的集合．

两个线性方程组有相同的解集合，就称它们是同解的．

14.1.2　初等变换

【案例引入】

用加减消元法解线性方程组：

$$\begin{cases}2x_1-x_2-3x_3=1\\ x_1-x_2-x_3=2\\ 3x_1+2x_2-5x_3=0\end{cases}$$

解　交换第一个、第二个方程的位置得

$$\begin{cases}x_1-x_2-x_3=2\\ 2x_1-x_2-3x_3=1\\ 3x_1+2x_2-5x_3=0\end{cases}$$

第一个方程乘以(−2)加到第二个方程，第一个方程乘以(−3)加到第三个方程，得

$$\begin{cases}x_1-x_2-x_3=2\\ x_2-x_3=-3\\ 5x_2-2x_3=-6\end{cases}$$

第二个方程乘以(−5)加到第三个方程，得

$$\begin{cases}x_1-x_2-x_3=2\\ x_2-x_3=-3\\ 3x_3=9\end{cases}$$

第三个方程乘以$\frac{1}{3}$，得

$$\begin{cases}x_1-x_2-x_3=2\\ x_2-x_3=-3\\ x_3=3\end{cases}$$

第三个方程加到第二个方程上，得

$$\begin{cases} x_1 - x_2 - x_3 = 2 \\ x_2 = 0 \\ x_3 = 3 \end{cases}$$

第三个方程和第二个方程同时加到第一个方程上，得线性方程组的解为

$$\begin{cases} x_1 = 5 \\ x_2 = 0 \text{或}(5, 0, 3) \\ x_3 = 3 \end{cases}$$

这就是大家中学中常用的加减消元法.

由上面的加减消元法我们发现其本质就是对线性方程组反复地进行变换，而所作的变换也只有以下三种：

(1) 交换两个方程的位置；

(2) 将一个方程的倍数加到另一个方程上；

(3) 用一个非零的数乘某一个方程.

定义 3 线性方程组的上述三种变换，称为线性方程组的**初等变换**.

定理 1 线性方程组经初等变换后，得到的线性方程组与原线性方程组同解.

定理 1 只要作一次初等变换就可以得到证明. 以初等变换(2)为例，在线性方程组(14.1)中，把第 j 个方程的 c 倍加到第 i 个方程上去，可得到新的线性方程组：

$$\begin{cases} a_{11}x_1 + a_{12}x_2 + \cdots + a_{1n}x_n = b_1 \\ \qquad \vdots \\ a_{i-11}x_1 + a_{i-12}x_2 + \cdots + a_{i-1n}x_n = b_{i-1} \\ (a_{i1} + ca_{j1})x_1 + (a_{i2} + ca_{j2})x_2 + \cdots + (a_{in} + ca_{jn})x_n = b_i + cb_j \\ \qquad \vdots \\ a_{s1}x_1 + a_{s2}x_2 + \cdots + a_{sn}x_n = b_s \end{cases} \tag{14.2}$$

(14.2)的第 i 个方程是

$$(a_{i1} + ca_{j1})x_1 + (a_{i2} + ca_{j2})x_2 + \cdots + (a_{in} + ca_{jn})x_n = b_i + cb_j$$

其余方程与(14.1)相同，设$(k_1, k_2, \cdots, k_n)$是(14.1)的一个解，则

$$a_{i1}k_1 + a_{i2}k_2 + \cdots + a_{in}k_n = b_i$$

$$a_{j1}k_1 + a_{j2}k_2 + \cdots + a_{jn}k_n = b_j$$

则有

$$\begin{aligned} &(a_{i1} + ca_{j1})k_1 + (a_{i2} + ca_{j2})k_2 + \cdots + (a_{in} + ca_{jn})k_n \\ &= (a_{i1}k_1 + a_{i2}k_2 + \cdots + a_{in}k_n) + c(a_{j1}k_1 + a_{j2}k_2 + \cdots + a_{jn}k_n) \\ &= b_i + cb_j \end{aligned}$$

因此$(k_1, k_2, \cdots, k_n)$也是(14.2)的解. 同理(14.1)也可以由(14.2)的第 j 个方程的$(-c)$倍加到第 i 个方程得到.

这样，消元法就是对给定的线性方程组反复实施初等变换，来得到一串与原线性方程组同解的方程组，使得某些未知量在方程组中出现的次数逐渐减少. 换句话说，消元法就是利用初等变换将一般的线性方程组化成阶梯型方程组，从而能很快地求出其解.

14.1.3　矩阵的概念

在上例线性方程组的解答过程中，我们可以省略“x_1”“x_2”“x_3”“=”，而保留其他数的位置(消失的项写为零)，那么消元过程也就可写成如下形式：

$$\begin{pmatrix} 2 & -1 & -3 & 1 \\ 1 & -1 & -1 & 2 \\ 3 & 2 & -5 & 0 \end{pmatrix} \xrightarrow{r_1 \leftrightarrow r_2} \begin{pmatrix} 1 & -1 & -1 & 2 \\ 2 & -1 & -3 & 1 \\ 3 & 2 & -5 & 0 \end{pmatrix} \xrightarrow[r_3-3r_1]{r_2-2r_1} \begin{pmatrix} 1 & -1 & -1 & 2 \\ 0 & 1 & -1 & -3 \\ 0 & 5 & -2 & -6 \end{pmatrix}$$

$$\xrightarrow{r_3-5r_2} \begin{pmatrix} 1 & -1 & -1 & 2 \\ 0 & 1 & -1 & -3 \\ 0 & 0 & 3 & 9 \end{pmatrix} \xrightarrow{r_3 \times \frac{1}{3}} \begin{pmatrix} 1 & -1 & -1 & 2 \\ 0 & 1 & -1 & -3 \\ 0 & 0 & 1 & 3 \end{pmatrix}$$

$$\xrightarrow{r_2+r_3} \begin{pmatrix} 1 & -1 & -1 & 2 \\ 0 & 1 & 0 & 0 \\ 0 & 0 & 1 & 3 \end{pmatrix} \xrightarrow[r_1+r_2]{r_1+r_3} \begin{pmatrix} 1 & 0 & 0 & 5 \\ 0 & 1 & 0 & 0 \\ 0 & 0 & 1 & 3 \end{pmatrix}$$

由上述例题，我们引入一个新概念——矩阵.

定义 4　设 s, n 是正整数，由 $s \times n$ 个数 a_{ij} $(i=1, 2, \cdots, s;\ j=1, 2, \cdots, n)$排成 s 行(横的)、n 列(纵的)的数表：

$$\begin{matrix} a_{11} & a_{12} & \cdots & a_{1n} \\ a_{21} & a_{22} & \cdots & a_{2n} \\ \vdots & \vdots & & \vdots \\ a_{s1} & a_{s2} & \cdots & a_{sn} \end{matrix}$$

称为 s 行 n 列矩阵，简称 $s \times n$ 矩阵. 为表示一个整体，通常用括号(小括号或中括号，本文用小括号)括起来，并用大写的英文字母 $\boldsymbol{A}$、$\boldsymbol{B}$、$\boldsymbol{C}$ 等来表示：

$$\boldsymbol{A} = \begin{pmatrix} a_{11} & a_{12} & \cdots & a_{1n} \\ a_{21} & a_{22} & \cdots & a_{2n} \\ \vdots & \vdots & & \vdots \\ a_{s1} & a_{s2} & \cdots & a_{sn} \end{pmatrix}$$

如果要表明它的行数、列数，矩阵 $\boldsymbol{A}$ 也可记作 $\boldsymbol{A}_{s \times n}$ 或记为$(a_{ij})_{s \times n}$，其中 a_{ij} 表示矩阵的 s 行 n 列的这个数，矩阵中的这些数叫作矩阵的元素，矩阵 $\boldsymbol{A}$ 的第 i 行第 j 列的元素是 a_{ij}，

一个 $s\times n$ 矩阵有 $s\times n$ 个元素.

(1) 当 $s=1$ 时，矩阵只有一行，即$(a_{11}, a_{12}, \cdots, a_{1n})$或$(a_1, a_2, \cdots, a_n)$，称为行矩阵.

例如，$\boldsymbol{A}_{1\times 3}=(1\quad 2\quad 3)$，$\boldsymbol{A}_{1\times n}=(a_1, a_2, \cdots, a_n)$.

(2) 当 $n=1$ 时，矩阵只有一列，即 $\begin{pmatrix} a_{11} \\ a_{21} \\ \vdots \\ a_{s1} \end{pmatrix}$ 或 $\begin{pmatrix} a_1 \\ a_2 \\ \vdots \\ a_s \end{pmatrix}$，称为列矩阵.

例如，$\boldsymbol{A}_{3\times 1}=\begin{pmatrix} 1 \\ 2 \\ 3 \end{pmatrix}$，$\boldsymbol{A}_{1\times n}=\begin{pmatrix} a_1 \\ a_2 \\ \vdots \\ a_n \end{pmatrix}$.

(3) 当 $s=n$ 时，矩阵的行数与列数相等，矩阵 $\boldsymbol{A}_{n\times n}$称为 n 阶矩阵(或 n 阶方阵).

例如，$\boldsymbol{A}_{3\times 3}=\begin{pmatrix} 1 & 0 & 3 \\ 2 & 1 & 3 \\ 3 & 2 & 4 \end{pmatrix}$ 称为三阶方阵.

例如，$\boldsymbol{A}_{n\times n}=\begin{pmatrix} a_{11} & a_{12} & \cdots & a_{1n} \\ a_{21} & a_{22} & \cdots & a_{2n} \\ \vdots & \vdots & & \vdots \\ a_{n1} & a_{n2} & \cdots & a_{nn} \end{pmatrix}$ 称为 n 阶方阵，其中方阵中的元素 $a_{11}, a_{22}, \cdots, a_{nn}$ 称为主对角线元素.

定义 5　两个矩阵 $\boldsymbol{A}$、$\boldsymbol{B}$，如果矩阵 $\boldsymbol{A}$ 的行数等于矩阵 $\boldsymbol{B}$ 的行数，矩阵 $\boldsymbol{A}$ 的列数等于矩阵 B 的列数，则称 $\boldsymbol{A}$、$\boldsymbol{B}$ 为同型矩阵(也称形状相同)，$\boldsymbol{A}$ 的每一个元素与 $\boldsymbol{B}$ 的对应位置的元素都相等，我们就称矩阵 A 与 B 相等，记为 $\boldsymbol{A}=\boldsymbol{B}$.

定义 5′　若矩阵 $\boldsymbol{A}=(a_{ij})_{s\times n}$，$\boldsymbol{B}=(b_{ij})_{s\times n}$都是 $s\times n$ 矩阵，且 $\boldsymbol{A}$、$\boldsymbol{B}$ 的所有对应元素都相等，即 $a_{ij}=b_{ij}$ $(i=1, 2, \cdots, s;\ j=1, 2, \cdots, n)$，就称矩阵 $\boldsymbol{A}$ 与 $\boldsymbol{B}$ 相等.

(1) 矩阵相等与行列式相等是两个不同的概念.

例如，两个行列式有

$$\begin{vmatrix} 1 & 0 \\ 0 & 2 \end{vmatrix}=\begin{vmatrix} 1 & 1 \\ 4 & 6 \end{vmatrix}$$

但对类似以上行列式的二阶方阵却有

$$\begin{pmatrix} 1 & 0 \\ 0 & 2 \end{pmatrix}\neq\begin{pmatrix} 1 & 1 \\ 4 & 6 \end{pmatrix}$$

(2) 两个矩阵相等即两个矩阵完全一样.

例如，$\boldsymbol{A}=\begin{pmatrix} a & 1 & 2 \\ b & 3 & 4 \end{pmatrix}$，$\boldsymbol{A}=\begin{pmatrix} 5 & 1 & c \\ 6 & 3 & d \end{pmatrix}$，如果 $\boldsymbol{A}=\boldsymbol{B}$，则一定有 $a=5$，$b=6$，$c=2$，$d=4$.

【案例引入】

分析下列矩阵有何特点？

(1) $\begin{pmatrix} 1 & 2 & 6 \\ 3 & 4 & 2 \\ -1 & 2 & 8 \end{pmatrix}$；　(2) $\begin{pmatrix} 1 & 2 & 6 \\ 0 & 4 & 2 \\ 0 & 0 & 8 \end{pmatrix}$；　(3) $\begin{pmatrix} 1 & 0 & 0 & 0 \\ 6 & 3 & 0 & 0 \\ 5 & 2 & -1 & 0 \\ 6 & 3 & 3 & 1 \end{pmatrix}$；

(4) $\begin{pmatrix} 1 & 0 & 0 & 0 \\ 0 & 2 & 0 & 0 \\ 0 & 0 & 3 & 0 \\ 0 & 0 & 0 & 4 \end{pmatrix}$；　(5) $\begin{pmatrix} 1 & 0 & 0 & 0 \\ 0 & 1 & 0 & 0 \\ 0 & 0 & 1 & 0 \\ 0 & 0 & 0 & 1 \end{pmatrix}$；　(6) $\boldsymbol{O}_{s\times n}=\begin{pmatrix} 0 & 0 & \cdots & 0 \\ 0 & 0 & \cdots & 0 \\ \vdots & \vdots & & \vdots \\ 0 & 0 & \cdots & 0 \end{pmatrix}$.

定义 6　主对角线以下(上)的元素全为 0 的方阵称为上(下)三角矩阵，上三角矩阵和下三角矩阵都简称为三角矩阵.

即：$\boldsymbol{A}=\begin{pmatrix} a_{11} & a_{12} & \cdots & a_{1n} \\ & a_{22} & \cdots & a_{2n} \\ & & \ddots & \vdots \\ & & & a_{nn} \end{pmatrix}$，其中当 $i>j$ 时，$a_{ij}=0$ $(i, j=1, 2, \cdots, n)$，则 $\boldsymbol{A}$ 为上三角矩阵.

$\boldsymbol{B}=\begin{pmatrix} b_{11} & & & \\ b_{12} & b_{22} & & \\ \vdots & \vdots & \ddots & \\ b_{1n} & b_{2n} & \cdots & b_{nn} \end{pmatrix}$，其中当 $i<j$ 时，$b_{ij}=0$ $(i, j=1, 2, \cdots, n)$，则 $\boldsymbol{B}$ 为下三角矩阵.

定义 7　主对角线以外的元素都为零的方阵称为对角矩阵，即

$$\boldsymbol{A}=\begin{pmatrix} a_{11} & 0 & \cdots & 0 \\ 0 & a_{22} & \cdots & 0 \\ \vdots & \vdots & & \vdots \\ 0 & 0 & \cdots & a_{nn} \end{pmatrix}$$

其中当 $i\neq j$ 时，$a_{ij}=0(i, j=1, 2, \cdots, n)$.

例如，矩阵 $\boldsymbol{A}=\begin{pmatrix}2 & 0 & 0\\0 & -6 & 0\\0 & 0 & 4\end{pmatrix}$ 就是一个对角矩阵.

定义 7′　主对角线上的元素都为 1 的对角矩阵，称为(n 阶)单位矩阵. 记为 $\boldsymbol{E}_n$ 或 $\boldsymbol{E}$.

$$\boldsymbol{E}_n=\begin{pmatrix}1 & 0 & \cdots & 0\\0 & 1 & \cdots & 0\\\vdots & \vdots & & \vdots\\0 & 0 & \cdots & 1\end{pmatrix}$$

例如，$\boldsymbol{E}_4=\begin{pmatrix}1 & 0 & 0 & 0\\0 & 1 & 0 & 0\\0 & 0 & 1 & 0\\0 & 0 & 0 & 1\end{pmatrix}$.

定义 8　所有元素都为零的矩阵称为零矩阵，记为

$$\boldsymbol{O}_{s\times n}=\begin{pmatrix}0 & 0 & \cdots & 0\\0 & 0 & \cdots & 0\\\vdots & \vdots & & \vdots\\0 & 0 & \cdots & 0\end{pmatrix}$$

若矩阵 $\boldsymbol{A}=\begin{pmatrix}a_{11} & a_{12} & \cdots & a_{1n}\\a_{21} & a_{22} & \cdots & a_{2n}\\\vdots & \vdots & & \vdots\\a_{s1} & a_{s2} & \cdots & a_{sn}\end{pmatrix}$，所有元素都是矩阵 $\boldsymbol{A}$ 元素的相反数组成的矩阵称为矩阵 $\boldsymbol{A}$ 的负矩阵，记为

$$-\boldsymbol{A}=\begin{pmatrix}-a_{11} & -a_{12} & \cdots & -a_{1n}\\-a_{21} & -a_{22} & \cdots & -a_{2n}\\\vdots & \vdots & & \vdots\\-a_{s1} & -a_{s2} & \cdots & -a_{sn}\end{pmatrix}$$

例如，求矩阵 $\boldsymbol{A}$ 的负矩阵，其中 $\boldsymbol{A}=\begin{pmatrix}2 & 1 & -3\\4 & 0 & 5\end{pmatrix}$，则它的负矩阵为

$$-\boldsymbol{A}=\begin{pmatrix}-2 & -1 & 3\\-4 & 0 & -5\end{pmatrix}$$

定义 9　线性方程组的系数矩阵与增广矩阵.

由线性方程组的系数构成的矩阵 $\mathbf{A}=\begin{pmatrix} a_{11} & a_{12} & \cdots & a_{1n} \\ a_{21} & a_{22} & \cdots & a_{2n} \\ \vdots & \vdots & & \vdots \\ a_{s1} & a_{s2} & \cdots & a_{sn} \end{pmatrix}$ 称为线性方程组(14.1)的系数矩阵.

系数矩阵加上常数列形成的新矩阵 $\overline{\mathbf{A}}=\begin{pmatrix} a_{11} & a_{12} & \cdots & a_{1n} & b_1 \\ a_{21} & a_{22} & \cdots & a_{2n} & b_2 \\ \vdots & \vdots & & \vdots & \vdots \\ a_{s1} & a_{s2} & \cdots & a_{sn} & b_n \end{pmatrix}$ 称为线性方程组(14.1)的增广矩阵.

定义 10　矩阵的下列三种变换，称为矩阵的行初等变换：

(1) 交换两行的位置；

(2) 把一行的倍数加到另一行上；

(3) 用一非零的数乘某一行.

相似地，我们可以定义矩阵的列初等变换，行与列的初等变换统称为初等变换.

定理 2　线性方程组的增广矩阵经过行初等变换后，得到的相应的线性方程组与原线性方程组同解.

14.2　专业应用案例

例 1　营养食谱问题.

一位饮食专家计划了一份膳食，这份膳食可以提供一定量的维生素 C、钙和镁. 其中用到 3 种食物，它们的质量用适当的单位进行计量. 这些食品提供的营养以及食谱需要的营养如表 14.1 所示，问每种食物各用多少单位才能满足食谱需要的营养.

表 14.1　各种食品提供的营养及食谱需要的营养

营养	单位食谱所含的营养/mg			需要的营养总量/mg
	食物 1	食物 2	食物 3	
维生素 C	10	20	20	100
钙	50	40	10	300
镁	30	10	40	200

解　设 x_1，x_2，x_3 分别表示这三种食物的量，由题意可列方程组：

$$\begin{cases}10x_1+20x_2+20x_3=100\\50x_1+40x_2+10x_3=300\\30x_1+10x_2+40x_3=200\end{cases}$$

上述方程组可以简化为

$$\begin{cases}x_1+2x_2+2x_3=10\\5x_1+4x_2+x_3=30\\3x_1+x_2+4x_3=20\end{cases}$$

利用消元法可解得 $x_1=\frac{50}{11}$，$x_2=\frac{50}{33}$，$x_3=\frac{40}{33}$.

因此食谱中应包含$\frac{50}{11}$个单位的食物 1，$\frac{50}{33}$个单位的食物 2，$\frac{40}{33}$个单位的食物 3.

例 2　百鸡问题.

百鸡问题记载于我国古代算书《张邱建算经》中，是我国古代一个求整数解的不定方程问题，其重要之处在于开创了“一问多答”的先例，这是过去我国古算书中所没有的.

问题：今有鸡翁一，值钱伍；鸡母一，值钱三；鸡雏三，值钱一. 凡百钱买鸡百只，问鸡翁、母、雏各几何？

解　设鸡翁 x_1 只，鸡母 x_2 只，鸡雏 x_3 只，则

$$\begin{cases}x_1+x_2+x_3=100\\5x_1+3x_2+\frac{1}{3}x_3=100\end{cases}$$

第二式乘以(−3)加到第一式，消去 x_3 得 $x_2=25-\frac{7x_1}{4}$.

因为 x_2 是整数，所以 x_1 必须是 4 的倍数，设 $x_1=4k$，则

$$\begin{cases}x_1=4k\\x_2=25-7k\\x_3=75+3k\end{cases}$$

又因为 $x_2>0$，可知 k 只能取 0，1，2，3，由此得 4 个解：

$$\begin{cases}x_1=0\\x_2=25,\\x_3=75\end{cases}\begin{cases}x_1=4\\x_2=18\ ,\\x_3=78\end{cases}\begin{cases}x_1=8\\x_2=11\ ,\\x_3=81\end{cases}\begin{cases}x_1=12\\x_2=4\\x_3=84\end{cases}$$

例 3　配平化学方程式.

化学方程式表示化学反应中消耗和产生的物质的量. 配平化学方程式就是找出一组数使得方程式左右两端各类原子的总数对应相等. 其中一种方法就是建立能够描述反应过程中每种原子数目的向量方程，然后找出该方程组最简的正整数解.

下面利用此思路来配平如下化学方程式：

$$x_1 KMnO_4 + x_2 MnSO_4 + x_3 H_2O \rightarrow x_4 MnO_2 + x_5 K_2SO_4 + x_6 H_2SO_4$$

其中 x_1，x_2，…，x_6 均取正整数.

解　上述化学方程式中包含 5 种不同的原子(钾、锰、氧、硫、氢)，反应物和生成物共 6 种，每种包含钾、锰、氧、硫、氢原子的个数分别如下：

	钾	锰	氧	硫	氢
$KMnO_4$	1	1	4	0	0
$MnSO_4$	0	1	4	1	0
H_2O	0	0	1	0	2
MnO_2	0	1	2	0	0
K_2SO_4	2	0	4	1	0
H_2SO_4	0	0	4	1	2

为了配平化学方程式，系数 x_1，x_2，…，x_6 必须满足如下方程组：

$$\begin{cases} x_1 = 2x_5 \\ x_1 + x_2 = x_4 \\ 4x_1 + 4x_2 + x_3 = 2x_4 + 4x_5 + 4x_6 \\ x_2 = x_5 + x_6 \\ 2x_3 = 2x_6 \end{cases}$$

求解该线性方程组，得到解集：

$$\begin{cases} x_1 = 2c \\ x_2 = 3c \\ x_3 = 2c \\ x_4 = 5c \\ x_5 = c \\ x_6 = 2c \end{cases}$$

由于化学方程式通常取最简的正整数，因此在解集中取 $c=1$ 即得配平后的化学方程式：

$$2KMnO_4 + 3MnSO_4 + 2H_2O \rightarrow 5MnO_2 + K_2SO_4 + 2H_2SO_4$$

若方程式中的每个系数乘 2 倍，则该方程式也是配平的. 然而在一般情况下，人们更倾向于使用全体系数尽可能小的数来配平方程式.

思政课堂

激励青年勇攀科学高峰的典范、杰出数学家——陈景润

陈景润(1933.5.22—1996.03.19)，男，汉族，福建福州人，当代数学家，曾任中国科学院数学研究所研究员，中国科学院学部委员. 1966年发表了《表达偶数为一个素数及一个不超过两个素数的乘积之和》(简称“1+2”)，成为哥德巴赫猜想研究上的里程碑. 1973年他在《中国科学》杂志上发表了“1+2”的详细证明，并改进了1966年宣布的数值结果，立即在国际数学界引起了轰动，被公认为是对哥德巴赫猜想研究的重大贡献，是筛法理论的光辉顶点. 他的成果被国际数学界称为“陈氏定理”，被写进了美、英、法、苏、日等六国的许多数论书中. 至今仍在哥德巴赫猜想的研究中保持世界领先水平.

陈景润出生在贫苦的家庭，母亲生下他来就没有奶汁，靠向邻居借米熬汤活过来. 到他快上学的年龄时，因为当邮局小职员的父亲的工资太少，仅够供大哥上学，母亲还要背着不满两岁的小妹妹下地干活挣钱. 这样，平日照看3岁小弟弟的担子就落在小景润的肩上. 白天，他带领小弟弟坐在小板凳上数手指头玩；晚上，哥哥放了学，就求哥哥给他讲算数. 稍大一点，他挤出帮母亲下地干活的空隙，忙着练习写字和演算. 母亲见他学习心切，就把他送进了城关小学. 别看他长得瘦小，可十分用功，成绩很好，因而引起有钱人家子弟的嫉妒，对他拳打脚踢. 他打不过那些人，就淌着泪回家要求退学，妈妈抚摸着他的伤处说：“孩子，只怨我们没本事，家里穷才受人欺负. 你要好好学，争口气，长大有出息，那时他们就不敢欺负咱们了！”小景润擦干眼泪，又去做功课了. 此后，他再也没流过泪，把身心所受的痛苦，化为学习的动力，成绩一直拔尖，最终以全校第一名的成绩考入了三元县立初级中学. 初中三年，他受到两位老师的特殊关注，一位是年近花甲的语文老师，原是位教授，他目睹过日本人横行霸道，国民党却节节退让，感到痛心疾首，只可惜自己年老了，就把希望寄托于下一代身上. 他看到陈景润勤奋刻苦，年少有为，就经常把他叫到身边，讲述中国五千年文明史，激励他好好读书，肩负起拯救祖国的重任. 老师常常说得眼中带泪，陈景润也含泪表示，长大以后，一定报效祖国！另一位是不满30岁的数学教师，他毕业于清华大学数学系，知识非常丰富. 陈景润最感兴趣的是数学课，一本课本他只用两个星期就学完了. 老师觉得这个学生不一般，就多给他讲一些课程之外的知识，并进一步激发他的爱国热情，说：“一个国家、一个民族要想强大，自然科学不发达是万万不行的，而数学又是自然科学的基础. ”从此，陈景润就更加热爱数学了. 一直到初中毕业，他都保持着数学成绩全优的记录.

之后，陈景润考入福州英华书院念高中. 在这里，他有幸遇见了使他终生难忘的沈元老师. 沈老师曾任清华大学航空系主任，当时是陈景润的班主任兼教数学、英语. 沈老师学识渊博，循循善诱，同学们都喜欢听他讲课. 有一次，沈老师出了一道有趣的古典数学题：

韩信点兵. 大家都闷头算起来，只有陈景润很快地小声回答："53人". 全班同学都被他计算速度之快惊呆了，沈老师望着这个平素不爱说话、衣衫褴褛的学生，问他是怎么得出来的？陈景润的脸都羞红了，说不出话，最后是用粉笔在黑板上写出了方法. 沈老师高兴地说："陈景润算得很好，只是不敢讲，我帮他讲吧！"沈老师讲完，又介绍了中国古代对数学的贡献，说祖冲之对圆周率的研究成果早于西欧1000年，南宋秦九韶对"联合一次方程式"的解法也比瑞士数学家欧拉的解法早500多年. 沈老师接着鼓励同学们说："我们不能停步，希望你们将来能创造出更大的奇迹，比如有个'哥德巴赫猜想'，是数论中至今未解的难题，人们把它比作皇冠上的明珠，你们要把它摘下来！"课后，沈老师问陈景润有什么想法，陈景润说："我能行吗？"沈老师说："你既然能自己解出'韩信点兵'，将来就能摘取那颗明珠：天下无难事，只怕有心人啊！"那一夜，陈景润失眠了，他立誓：长大无论成败如何，都要不惜一切地去努力！

而不幸的是1984年4月27日，陈景润在横过马路时，被一辆疾驶而来的自行车撞倒，他后脑着地，酿成了意外的重伤. 这对于身体本来就不大好的陈景润，几乎是致命的. 他从医院里出来后，苍白的脸上有时泛着让人忧郁的青灰色，不久又诱发了帕金森氏综合症. 为了使自己梦想成真，陈景润不顾疾病在身，在那不足6平方米的斗室里，食不知味，夜不能眠，潜心钻研，光是计算的草纸就足足装了几麻袋.

从一个瘦小普通的"丑小鸭"，变成"撼动了群山"震惊世界的伟大数学家，陈景润在63年的人生中最专注的只有一件事情——数学. 他对数学的热爱和专注，支撑着他克服生活种种逆境，以水滴石穿的精神和持之以恒的意志，投身于数学研究. 他证明了"1＋2"，"陈氏定理"为世界难题"哥德巴赫猜想"的研究做出了巨大贡献. 攀登科学高峰的道路险峻且充满挑战，但陈景润从未退缩. "数学怪人"陈景润的奋斗精神，必将激励一代又一代的中国青少年勇于挑战，奋发图强.

任务 15 矩阵的行最简化

※任务内容

(1) 完成矩阵的最简化相关的工作页；

(2) 学习阶梯型矩阵、行最简矩阵的概念；

(3) 学习利用矩阵行初等变换将任意矩阵化成行最简矩阵.

※任务目标

(1) 掌握阶梯型矩阵、行最简矩阵的概念；

(2) 能够用矩阵的行初等变换将任意矩阵化成行最简矩阵.

※任务工作页

1. 矩阵的行初等变化有__________、__________、__________ 3 种.

2. 写出一个 3×4 的阶梯型矩阵、一个 4×5 行最简矩阵. __________.

3. 下列矩阵中哪一个是行最简矩阵.

$$\boldsymbol{A}=\begin{pmatrix}2&1&1\\0&1&0\\0&2&0\\0&0&1\end{pmatrix},\boldsymbol{B}=\begin{pmatrix}1&0&1\\0&1&0\\0&2&0\\0&0&1\end{pmatrix},\boldsymbol{C}=\begin{pmatrix}1&0&1\\0&1&0\\0&0&0\\0&0&1\end{pmatrix},\boldsymbol{D}=\begin{pmatrix}1&0&0\\0&1&2\\0&0&0\\0&0&0\end{pmatrix}$$

4. 用行初等变换将 $\begin{pmatrix}1&0&2&-1\\2&0&3&1\\3&0&4&3\end{pmatrix}$ 化成阶梯型矩阵.

5. 用行初等变换将 $\begin{pmatrix}1&-1&0\\2&1&3\\3&1&4\end{pmatrix}$ 化成行最简矩阵.

15.1 相关知识

行最简矩阵是矩阵的一种标准形式. 矩阵的行最简化是解线性方程组的重要一步，利用行初等变换得到行最简矩阵的过程实际上就是线性方程组一步一步消元的过程. 因此在解线性方程组时，常常将其对应的增广矩阵化成行最简矩阵，再利用本项目定理 2 求出原线性方程组的解.

15.1.1　阶梯型矩阵

【案例引入】

加减消元法案例中引入的线性方程组解答过程中对应的增广矩阵的变化如下：

$$\begin{pmatrix}2 & -1 & -3 & 1\\1 & -1 & -1 & 2\\3 & 2 & -5 & 0\end{pmatrix}\xrightarrow{r_1\leftrightarrow r_2}\begin{pmatrix}1 & -1 & -1 & 2\\2 & -1 & -3 & 1\\3 & 2 & -5 & 0\end{pmatrix}\xrightarrow[r_3-3r_1]{r_2-2r_1}\begin{pmatrix}1 & -1 & -1 & 2\\0 & 1 & -1 & -3\\0 & 5 & -2 & -6\end{pmatrix}$$

$$\xrightarrow{r_3-5r_2}\begin{pmatrix}1 & -1 & -1 & 2\\0 & 1 & -1 & -3\\0 & 0 & 3 & 9\end{pmatrix}\xrightarrow{r_3\times\frac{1}{3}}\begin{pmatrix}1 & -1 & -1 & 2\\0 & 1 & -1 & -3\\0 & 0 & 1 & 3\end{pmatrix}$$

$$\xrightarrow{r_2+r_3}\begin{pmatrix}1 & -1 & -1 & 2\\0 & 1 & 0 & 0\\0 & 0 & 1 & 3\end{pmatrix}\xrightarrow[r_1+r_2]{r_1+r_3}\begin{pmatrix}1 & 0 & 0 & 5\\0 & 1 & 0 & 0\\0 & 0 & 1 & 3\end{pmatrix}$$

我们可以发现，原线性方程组的增广矩阵经过一系列的初等变换后，得到的矩阵中左下侧零元素越来越多.

定义 11　满足以下条件的矩阵称为阶梯型矩阵：

(1) 每一个台阶上只有一行；

(2) 每一个台阶首元素左下方的元素都是零；

(3) 每一个台阶上的第一个元素非零.

例如：

$$\begin{pmatrix}1 & 2 & -1 & 2 & 0\\0 & 0 & 3 & -1 & 1\\0 & 0 & 0 & 1 & 3\\0 & 0 & 0 & 0 & 0\end{pmatrix},\quad\begin{pmatrix}0 & 1 & 1 & -1 & 0\\0 & 0 & 1 & 1 & 4\\0 & 0 & 0 & 0 & 2\end{pmatrix}$$

15.1.2　行最简矩阵

定义 12　满足以下条件的阶梯型矩阵称为行最简矩阵：

(1) 每一个台阶上的首元素均为 1；

(2) 每一个台阶上首元素左上方的元素均为零.

例如：

$$\begin{pmatrix}1 & 2 & 0 & 0 & -1\\0 & 0 & 1 & 0 & 2\\0 & 0 & 0 & 1 & 4\\0 & 0 & 0 & 0 & 0\end{pmatrix},\quad\begin{pmatrix}0 & 1 & 1 & -1 & 0\\0 & 0 & 1 & 1 & 4\\0 & 0 & 0 & 0 & 2\end{pmatrix}$$

也就是说行最简矩阵每一个台阶上的首元素均为 1，且该元素所在列除它自己以外，其余元素均为 0.

15.1.3 矩阵的行最简化

【案例引入】

写出以矩阵 $\begin{pmatrix}1 & 2 & 0 & 0 & -1\\0 & 0 & 1 & 0 & 2\\0 & 0 & 0 & 1 & 4\\0 & 0 & 0 & 0 & 0\end{pmatrix}$ 为增广矩阵的线性方程组的解.

对应的线性方程组如下：

$$\begin{cases}x_1+2x_2 & =-1\\ \qquad\quad x_3 & =2\\ \qquad\qquad x_4 & =4\end{cases}$$

因此可知，行最简矩阵对应的线性方程组非常简单，我们能够很容易地求出该线性方程组的解. 所以，在求解复杂的线性方程组时，我们常常将其对应的增广矩阵化成行最简矩阵，再由本项目定理 2 就能很快求出它的解. 那么，如何将任意矩阵化成行最简矩阵呢?

定理 3　任意矩阵都可以利用矩阵行初等变换化成行最简矩阵.

例 4　用行初等变换将 $\boldsymbol{A}$ 化成行阶梯型.

$$\boldsymbol{A}=\begin{pmatrix}2 & -1 & 3 & 1\\4 & 2 & 5 & 4\\2 & 0 & 2 & 6\end{pmatrix}$$

解　找台阶. 第一个台阶为第一行左侧起第一个非零元素，用第一行的适当倍数加到其余行，使该元素所在列下方元素变成 0，即

$$\begin{pmatrix}2 & -1 & 3 & 1\\4 & 2 & 5 & 4\\2 & 0 & 2 & 6\end{pmatrix}\xrightarrow[r_3-r_1]{r_2-2r_1}\begin{pmatrix}2 & -1 & 3 & 1\\0 & 4 & -1 & 2\\0 & 1 & -1 & 5\end{pmatrix}$$

第二个台阶为第二行起左侧第一个非零元素，为计算方便，我们经常利用交换两行位置来使得台阶上首元素为它及正下方元素中非零最简的，即

$$\xrightarrow{r_2\leftrightarrow r_3}\begin{pmatrix}2 & -1 & 3 & 1\\0 & 1 & -1 & 5\\0 & 4 & -1 & 2\end{pmatrix}$$

将第二行的 -4 倍加到第三行上，将第二个台阶下方的元素化成 0，即

$$\xrightarrow{r_3-4r_2}\begin{pmatrix}2 & -1 & 3 & 1\\0 & 1 & -1 & 5\\0 & 0 & 3 & -18\end{pmatrix}$$

例 5　用行初等变换将矩阵$\begin{pmatrix} 4 & -5 & 2 \\ 2 & 3 & 12 \\ 10 & -7 & 16 \end{pmatrix}$化成行最简矩阵.

解　交换第一行与第二行的位置，使得第一个台阶首元素为其所在列元素中非零最简，即

$$\xrightarrow{r_1 \leftrightarrow r_2} \begin{pmatrix} 2 & 3 & 12 \\ 4 & -5 & 2 \\ 10 & -7 & 16 \end{pmatrix}$$

将第一行的-2倍加到第二行，-5倍加到第三行，使得第一个台阶首元素所在列其他元素均为0，即

$$\xrightarrow[r_3-5r_1]{r_2-2r_1} \begin{pmatrix} 2 & 3 & 12 \\ 0 & -11 & -22 \\ 0 & -22 & -44 \end{pmatrix}$$

第二行元素之间成倍数关系，为简化计算，可以将第二行乘以所有元素最大公倍数的倒数. 第三行也可做同样的变换，即

$$\xrightarrow[-\frac{1}{22}r_3]{-\frac{1}{11}r_2} \begin{pmatrix} 2 & 3 & 12 \\ 0 & 1 & 2 \\ 0 & 1 & 2 \end{pmatrix}$$

第二个台阶首元素为第二行左侧起第一个非零元素. 因此，将第二行的-3倍加到第一行、-1倍加到第三行，使得第二个台阶首元素所在列其他元素均为0，即

$$\xrightarrow[r_3-r_2]{r_1-3r_2} \begin{pmatrix} 2 & 0 & 6 \\ 0 & 1 & 2 \\ 0 & 0 & 0 \end{pmatrix}$$

最后将所有台阶首元素化成如下形式：

$$\xrightarrow{\frac{1}{2}r_1} \begin{pmatrix} 1 & 0 & 3 \\ 0 & 1 & 2 \\ 0 & 0 & 0 \end{pmatrix}$$

例 6　用行初等变换将$\boldsymbol{B}$化成行最简矩阵.

$$\boldsymbol{B}=\begin{pmatrix} 0 & 0 & 6 & 2 & -8 \\ -1 & 3 & -6 & -4 & 6 \\ 2 & -6 & 8 & 0 & 0 \\ 1 & -3 & 5 & 2 & -3 \end{pmatrix}$$

解　观察行列式，交换两行位置使行列式第一行首元素非零最简，即

$$\begin{pmatrix} 0 & 0 & 6 & 2 & -8 \\ -1 & 3 & -6 & -4 & 6 \\ 2 & -6 & 8 & 0 & 0 \\ 1 & -3 & 5 & 2 & -3 \end{pmatrix} \xrightarrow{r_1 \leftrightarrow r_4} \begin{pmatrix} 1 & -3 & 5 & 2 & -3 \\ -1 & 3 & -6 & -4 & 6 \\ 2 & -6 & 8 & 0 & 0 \\ 0 & 0 & 6 & 2 & -8 \end{pmatrix}$$

找台阶. 将台阶首元素下方元素均化为 0. 第一个台阶为第一行左侧起第一个非零元素(第一列)，用第一行适当的倍数加到其余各行，就可以把其余各行第一列元素化成零，即

$$\xrightarrow[r_3-2r_1]{r_2+r_1} \begin{pmatrix} 1 & -3 & 5 & 2 & -3 \\ 0 & 0 & -1 & -2 & 3 \\ 0 & 0 & -2 & -4 & 6 \\ 0 & 0 & 6 & 2 & -8 \end{pmatrix}$$

第一个台阶已经化简完成，此时前两列构成的矩阵行最简. 接下来找第二个台阶，第二个台阶为第二行左边起第一个非零元素(第二行第三列)，同样我们用第二行的适当倍数加到其余各行，将第三列的其余元素化成零，即

$$\xrightarrow{\substack{r_1+5r_2 \\ r_3-2r_2 \\ r_4+6r_2}} \begin{pmatrix} 1 & -3 & 0 & -8 & 12 \\ 0 & 0 & -1 & -2 & 3 \\ 0 & 0 & 0 & 0 & 0 \\ 0 & 0 & 0 & -10 & 10 \end{pmatrix}$$

$$\xrightarrow[r_3\leftrightarrow r_4]{-r_2} \begin{pmatrix} 1 & -3 & 0 & -8 & 12 \\ 0 & 0 & 1 & 2 & -3 \\ 0 & 0 & 0 & -10 & 10 \\ 0 & 0 & 0 & 0 & 0 \end{pmatrix}$$

现在前面三列构成的矩阵已行最简，再继续进行上述过程，即

$$\xrightarrow{\substack{r_1-\frac{4}{5}r_3 \\ r_2+\frac{1}{5}r_3}} \begin{pmatrix} 1 & -3 & 0 & 0 & 4 \\ 0 & 0 & 1 & 0 & -1 \\ 0 & 0 & 0 & -10 & 10 \\ 0 & 0 & 0 & 0 & 0 \end{pmatrix}$$

将台阶首元素均化为 1，形成行最简矩阵，即

$$\xrightarrow{-\frac{1}{10}r_3} \begin{pmatrix} 1 & -3 & 0 & 0 & 4 \\ 0 & 0 & 1 & 0 & -1 \\ 0 & 0 & 0 & 1 & -1 \\ 0 & 0 & 0 & 0 & 0 \end{pmatrix}$$

15.2　专业应用案例

1. 求两个整数的最大公因数和最小公倍数

利用最大公因式的性质及矩阵初等变换的相关性质容易得到下面的定理.

定理 4　设 $a_1, a_2 \in \mathbf{Z}$，构造矩阵 $\mathbf{A}=\begin{pmatrix} a_1 & 0 \\ a_2 & a_2 \end{pmatrix}$，对矩阵 $\mathbf{A}$ 进行行初等变化，直到将 $\mathbf{A}$ 变为 $\begin{pmatrix} d & * \\ 0 & l \end{pmatrix}$，其中 d 为 a_1, a_2 的最大公因数，即 $d=(a_1, a_2)$，l 为 a_1, a_2 的最小公倍数，即 $l=[a_1, a_2]$.

例 7　求解 1573，1859 的最大公因数和最小公倍数.

解　构造矩阵：

$$\mathbf{A}=\begin{pmatrix} 1573 & 0 \\ 1859 & 1859 \end{pmatrix}$$

做行初等变化：

$$\mathbf{A}\xrightarrow{r_2-r_1}\begin{pmatrix} 1573 & 0 \\ 286 & 1859 \end{pmatrix}\xrightarrow{r_1-5r_2}\begin{pmatrix} 143 & -9295 \\ 286 & 1859 \end{pmatrix}\xrightarrow{r_2-2r_1}\begin{pmatrix} 143 & -9295 \\ 0 & 20449 \end{pmatrix}$$

所以(1573，1859)的最大公因数是 143，最小公倍数是 20449.

例 8　求解 1595，1885 的最大公因数和最小公倍数.

解　构造矩阵：

$$\mathbf{B}=\begin{pmatrix} 1595 & 0 \\ 1885 & 1885 \end{pmatrix}$$

做行初等变化：

$$\mathbf{B}\xrightarrow{r_2-r_1}\begin{pmatrix} 1595 & 0 \\ 290 & 1885 \end{pmatrix}\xrightarrow{r_1-5r_2}\begin{pmatrix} 145 & -9425 \\ 290 & 1885 \end{pmatrix}\xrightarrow{r_2-2r_1}\begin{pmatrix} 145 & -9425 \\ 0 & 20735 \end{pmatrix}$$

所以 1595，1885 的最大公因数是 145，最小公倍数是 20735.

2. 求两个多项式的最大公因式和最小公倍式

类似地，借助多项式矩阵初等变换我们可以得到求两个多项式的最大公因式和最小公倍式的方法.

定理 5　设 $f(x), g(x) \in F[x]$，构造矩阵 $\mathbf{A}=\begin{pmatrix} f(x) & 0 \\ g(x) & g(x) \end{pmatrix}$，对矩阵 $\mathbf{A}$ 进行行初等变换，直到将 $\mathbf{A}$ 变为 $\begin{pmatrix} d(x) & * \\ 0 & l(x) \end{pmatrix}$，其中 $d(x)$ 为 $f(x)$，$g(x)$ 首项系数为 1 的最大公因式，

即 $d=(f(x), g(x))$，$l(x)$为 $f(x)$，$g(x)$首项系数为 1 的最小公倍式，即 $l=[f(x), g(x)]$.

例 9 已知 $f(x)=x^4+2x^3-x^2-4x-2$，$g(x)=x^4+x^3-x^2-2x-2$，求 $f(x)$，$g(x)$的最大公因式和最小公倍式.

解 由本项目定理 5，构造如下矩阵：

$$\begin{pmatrix} x^4+2x^3-x^2-4x-2 & 0 \\ x^4+x^3-x^2-2x-2 & x^4+x^3-x^2-2x-2 \end{pmatrix}$$

$$\xrightarrow{r_1-r_2}\begin{pmatrix} x^3-2x & -x^4-x^3+x^2+2x+2 \\ x^4+x^3-x^2-2x-2 & x^4+x^3-x^2-2x-2 \end{pmatrix}$$

$$\xrightarrow{r_2-xr_1}\begin{pmatrix} x^3-2x & -x^4-x^3+x^2+2x+2 \\ x^3+x^2-2x-2 & x^5+2x^4-3x^2-4x-2 \end{pmatrix}$$

$$\xrightarrow{r_1-r_2}\begin{pmatrix} -x^2+2 & -x^5-3x^4-x^3+4x^2+6x+4 \\ x^3+x^2-2x-2 & x^5+2x^4-3x^2-4x-2 \end{pmatrix}$$

$$\xrightarrow{r_2+xr_1}\begin{pmatrix} -x^2+2 & -x^5-3x^4-x^3+4x^2+6x+4 \\ x^2-2 & -x^6-2x^5+x^4+4x^3+3x^2-2 \end{pmatrix}$$

$$\xrightarrow{r_2+r_1}\begin{pmatrix} -x^2+2 & -x^5-3x^4-x^3+4x^2+6x+4 \\ 0 & -x^6-3x^5-2x^4+3x^3+7x^2+6x+2 \end{pmatrix}$$

$$\xrightarrow[-r_2]{-r_1}\begin{pmatrix} x^2-2 & x^5+3x^4+x^3-4x^2-6x-4 \\ 0 & x^6+3x^5+2x^4-3x^3-7x^2-6x-2 \end{pmatrix}$$

因此 $f(x)$，$g(x)$的最大公因式为 $d(x)=x^2-2$，最小公倍式为 $l(x)=x^6+3x^5+2x^4-3x^3-7x^2-6x-2$.

思政课堂

将中国变成数学大国——陈省身

陈省身(1911.10.28—2004.12.03)，祖籍浙江嘉兴，是 20 世纪最伟大的几何学家之一，现代微分几何的开拓者，被誉为“整体微分几何之父”. 他对整体微分几何的卓越贡献，如以他命名的“陈空间”“陈示性类”“陈纤维丛”影响着半个多世纪的数学家. 他结合微分几何与拓扑学的方法，完成的两项划时代的重要工作——高斯-博内-陈定理和 Hermitian 流形的示性类理论，为大范围微分几何提供了不可缺少的工具，成为整个现代数学中的重要组成部分.

1981 年，借在美国参加国际会议的机会，时任南开大学副校长的胡国定专程到伯克利分校拜访陈省身，邀请他回南开大学工作，建立数学研究所. 胡国定先生在回忆数学所的发展时，曾讲述了一桩不为人知的逸事. 1987 年，为南开数学的发展而建的谊园招待所在施工期间，学校基建处向胡国定报告，工期恐怕要拖后，可能赶不上暑期学术年的使用，胡先生听了眉头一皱也无可奈何．陈先生知道后，拄着拐杖到工地找工人师傅聊天，看能不能提前竣工．工人们看老先生的面子，说努力一下也许行．陈先生大喜过望，立刻打电话给胡国定先生，说今天晚上我请客，请工人师傅吃饭，陈先生亲自为工人师傅敬酒．几天后，胡先生看到夜间的工地灯火通明．谊园招待所工程终于按期交付使用了．

报效祖国，着眼于中国本土的数学发展，用陈先生自己的话说就是：为数学所我要鞠躬尽瘁，死而后已．这是他的肺腑之言，也是他多年来的行动．陈先生把他获得的沃尔夫数学奖的5万美金全数交给了数学所；1988年，他到美国休斯敦授课和研究，所得酬金两万美金也捐给了数学所，另外还捐了5辆汽车；到了21世纪，他为南开数学所设立了上百万美金的基金，其中半数是他自己多年的积蓄；至于图书、杂志以及其他的零星捐助，已无法精确统计．陈先生说，除了儿子伯龙、女儿陈璞之外，南开数学所是我的第三个孩子．

为了培养本土人才，20世纪80年代中期，具有远见卓识的陈省身先生亲自倡议创办南开大学数学试点班，1986年，全国高中数学竞赛省赛区的状元们没有经过高考，即被破格录取为该班的首批学子．这项坚持了36年并且经营得愈发红火的数学基地班(刚开始时叫数学试点班，如今叫数学基地班)，成为了当时乃至现在中国高等人才培养模式的风向标．从全国竞赛中选取品学兼优的尖子生，也不仅仅是南开数学基地班的揽才传统，而更普遍地在全国风靡开来．因而，有人把陈省身及南开大学建立的数学试点班称作中国教育界一次历史性的贡献．

陈省身所有的努力，只为一个目标——中国成为数学大国．

任务16 消元法解线性方程组

※任务内容

(1) 完成线性方程组的解相关的工作页；

(2) 学习行最简矩阵的三种形式对应线性方程组解的情况；

(3) 学习高斯消元法，分析消元法解线性方程组的过程与实质，以及由同解方程组讨论解的情况.

※任务目标

(1) 掌握行最简矩阵的三种形式及每种形式对应解的情况；

(2) 掌握高斯消元法求线性方程组的解；

(3) 会求齐次线性方程组的解.

※任务工作页

1. 求以矩阵 $\begin{pmatrix} 1 & 0 & 0 & 0 \\ 0 & 1 & 0 & 0 \\ 0 & 0 & 1 & 0 \\ 0 & 0 & 0 & 1 \end{pmatrix}$ 为增广矩阵的线性方程组的解.

2. 求以矩阵 $\begin{pmatrix} 1 & 0 & 0 & 3 \\ 0 & 1 & 0 & 1 \\ 0 & 0 & 1 & 2 \\ 0 & 0 & 0 & 0 \end{pmatrix}$ 为增广矩阵的线性方程组的解.

3. 求以矩阵 $\begin{pmatrix} 1 & 0 & 0 & 3 \\ 0 & 1 & 0 & 1 \\ 0 & 0 & 1 & 2 \\ 0 & 0 & 0 & 0 \end{pmatrix}$ 为系数矩阵的齐次线性方程组的解.

16.1 相关知识

求线性方程组的解是本项目的最终目标，本任务是对中学数学中解线性方程组方法的一个扩展. 中学数学中讨论的线性方程组通常有相等个数的方程数和未知量，并且方程组的系数行列式不为零. 在本任务中我们讨论一般线性方程组的求解过程.

16.1.1　行最简矩阵对应解的类型

【案例引入】

观察下列行最简矩阵有什么不同?

$$\begin{pmatrix}1&2&0&-1&0\\0&0&1&1&0\\0&0&0&0&1\\0&0&0&0&0\end{pmatrix},\begin{pmatrix}1&2&0&0&-1\\0&0&1&0&2\\0&0&0&1&4\\0&0&0&0&0\end{pmatrix},\begin{pmatrix}1&0&0&0&-1\\0&1&0&0&2\\0&0&1&0&4\\0&0&0&1&2\end{pmatrix}$$

写出上面行最简矩阵对应的线性方程组，我们发现它们对应的线性方程组的解的情况是不一样的. 现在，我们对上面三个行最简矩阵进行归类，并给出以每一类为增广矩阵的线性方程组的解集.

第一类：有某一行，它的最右边的一个元素不为零，该行其他元素都为零.

例如：

$$\begin{pmatrix}1&-3&2&0&0\\0&1&3&-2&2\\0&0&0&0&4\\0&0&1&-1&0\end{pmatrix},\begin{pmatrix}1&2&0&0&-1\\0&0&1&1&2\\0&0&0&0&4\\0&0&0&0&0\end{pmatrix},\begin{pmatrix}1&3&2&0&0\\0&1&3&-2&2\\0&0&1&0&5\\0&0&0&0&4\end{pmatrix}$$

它们第三行或者第四行都只有最右侧一个非零元素. 以上述矩阵为增广矩阵对应的线性方程组中，该行对应的线性方程如下：

$$0x_1+0x_2+0x_3+0x_4=4$$

任何(k_1, k_2, k_3, k_4)代入后，都不能使之成立，所以方程组无解.

小结：以第一类行最简矩阵为增广矩阵的线性方程组无解.

第二类：不属于第一类，并且非零行的个数等于未知量的个数. 这时的行最简形如下：

$$\begin{pmatrix}\boldsymbol{E}_n & \boldsymbol{\eta}\\ \boldsymbol{O}_{p\times n} & \boldsymbol{O}_{p\times 1}\end{pmatrix}$$

例如：

$$\begin{pmatrix}1&0&0&0&3\\0&1&0&0&-1\\0&0&1&0&-5\\0&0&0&1&2\\0&0&0&0&0\end{pmatrix}$$

写出以它为增广矩阵对应的线性方程组，即

$$\begin{cases}x_1 & & & &=3\\ & x_2 & & &=-1\\ & & x_3 & &=-5\\ & & & x_4 &=2\end{cases}$$

可以看出，该线性方程组有唯一解，并且解已经被明确地表达了. 最后一个方程是恒等式，不起作用，可以不写.

小结：以第二类行最简矩阵为增广矩阵的线性方程组有唯一解.

第三类：不属于第一类，并且非零行的个数 r 小于未知量的个数 n.

例如：

$$\begin{pmatrix} 1 & 2 & 0 & -3 & 2 \\ 0 & 0 & 1 & 1 & 5 \\ 0 & 0 & 0 & 0 & 0 \end{pmatrix}$$

以它为增广矩阵的线性方程组为

$$\begin{cases} x_1+2x_2-3x_4=2 \\ \qquad\qquad x_3+x_4=5 \end{cases} \tag{16.1}$$

将含有 x_2，x_4 的项移到等号的另一边，得

$$\begin{cases} x_1=2-2x_2+3x_4 \\ x_3=5-x_4 \end{cases} \tag{16.2}$$

对于 x_2，x_4 的任意一组值，由方程组(16.2)确定了(16.1)的一个解，x_2，x_4 叫作自由变量，我们常常用字母 c 表示自由变量的取值. 令 $x_2=c_1$，$x_4=c_2$，得方程组(16.2)有无穷多组解，其解为

$$\begin{cases} x_1=2-2c_1+3c_2 \\ x_2=c_1 \\ x_3=5-c_2 \\ x_4=c_2 \end{cases} \tag{16.3}$$

其中 c_1，c_2 是任意的常数.

这个式子完整地表达了解集合，有时也称方程组(16.3)为(16.1)的一般解.

一般地，以第三类行最简形矩阵为增广矩阵的线性方程组有无穷多组解. 含有 $n-r$ 个自由变量，且通常选非台阶首元素对应的未知量为自由变量.

以上三类是行最简矩阵所有可能的情况.

16.1.2 高斯消元法

【案例引入】

解线性方程组：

$$\begin{cases} x_1+2x_2+3x_3+x_4=1 \\ -x_1+x_2+2x_3+3x_4=1 \\ -x_1+3x_2+2x_3+x_4=1 \\ \qquad 5x_2+5x_3+2x_4=3 \end{cases}$$

解　上述线性方程组的增广矩阵是 $\boldsymbol{C}$，用行初等变换将其化为行最简形，即

$$\boldsymbol{C}=\left(\begin{array}{cccc:c}1&2&3&1&1\\-1&1&2&3&1\\-1&3&2&1&1\\0&5&5&2&3\end{array}\right)\xrightarrow[r_3+r_1]{r_2+r_1}\left(\begin{array}{cccc:c}1&2&3&1&1\\0&3&5&4&2\\0&5&5&2&2\\0&5&5&2&3\end{array}\right)\xrightarrow{r_4-r_3}\left(\begin{array}{cccc:c}1&2&3&1&1\\0&3&5&4&2\\0&5&5&2&2\\0&0&0&0&1\end{array}\right)$$

在化行最简过程中，我们得到了上面的矩阵，它有一行最右侧元素非零其余元素均为零，即为第一类行最简矩阵，故原线性方程组无解.

解线性方程组的一般方法如下：

(1) 写出线性方程组的增广矩阵.

(2) 用行初等变换化增广矩阵为行最简形.

(3) 在化行最简形矩阵的过程中，如果出现第一类的情况，则原方程组无解.

(4) 不然，必得到一个行最简形矩阵：如果它属于第二类，则原方程组有唯一解. 如果它属于第三类，则原方程有无穷多解. 选好自由变量，然后用方程组(16.3)的形式表示原方程的全部解.

上述方法称为高斯(Gauss)消元法.

例 10　解线性方程组：

$$\begin{cases}6x_3+2x_4=-8\\-x_1+3x_2-6x_3-4x_4=6\\2x_1-6x_2+8x_3=0\\x_1-3x_2+5x_3+2x_4=-3\end{cases}$$

解　它的增广矩阵 $\boldsymbol{C}$ 如下：

$$\boldsymbol{C}=\begin{pmatrix}0&0&6&2&-8\\-1&3&-6&-4&6\\2&-6&8&0&0\\1&-3&5&2&-3\end{pmatrix}$$

用行初等变换将它化成行最简形(参见例 5)得

$$\begin{pmatrix}1&-3&0&0&4\\0&0&1&0&-1\\0&0&0&1&-1\\0&0&0&0&0\end{pmatrix}$$

该行最简矩阵属于第三类，故原线性方程组有无穷多个解，以它为增广矩阵对应的线性方程组为

$$\begin{cases} x_1-3x_2=4 \\ \qquad\quad x_3=-1 \\ \qquad\quad x_4=-1 \end{cases}$$

上式行最简矩阵中非零行有 3 行，未知量有 4 个，所以有一个自由变量，没有台阶首元素对应的未知量只有 x_2，故取自由变量 $x_2=c$，得原线性方程组的全部解如下：

$$\begin{cases} x_1=4+3c \\ x_2=c \\ x_3=-1 \\ x_4=-1 \end{cases}$$

其中 c 为常数.

例 11　解线性方程组：

$$\begin{cases} 2x_1-x_2+3x_3=1 \\ 4x_1-2x_2+5x_3=1 \\ 2x_1-x_2+4x_3=0 \end{cases}$$

解　它的增广矩阵 $\boldsymbol{C}$ 如下：

$$\boldsymbol{C}=\begin{pmatrix} 2 & -1 & 3 & 1 \\ 4 & -2 & 5 & 4 \\ 2 & -1 & 4 & 0 \end{pmatrix}$$

对矩阵 $\boldsymbol{C}$ 做行初等变换得

$$\boldsymbol{C}\xrightarrow[r_3-r_1]{r_2-2r}\begin{pmatrix} 2 & -1 & 3 & 1 \\ 0 & 0 & -1 & 2 \\ 0 & 0 & 1 & -1 \end{pmatrix}\xrightarrow{r_3+r_2}\begin{pmatrix} 2 & -1 & 3 & 1 \\ 0 & 0 & -1 & 2 \\ 0 & 0 & 0 & 1 \end{pmatrix}$$

从最后一行可以看出该阶梯型矩阵属于第一类，故原线性方程组有无解.

16.1.3　齐次线性方程组的解

【案例引入】

解线性方程组：

$$\begin{cases} x_1-x_2-x_3+x_4=0 \\ x_1-x_2+x_3-3x_4=0 \\ x_1-x_2-2x_3+3x_4=0 \end{cases}$$

观察该线性方程组，我们发现，它的常数项全是零.

定义 8　常数项全为零的线性方程组称为齐次线性方程组，它的一般形式为

$$\begin{cases} a_{11}x_1+a_{12}x_2+\cdots+a_{1n}x_n=0 \\ a_{21}x_1+a_{22}x_2+\cdots+a_{2n}x_n=0 \\ \qquad\cdots \\ a_{s1}x_1+a_{s2}x_2+\cdots+a_{sn}x_n=0 \end{cases} \tag{16.4}$$

采用行的初等变换求解方程组(16.4)的增广矩阵，最右边一列始终都是零，因此不会有第一类情况出现，可见方程组(16.4)必有解，也就是说解的情况只有两种，即唯一解和无穷多解. 实际上 $x_1=0$，$x_2=0$，…，$x_n=0$ 是方程组(16.4)的一个解，这个解是零解. 如果方程组(16.4)有无穷多解，则除了零解外的其他解都是非零解.

综上可知，唯一解等价于只有零解，无穷多解等价于有非零解.

采用行初等变换求解齐次线性方程组的增广矩阵时，最右边一列始终都是零，因此我们在解齐次线性方程组时常常把增广矩阵的最后一列(常数列)省略，利用它的系数矩阵来化简求解. 解齐次线性方程组的一般步骤如下：

(1) 写出它的系数矩阵.

(2) 用行初等变换将系数矩阵化为行最简形 $\boldsymbol{H}$.

(3) 如果 $\boldsymbol{H}$ 属于第二类（此时 $\boldsymbol{H}$ 必为 $\begin{pmatrix}\boldsymbol{E}_n\\ \hline \boldsymbol{O}\end{pmatrix}$ 型），则原齐次线性方程组只有零解(或者说有唯一解——零解)；如果 $\boldsymbol{H}$ 属于第三类，则原齐次线性方程组有非零解(或者说有无穷多解)，可用方程组(16.3)的形式表示全部解.

下面我们来求上述案例引入中的齐次方程组的解.

解　用行初等变换将它的系数矩阵 $\boldsymbol{B}$ 化为行最简形.

$$\boldsymbol{B}=\begin{pmatrix}1&-1&-1&1\\1&-1&1&-3\\1&-1&-2&3\end{pmatrix}\xrightarrow[r_3-r_1]{r_2-r_1}\begin{pmatrix}1&-1&-1&1\\0&0&2&-4\\0&0&-1&2\end{pmatrix}$$

$$\xrightarrow{\frac{1}{2}r_2}\begin{pmatrix}1&-1&-1&1\\0&0&1&-2\\0&0&-1&2\end{pmatrix}\xrightarrow[r_1+r_2]{r_3+r_2}\begin{pmatrix}1&-1&0&-1\\0&0&1&-2\\0&0&0&0\end{pmatrix}$$

该行最简矩阵属于第三类，故原齐次线性方程组有非零解，以它为系数矩阵对应的线性方程组为

$$\begin{cases}x_1-x_2-x_4=0\\ \qquad\quad x_3-2x_4=0\end{cases}$$

上述行最简矩阵中非零行有 2 行，未知量有 4 个，所以有 2 个自由变量，没有台阶首元素对应的未知量为 x_2，x_4，故取自由变量 $x_2=c_1$，$x_4=c_2$，得原线性方程组的全部解如下：

$$\begin{cases}x_1=c_1+c_2\\x_2=c_1\\x_3=2c_2\\x_4=c_2\end{cases}$$

其中 c_1，c_2 是常数.

定理 6　齐次线性方程组所含的方程的个数小于未知量的个数，则它必有非零解.

16.2 专业应用案例

求解线性方程组是数学中最重要的问题之一，很多科学研究和工程技术应用中的数学问题，在某个阶段都会涉及求解线性方程组. 线性方程组广泛应用于经济学、社会学、生态学、统计学、遗传学、电子学等多个领域.

例 12 交通流量

如图所示，某市市区的交叉路口由两条单向车道组成. 图中给出了在交通高峰时段每小时进入和离开路口的车辆数. 计算在四个交叉路口间车辆的数量.

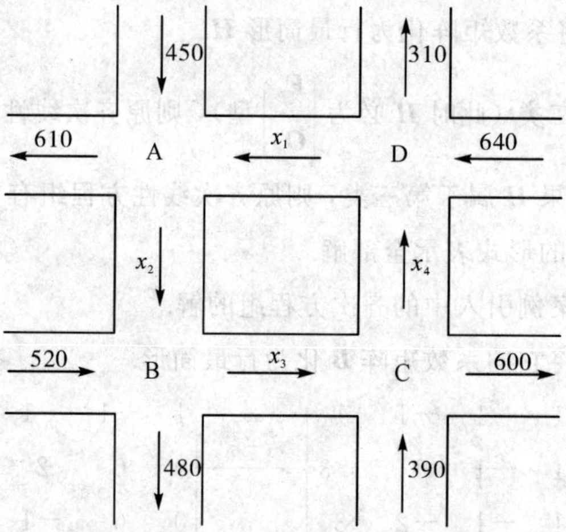

解 在每一路口，必有进入的车辆数与离开的车辆数相等. 例如，在路口 **A**，进入该路口的车辆数为 x_1+450，离开该路口的车辆数为 x_2+610，因此有

$$x_1+450=x_2+610(\text{路口 } A)$$

类似地有

$$x_2+520=x_3+480(\text{路口 } B)$$

$$x_3+390=x_4+600(\text{路口 } C)$$

$$x_4+640=x_1+310(\text{路口 } D)$$

故有线性方程组

$$\begin{cases} x_1-x_2=160 \\ x_2-x_3=-40 \\ x_3-x_4=210 \\ -x_1+x_4=-330 \end{cases}$$

它的增广矩阵为

$$\begin{pmatrix} 1 & -1 & 0 & 0 & 160 \\ 0 & 1 & -1 & 0 & -40 \\ 0 & 0 & 1 & -1 & 210 \\ -1 & 0 & 0 & 1 & -330 \end{pmatrix}$$

利用行初等变换将其化成行最简形：

$$\xrightarrow{r_4+r_1}\begin{pmatrix} 1 & -1 & 0 & 0 & 160 \\ 0 & 1 & -1 & 0 & -40 \\ 0 & 0 & 1 & -1 & 210 \\ 0 & -1 & 0 & 1 & -170 \end{pmatrix}$$

$$\xrightarrow[r_4+r_2]{r_1+r_2}\begin{pmatrix} 1 & 0 & -1 & 0 & 120 \\ 0 & 1 & -1 & 0 & -40 \\ 0 & 0 & 1 & -1 & 210 \\ 0 & 0 & -1 & 1 & -210 \end{pmatrix}$$

$$\xrightarrow{\substack{r_1+r_3 \\ r_2+r_3 \\ r_4+r_3}}\begin{pmatrix} 1 & 0 & 0 & -1 & 330 \\ 0 & 1 & 0 & -1 & 170 \\ 0 & 0 & 1 & -1 & 210 \\ 0 & 0 & 0 & 0 & 0 \end{pmatrix}$$

该行最简矩阵属于第三类，故原线性方程组有无穷多解，以它为增广矩阵对应的线性方程组为

$$\begin{cases} x_1 \quad\quad -x_4=330 \\ \quad x_2 \quad -x_4=170 \\ \quad\quad x_3-x_4=210 \end{cases}$$

上述行最简矩阵中非零行有 3 行，未知量有 4 个，所以有 1 个自由变量，没有台阶首元素对应的未知量为 x_4，故取自由变量 $x_4=c$，得原线性方程组的全部解如下：

$$\begin{cases} x_1=330+c \\ x_2=170+c \\ x_3=210+c \\ x_4=c \end{cases}$$

其中 c 是常数.

例 13　齐次线性方程组在空间解析几何中的应用问题

在解析几何中，在平面上建立了坐标系后，一个二元一次方程就表示平面上的一条直线；在空间中建立了坐标系后，一个三元一次方程表示一个平面. 因此线性方程组的理论在解析几何中有着重要的应用.

求通过空间不在同一条直线上三点 $A(1, 0, 2)$，$B(-1, 1, 1)$，$C(-1, -1, -2)$的平

面方程.

解　设所求平面的方程为

$$ax+by+cz+d=0$$

将上述三点坐标代入方程，得如下方程组：

$$\begin{cases} a+2c+d=0 \\ -a+b+c+d=0 \\ -a-b-2c+d=0 \end{cases}$$

这是一个关于 a，b，c，d 的齐次线性方程组. 由于 a，b，c，d 不全为零，所以方程组有非零解. 它的系数矩阵为

$$\begin{pmatrix} 1 & 0 & 2 & 1 \\ -1 & 1 & 1 & 1 \\ -1 & -1 & -2 & 1 \end{pmatrix}$$

用行初等变换将其化为行最简形：

$$\begin{pmatrix} 1 & 0 & 0 & -\frac{5}{3} \\ 0 & 1 & 0 & -2 \\ 0 & 0 & 1 & \frac{4}{3} \end{pmatrix}$$

该行最简矩阵属于第三类，故原线性方程组有无穷多解，以它为增广矩阵对应的线性方程组为

$$\begin{cases} a \quad -\frac{5}{3}d=0 \\ b \quad -2d=0 \\ c+\frac{4}{3}d=0 \end{cases}$$

上述行最简矩阵中非零行有 3 行，未知量有 4 个，所以有 1 个自由变量，没有台阶首元素对应的未知量为 d，故取自由变量 $d=k$，得原齐次线性方程组的全部解如下：

$$\begin{cases} a=\frac{5}{3}k \\ b=2k \\ c=-\frac{4}{3}k \\ d=k \end{cases}$$

其中 k 为任意常数.

因为平面系数对应成比例表示的是同一个平面，所以我们不妨令 $k=3$，即

$$a=5,\ b=6,\ c=-4,\ d=3$$

故所求平面方程为 $5x+6y-4z+3=0$.

思政课堂

科学救国，教育救国的数学家——熊庆来

熊庆来(1893.9.11—1969.2.3)，字迪之，出生于云南省弥勒县息宰村，无党派民主人士，中国数学家、教育家，中国现代数学先驱，中国函数论的主要开拓者之一，中国科学院院士，曾任云南大学校长，清华大学算学系主任、教授，中国科学院数学研究所研究员、函数论研究室主任，中国人民政治协商会议全国委员会常务委员．熊庆来主要从事函数论方面的研究工作，1934年，他发表了论文《关于无穷级整函数与亚纯函数》，并以此获得了法国国家博士学位，成为第一个获此学位的中国人．在这篇论文中，熊庆来所定义的“无穷级函数”(国际上称为“熊氏无穷数”)，被载入了世界数学史册，奠定了他在国际数学界的地位．

1921年春，风尘仆仆的熊庆来从法国学成归来．怀着为桑梓服务的热望，他回到了故乡云南，任教于云南甲种工业学校和云南路政学校．同年，才开办的东南大学(今南京大学前身)寄来聘书，请熊庆来去创办算学系．英雄有了用武之地，熊庆来带着妻子和八岁的儿子秉信来到了龙盘虎踞的南京，一展宏图．年仅28岁的熊庆来不仅被聘为教授，还被任为系主任．誉满当代中国科坛的严济慈、胡坤陞等都曾得到熊庆来的帮助，熊庆来常常寄钱给在法国学习的严济慈．有一次，校方因故不发工资，他让妻子去典当皮袍子，寄钱给严济慈，严济慈得以在法勤奋学习，成绩优异．此前，法国是不承认中国大学毕业文凭效力的．从严济慈起，法国才开始承认中国的大学毕业文凭与法国大学毕业文凭具有同等效力．

1926年，清华学校改办大学，又聘请熊庆来去创办算学系．他在任清华大学算学系系主任的九年间，又辛勤培养了一大批在国内外享有盛誉的优秀人才．1930年，他在清华大学当数学系主任时，从学术杂志上发现了华罗庚的名字，了解到华罗庚的自学经历和数学才华以后，毅然打破常规，请只有初中文化程度的19岁的华罗庚到清华大学．在熊庆来的培养下，华罗庚后来成为著名的数学家．有人说，中国的数学家约有一半出自清华大学算学系．

1931年，熊庆来代表中国出席在瑞士苏黎世召开的世界数学会议．这是中国代表第一次出席数学会议．世界数学界的先进行列中，从此有了中国人！会议结束后，熊庆来利用清华大学规定的五年一次的例假，前往巴黎专攻函数论，于1933年获得了法国国家理科博士学位．1934年，他返回清华大学，仍任算学系主任．翌年，他聘请法国数学家**H.** 阿达玛和美国数学家、控制论的奠基人**N.** 威纳来清华大学讲学．1936年，在熊庆来和其他数学界前辈的倡议下创办了中国数学会会刊，熊庆来任编辑委员．这个会刊即是现今《数学学报》的前身，可称是中国的第一个数学学报．

1937年，应云南省政府之请，熊庆来回到了阔别十六年的家乡，担任云南大学校长．他与省主席龙云约法三章：对校务行政，省政府不加干预；校长有招聘、解聘教职员工之权；

学生入学须经考试录取，不能仅凭介绍．在熊庆来任云南大学校长的十二年中，云南大学从原有的三个学院发展到五个学院，共十八个系，为民族培养了大批有用之才，为改变云南文化落后的状况作出了重要贡献．

1939 年，熊庆来创办了云南大学附中；同时，他还不断地充实云南大学的教学设施，使图书馆藏书达十余万册，理科各系都有了比较完善的实验室和标本资料室，医学院拥有了附属医院及解剖室，农学院有了实验农场，数学系在东郊凤凰山建立了天文台，工学院有了实习工厂，航空系有了 3 架飞机，这在全国高校中是罕有的；他还亲自创作了《云南大学校歌》，制定了“诚、正、敏、毅”的校训，要求每一个学生都要诚实、正直、聪敏，同时又要具有坚毅的学习精神．

周总理于 1955 年视察云南大学时，还特别提到这位当时尚在国外的大数学家、大教育家．他说：“熊庆来培养了华罗庚，这些具有真才实学的人，我们要尊重他们．”

习 题

任 务 14

一、填空题

1. 下列方程中是线性方程的为哪几个：

$x^2+y=3$，$xy-2x=1$，$2x+3y-2z-3=0$，$x-1=0$，$a+b-c=2$，$x=3$

2. 线性方程组的三种初等变换为：①____________________，

② ________________________，③________________________.

3. 已知$\begin{cases} x_1+2x_2-3x_3=5 \\ 2x_1+x_2-6x_3=1 \\ x_1-3x_2+2x_3=4 \end{cases}$，写出它的系数矩阵和增广矩阵.

二、用加减消元法解下列线性方程组

1. $\begin{cases} x_1+x_2-x_3=2 \\ x_1+x_2-2x_3=1 \\ x_1-2x_2+x_3=4 \end{cases}$

2. $\begin{cases} x_1+x_2=2 \\ x_2-2x_3=1 \\ x_1+x_3=4 \end{cases}$

任 务 15

一、将下列矩阵化成行阶梯型矩阵

1. $\begin{pmatrix} 1 & 0 & 2 & -1 \\ 2 & 0 & 3 & 1 \\ 3 & 0 & 4 & 3 \end{pmatrix}$

2. $\begin{pmatrix} 1 & 1 & -1 & 3 \\ 2 & 1 & -3 & 1 \\ 1 & -2 & 1 & -2 \\ 3 & 1 & -5 & -1 \end{pmatrix}$

3. $\begin{pmatrix} 2 & 3 & 1 & 4 \\ 1 & -2 & 4 & -5 \\ 3 & 8 & -2 & 13 \\ 4 & -1 & 9 & -6 \end{pmatrix}$

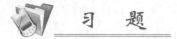

二、将下列矩阵化成行最简矩阵

1. $\begin{pmatrix} 3 & 2 & 1 \\ 3 & 1 & 5 \\ 3 & 2 & 3 \end{pmatrix}$

2. $\begin{pmatrix} 2 & 3 & 1 & 4 \\ 1 & -2 & 4 & -5 \\ 3 & 8 & -2 & 13 \\ 4 & -1 & 9 & -6 \end{pmatrix}$

3. $\begin{pmatrix} 1 & 1 & -2 & -1 & -1 \\ 1 & 5 & -3 & -2 & 0 \\ 3 & -1 & 1 & 4 & 2 \\ -2 & 2 & 1 & -1 & 1 \end{pmatrix}$

任务 16

一、求下列线性方程组的解

1. $\begin{cases} x_1+2x_2+x_3-x_4=4 \\ 2x_1+6x_2-x_3-3x_4=8 \\ 5x_1+10x_2+x_3-5x_4=16 \end{cases}$

2. $\begin{cases} x_1+8x_2-7x_3=12 \\ 4x_1+3x_2-9x_3=9 \\ 2x_1+3x_2-5x_3=7 \\ 2x_1+5x_2-8x_3=7 \end{cases}$

3. $\begin{cases} x_1+x_2+2x_3+2x_4=1 \\ 2x_1+x_3+5x_4=-1 \\ 2x_1+3x_3+x_4=4 \\ x_1+x_2+4x_4=-1 \end{cases}$

二、求下列齐次线性方程组的解

1. $\begin{cases} 2x_1-x_2+x_3=0 \\ x_1+x_2-x_3=0 \\ x_1+2x_2-x_3=0 \end{cases}$

2. $\begin{cases} x_1-x_2-x_3+x_4=0 \\ x_1-x_2+x_3-3x_4=0 \\ x_1-x_2-2x_3+3x_4=0 \end{cases}$

3. $\begin{cases} x_1+x_2+x_3+4x_4-3x_5=0 \\ 2x_1+x_2+3x_3+5x_4-5x_5=0 \\ x_1-x_2+3x_3-2x_4-x_5=0 \\ 3x_1+x_2+5x_3+6x_4-7x_5=0 \end{cases}$

综合练习

一、填空题

1. 一个齐次线性方程组中共有 n_1 个线性方程，n_2 个未知量，其系数矩阵的最简型的非零行数为 n_3，若它有非零解，则它的解集中所含自由变量的个数为________.

2. 齐次线性方程组方程的个数________未知数的个数，则该线性方程组必有非零解.

3. 线性方程组 $\begin{cases} x_1-x_2=a_1 \\ x_2-x_3=a_2 \\ x_3-x_1=a_3 \end{cases}$ 有解的充要条件是________.

4. 线性方程组 $\begin{cases} x_1+x_2+\cdots+x_n=a \\ 2x_1+2x_2+\cdots+2x_n=b \end{cases}$ 有解的充要条件是________.

5. 非齐次线性方程组 $\begin{cases} x_1+x_2=a_1 \\ x_2+x_3=a_2 \\ x_3+x_4=a_3 \\ x_4+x_1=a_4 \end{cases}$ 无解的充要条件为________.

6. 未知量个数大于方程个数的齐次线性方程组必有________(零解、非零解).

7. 齐次线性方程组 $\begin{cases} x_1-x_2+2x_3=0 \\ 2x_1+x_2+x_3=0 \\ 3x_1-2x_2+x_3=0 \end{cases}$ 有________解

二、选择题

1. 方程组 $\begin{cases} \lambda x_1+x_2=0 \\ x_1+\lambda x_2=0 \end{cases}$ 有非零解，则 λ 的取值为(　　).

A. 0　　B. ± 1　　C. 2　　D. 任意实数

2. 方程组 $\begin{cases} x_1+2x_2-x_3=4 \\ x_2+2x_3=2 \\ (k-1)(k-2)x_3=(k-3)(k-4) \end{cases}$ 无解，则 k 的取值为(　　).

A. 2　　B. 3　　C. 4　　D. 5

3. 设线性方程组的增广矩阵是 $\begin{pmatrix} 1 & 0 & 7 & 2 & 1 \\ 0 & 1 & 2 & -1 & 1 \\ 0 & -2 & -4 & 2 & -2 \\ 0 & 0 & 0 & 1 & 5 \end{pmatrix}$，则这个方程组解的情况是

（　　）.

A. 有唯一解　　B. 无解　　C. 有四个解　　D. 有无穷多解

4. 当 $\lambda=$（　　）时，方程组 $\begin{cases} x_1+x_2+x_3=1 \\ 2x_1+2x_2+2x_3=\lambda \end{cases}$ 有无穷多解.

A. 1　　B. 2　　C. 3　　D. 4

5. 设线性方程组 $\begin{cases} bx_1-ax_2=-2ab \\ -2cx_2+3bx_3=bc \\ cx_1+ax_3=0 \end{cases}$，则（　　）.

A. 当 a，b，c 取任意实数时，方程组均有解

B. 当 $a=0$ 时，方程组无解

C. 当 $b=0$ 时，方程组无解

D. 当 $c=0$ 时，方程组无解

三、求下列线性方程组的解

1. $\begin{cases} 4x_1+2x_2-x_3=2 \\ 3x_1-x_2+2x_3=10 \\ 11x_1+3x_2=8 \end{cases}$

2. $\begin{cases} 2x_1+3x_2+x_3=4 \\ x_1-2x_2+4x_3=-5 \\ 3x_1+8x_2-2x_3=13 \\ 4x_1-x_2+9x_3=-6 \end{cases}$

3. $\begin{cases} 2x_1+x_2-x_3+x_4=1 \\ 4x_1+2x_2-2x_3+x_4=2 \\ 2x_1+x_2-x_3-x_4=1 \end{cases}$

4. $\begin{cases} x_1+x_2-2x_3-x_4=-1 \\ x_1+5x_2-3x_3-2x_4=0 \\ 3x_1-x_2+x_3+4x_4=2 \\ -2x_1+2x_2+x_3-x_4=1 \end{cases}$

四、求下列齐次线性方程组的解

1. $\begin{cases} x_1-x_2-x_3+x_4=0 \\ x_1-x_2+x_3-3x_4=0 \\ x_1-x_2-2x_3+3x_4=0 \end{cases}$

2. $\begin{cases} 2x_1+2x_2-x_3+x_5=0 \\ -x_1-x_2+2x_3-3x_4+x_5=0 \\ x_1+x_2-2x_3-x_5=0 \\ x_3+x_4+x_5=0 \end{cases}$

3. $\begin{cases} x_1+2x_2+2x_3+x_4=0 \\ 2x_1+x_2-2x_3-2x_4=0 \\ x_1-x_2-4x_3-3x_4=0 \end{cases}$

4. $\begin{cases} x_1-x_2+5x_3-x_4=0 \\ x_1+x_2-2x_3+3x_4=0 \\ 3x_1-x_2+8x_3+x_4=0 \\ x_1+3x_2-9x_3+7x_4=0 \end{cases}$

五、解答题

1. 当 k 取何值时，齐次线性方程组 $\begin{cases} 2x_1-x_2+3x_3=0 \\ 3x_1-4x_2+7x_3=0 \\ -x_1+2x_2+kx_3=0 \end{cases}$ 有非零解？

2. 设线性方程组为 $\begin{cases} x_1+x_2+\lambda x_3=-2 \\ x_1+\lambda x_2+x_3=-2 \\ \lambda x_1+x_2+x_3=\lambda-3 \end{cases}$，试问：当 λ 取何值时，方程组无解？有唯一的解？有无穷多解？

3. 设齐次线性方程组为 $\begin{cases} x_1-3x_2-x_3=0 \\ x_1-4x_2-ax_3=0 \\ 2x_1-x_2+3x_3=0 \end{cases}$，试问：当 a，b 取何值时，方程组无解？有唯一的解？有无穷多解？

4. 齐次线性方程组 $\begin{cases} x_1+x_2+x_3+ax_4=0 \\ x_1+2x_2+x_3+x_4=0 \\ x_1+x_2-3x_3+x_4=0 \\ x_1+x_2+ax_3+bx_4=0 \end{cases}$ 有非零解，则 a，b 应满足什么条件.

拓展模块

1. 消元法在小学数学中的巧妙应用

在数学中，“元”就是方程中的未知数. “消元法”是指借助消去未知数求解应用题的方法.

消元法：在较复杂的应用题中，有的包含着两个或两个以上要求的量，要同时求出它们是做不到的. 这时要先消去一些未知数，使未知数减少到一个，才便于找到解题的途径. 这种通过消去未知数的个数，使题目中的数量关系达到单一化，从而先求出一个未知数，再将所求结果代入原题，逐步求出其他未知数的解题方法叫作消元法.

解题方法：利用条件简化法，设法将其中的一个未知量消去，先求出另一个未知量，进而求出消去的未知量（等量代换法、加减消元法、列表法）

1）以同类数量相减的方法消元

例 1　买 1 张办公桌和 2 把椅子共用 336 元，买 1 张办公桌和 5 把椅子共用 540 元. 求买 1 张办公桌和 1 把椅子各用多少钱？（适于四年级程度）

解　这道题有两类数量：一类是办公桌的张数、椅子的把数，另一类是钱数. 先把题目中的数量按“同事横对、同名竖对”（同一件事中的数量横向对齐，单位名称相同的数量上下对齐）的原则排列成表：

$$\begin{array}{rr} & 1\text{张办公桌}+5\text{把椅子}=540\text{元} \\ - & 1\text{张办公桌}+2\text{把椅子}=336\text{元} \\ \hline & 3\text{把椅子}=204\text{元} \end{array}$$

椅子单价：$\frac{204}{3}=68$（元）.

办公桌单价：　$336-68\times2=200$（元）　或　$540-68\times5=200$（元）

答　买 1 张办公桌需用 200 元，1 把椅子需用 68 元.

例 2　买 4 个篮球、6 个排球共用 380 元，买 2 个篮球、6 个排球共用 280 元. 每个篮球和每个排球各多少元？

解　运用条件简化法：

$$\begin{array}{rr} & 4\text{个篮球}+6\text{个排球}=380\text{元} \\ - & 2\text{个篮球}+6\text{个排球}=280\text{元} \\ \hline & 2\text{个篮球}=100\text{元} \end{array}$$

篮球单价：$\frac{100}{2}=50$（元）

排球单价：$\frac{380-50\times4}{6}=30$（元）　或　$\frac{280-50\times2}{6}=30$（元）

答　每个篮球 50 元，每个排球 30 元.

例 3　妈妈让海燕去商店买 4 袋酱油和 5 袋醋，共需 8.6 元钱，结果海燕错买成了 5 袋酱油和 4 袋醋，于是余下 0.1 元钱. 问酱油和醋每袋各多少钱?

解　5 袋酱油和 4 袋醋的价钱：

$$8.6-0.1=8.5(\text{元})$$

$$4\text{袋酱油}+5\text{袋醋}=8.6(\text{元}) \quad ①$$

$$5\text{袋酱油}+4\text{袋醋}=8.5(\text{元}) \quad ②$$

式①+式②

$$9\text{袋酱油}+9\text{袋醋}=17.1(\text{元}) \quad ③$$

式③÷9

$$1\text{袋酱油}+1\text{袋醋}=1.9(\text{元}) \quad ④$$

式④×4

$$4\text{袋酱油}+4\text{袋醋}=7.6(\text{元}) \quad ⑤$$

$$\begin{array}{r} 4\text{袋酱油}+5\text{袋醋}=8.6(\text{元}) \\ -\quad 4\text{袋酱油}+4\text{袋醋}=7.6\text{元} \\ \hline 1\text{袋醋}=1\text{元} \end{array}$$

结合式④得

$$1\text{袋酱油}=1.9-1=0.9(\text{元})$$

答　酱油每袋 0.9 元，醋每袋 1 元.

例 4　(鸡兔同笼)在一个笼子里有鸡和兔共若干只，数头有 13 个，数腿有 36 条，问鸡和兔子各多少只.

解　鸡和兔数头共 13 个：

$$\text{鸡}+\text{兔}=13 \quad ①$$

鸡和兔数腿共 36 条：

$$2\text{倍的鸡}+4\text{倍的兔子}=36 \quad ②$$

式①×2：

$$2\text{倍的鸡}+2\text{倍的兔}=26 \quad ③$$

$$\begin{array}{r} 2\text{倍的鸡}+4\text{倍的兔子}=36 \\ -\quad 2\text{倍的鸡}+2\text{倍的兔子}=26 \\ \hline \text{兔子}=5\text{只} \end{array}$$

结合式①得

$$\text{鸡}=13-5=8(\text{只})$$

答　鸡有 8 只，兔子有 5 只.

2) 以和、积、商、差代换某数的方法消元

解题时，可用题目中某两个数的和或某两个数的积、商、差代换题目中的某个数，以达

到消元的目的.

(1) 以两个数的和代换某数.

例 5　甲、乙两个书架上共有 584 本书，甲书架上的书比乙书架上的书少 88 本. 两个书架上各有多少本书？(适于四年级程度)

解　题中的数量关系可用下面的等式表示：

$$甲+乙=584 \quad ①$$

$$甲+88=乙 \quad ②$$

把式②代入式①(以甲与 88 的和代换乙) 得

$$甲+甲+88=584$$

所以

$$甲=(584-88)\div 2=248(本)$$

$$乙=甲+88=248+88=336(本)$$

答　甲书架上有 248 本书，乙书架上有 336 本书.

(2) 以两个数的积代换某数.

例 6　3 双皮鞋和 7 双布鞋共值 242 元，1 双皮鞋的钱数与 5 双布鞋的钱数相同. 求每双皮鞋、布鞋各值多少钱？(适于四年级程度)

解　因为 1 双皮鞋与 5 双布鞋的钱数相同，所以 3 双皮鞋的钱数与 $5\times 3=15$(双) 布鞋的钱数一样多.

这样可以认为 242 元可以买布鞋：

$$15+7=22(双)$$

每双布鞋的钱数是：

$$\frac{242}{22}=11(元)$$

每双皮鞋的钱数是：

$$11\times 5=55(元)$$

答　每双皮鞋 55 元，每双布鞋 11 元.

(3) 以两个数的商代换某数.

例 7　5 支钢笔和 12 支圆珠笔共值 48 元，一支钢笔的钱数与 4 支圆珠笔的钱数一样多. 每支钢笔、圆珠笔各值多少钱？(适于五年级程度)

解　根据“一支钢笔的钱数与 4 支圆珠笔的钱数一样多”，可用 $12\div 4=3$(支) 的商把 12 支圆珠笔换为 3 支钢笔.

现在可以认为，用 48 元可以买钢笔：

$$5+3=8(支)$$

每支钢笔值钱：

$$\frac{48}{8}=6(\text{元})$$

每支圆珠笔值钱：

$$\frac{6}{4}=1.5(\text{元})$$

答　每支钢笔 6 元，每支圆珠笔 1.5 元.

(4) 以两个数的差代换某数.

例 8　甲、乙、丙三个人共有 235 元钱，甲比乙多 80 元，比丙多 90 元. 三个人各有多少钱？(适于五年级程度)

解　题目中三个人的钱数有以下关系：

$$\text{甲}+\text{乙}+\text{丙}=235 \qquad ①$$

$$\text{甲}-\text{乙}=80 \qquad ②$$

$$\text{甲}-\text{丙}=90 \qquad ③$$

由式②、式③得

$$\text{乙}=\text{甲}-80 \qquad ④$$

$$\text{丙}=\text{甲}-90 \qquad ⑤$$

用式④、式⑤分别代替式①中的乙、丙得

$$\text{甲}+(\text{甲}-80)+(\text{甲}-90)=235$$

所以

$$\text{甲}=\frac{405}{3}=135(\text{元})$$

$$\text{乙}=135-80=55(\text{元})$$

$$\text{丙}=135-90=45(\text{元})$$

答　甲有 135 元，乙有 55 元，丙有 45 元.

3) 以较小数代换较大数的方法消元

在用较小数量代换较大数量时，要把较小数量比较大数量少的数量加上，做到等量代换.

例 9　18 名男学生和 14 名女学生共采集松树籽 78 千克，每名男学生比每名女学生少采集 1 千克. 每名男学生、每名女学生各采集松树籽多少千克？(适于五年级程度)

解　题目中说"每名男学生比每名女学生少采集 1 千克"，则 18 名男学生比女学生少采集$1\times18=18$(千克). 假设这 18 名男学生也是女学生(以小代大)，就应在 78 千克上加上 18 名男学生少采集的 18 千克松树籽. 这样他们共采集松树籽：

$$78+18=96(\text{千克})$$

因为已把 18 名男学生代换为女学生，所以可认为共有女学生：

$$14+18=32(\text{名})$$

每名女学生采集松树籽：

$$\frac{96}{32}=3(\text{千克})$$

每名男学生采集松树籽：

$$3-1=2(\text{千克})$$

答　每名男学生采集松树籽 2 千克，每名女学生采集松树籽 3 千克.

4) 以较大数代换较小数的方法消元

在用较大数量代换较小数量时，要把较大数量比较小数量多的数量减去，做到等量代换.

例 10　胜利小学买来 9 个同样的篮球和 5 个同样的足球，共付款 432 元. 已知每个足球比每个篮球贵 8 元，篮球、足球的单价各是多少元？(适于五年级程度)

解　假设把 5 个足球换为 5 个篮球，就可少用钱：

$$8\times 5=40(\text{元})$$

这时可认为一共买来篮球：

$$9+5=14(\text{个})$$

买 14 个篮球共用钱：

$$432-40=392(\text{元})$$

篮球的单价是：

$$\frac{392}{14}=28(\text{元})$$

足球的单价是：

$$28+8=36(\text{元})$$

答　篮球的单价是 28 元，足球的单价是 36 元.

5) 通过把某一组数乘以一个数消元

当应用题的两组数量中没有数值相等的两个同类数量时，应通过把某一组数量乘以一个数，而使同一类数量中有两个数值相等的数量，然后消元.

例 11　2 匹马、3 只羊每天共吃草 38 千克；8 匹马、9 只羊每天共吃草 134 千克. 求一匹马和一只羊每天各吃草多少千克？(适于五年级程度)

解　把题目中的条件列出来：

2 匹马＋3 只羊＝吃 38 千克草　①

8 匹马＋9 只羊＝吃 134 千克草　②

式①×3 得

6 匹马＋9 只羊＝吃 114 千克草　③

式③的数量中，羊的只数是 9 只；式②的数量中，羊的只数也是 9 只. 这样便可以将式②减去式③，从而消去羊的只数，得到 2 匹马吃草 20 千克.

$$\begin{array}{rl} & 8\text{匹马}+9\text{只羊}=\text{吃}134\text{千克草} \\ - & 6\text{匹马}+9\text{只羊}=\text{吃}114\text{千克草} \\ \hline & 2\text{匹马}\qquad\quad=\text{吃}20\text{千克草} \end{array}$$

一匹马吃草：

$$\frac{20}{2}=10(\text{千克})$$

一只羊吃草：

$$\frac{38-10\times 2}{3}=6(\text{千克})$$

答　一匹马每天吃草 10 千克，一只羊每天吃草 6 千克.

6) 通过把两组数乘以两个不同的数消元

当题目中的两组数量中没有数值相等的两个同类的数量，并且不能通过把某一组数量乘以一个数，而使同一类的数量中有两个数值相等的数来达到消元的目的时，应当通过把两组数量分别乘以两个不同的数，而使同一类的数量中有两个数值相等的数，然后消元.

例 12　买 3 块橡皮和 6 支铅笔用 1.68 元钱，买 4 块橡皮和 7 支铅笔用 2 元钱. 求一块橡皮和一支铅笔的价格各是多少钱？(适于五年级程度)

解　把题目中的条件列出来：

$$3\text{块橡皮}+6\text{支铅笔}=1.68\text{元} \quad ①$$

$$4\text{块橡皮}+7\text{支铅笔}=2\text{元} \quad ②$$

要消去一个未知数，只把某一组数乘以一个数是不行的，要把两组数分别乘以两个不同的数，从而使两组数中有对应相等的两个同一类的数. 因此，把式①中的各数都乘以 4，把式②中的各数都乘以 3 得

$$\begin{array}{rl} & 12\text{块橡皮}+24\text{支铅笔}=6.72\text{元} \quad ① \\ - & 12\text{块橡皮}+21\text{支铅笔}=6\text{元} \quad ② \\ \hline & 3\text{支铅笔}=0.72\text{元} \end{array}$$

一支铅笔的价格：

$$\frac{0.72}{3}=0.24(\text{元})$$

一块橡皮的价格：

$$\frac{1.68-0.24\times 6}{3}=0.08(\text{元})$$

答　一块橡皮的价格是 0.08 元，一支铅笔的价格是 0.24 元.

项目四习题
参考答案

项目五　矩阵的运算及初等矩阵

【数学文库】　　矩阵的发展史

矩阵是数学中一个重要的基本概念，是代数学的一个主要研究对象，也是数学研究和应用的一个重要工具．矩阵论可分为矩阵方程论、矩阵分解论和广义逆矩阵论等矩阵的现代理论．矩阵的应用是多方面的，不仅可应用在数学领域，而且在物理学、机器人学、生物学、经济学等领域有着十分广泛的应用．

阿瑟·凯莱(Arthur Cayley)是英国纯粹数学的近代学派带头人，1821 年 8 月 16 日生于萨里郡里士满，1895 年 1 月 26 日卒于剑桥．他一生发表了 900 多篇论文，内容包括非欧几何、线性代数、群论和高维几何．

凯莱最主要的贡献是与 J. J. 西尔维斯特一起，创立了代数型的理论，共同奠定了关于代数不变量理论的基础．凯莱是矩阵论的创立者，他结合线性变换下的不变量，首先引进矩阵以简化记号，1858 年，他发表了关于这一课题的第一篇论文《矩阵论的研究报告》，系统地阐述了关于矩阵的理论．文中定义了矩阵的相等、矩阵的运算法则、矩阵的转置以及矩阵的逆等一系列基本概念，指出了矩阵加法的可交换性与可结合性．另外，凯莱还给出了方阵的特征方程和特征根(特征值)以及有关矩阵的一些基本结果．

《九章算术》是我国古代的一部数学专著，是《算经十书》中最重要的一部，该书的一些知识在一千多年前就传播至印度和阿拉伯，并远播至欧洲．其内容十分丰富，全书总结了战国、秦、汉时期的数学成就．同时，《九章算术》在数学上还有其独到的成就，不仅最早提到了分数问题，也首先记录了盈亏不足等问题，在世界数学史上首次阐述了负数及其加减运算法则．它是一本综合性的历史著作，是当时世界上最简练有效的应用数学，它的出现标志着中国古代数学形成了完整的体系．现代线性方程组的解法和《九章算术》中介绍的方法大体相同．

任务17　矩阵的运算

※任务内容

(1) 完成矩阵运算性质相关的工作页；

(2) 学习矩阵的加法、减法、乘法运算法则；

(3) 拓展矩阵在实际问题中的应用.

※任务目标

(1) 理解矩阵的运算法则；

(2) 能够计算矩阵及进行相关的线性运算.

※任务工作页

1. 两个 m 行 n 列矩阵相加的方法.
2. 数乘矩阵与数乘行列式的区别.
3. 两个矩阵相乘是否满足交换律.
4. 是否任意两个矩阵都可以相乘？若可以，需满足什么条件？

17.1　相关知识

在数学上，矩阵是指纵横排列的二维数据表格，它的应用非常广泛，利用矩阵的变换可以求解未知量与方程个数不等的方程组. 在网络理论分析中，利用矩阵可进行与网络分析有关的计算；在生活中，可以利用矩阵设立密码保护个人隐私等；在经济应用中也有着具体的经济意义.

矩阵有其特殊的运算规则，这种运算规则与数的运算有区别.

17.1.1　矩阵的加减和数量乘积

【案例引入】

我们先看一个经济实例：

例1　某无线电工业公司下设企业共有甲、乙、丙、丁四个厂，生产电视机、录音机、收音机三种产品，各厂第一、二月份生产各种产品的产量用矩阵分别表示为(单位:万台)：

$$A=\begin{pmatrix}12&0&0\\5&8&0\\0&10&20\\4&12&0\end{pmatrix},\ B=\begin{pmatrix}13&0&0\\6&7&0\\0&12&16\\5&14&0\end{pmatrix}$$

要统计各厂第一、二月份一共生产各种产品的产量，就得用以下矩阵 C 表示：

$$C=\begin{pmatrix}12+13&0+0&0+0\\5+6&8+7&0+0\\0+0&10+12&20+16\\4+5&12+14&0+0\end{pmatrix}=\begin{pmatrix}25&0&0\\11&15&0\\0&22&36\\9&26&0\end{pmatrix}$$

可见，矩阵 C 的每个元素都是矩阵 A 和矩阵 B 中的对应元素相加之和，我们称矩阵 C 为矩阵 A 与矩阵 B 的和，并记为 $C=A+B$.

定义 1 设 A 与 B 都是 $s\times n$ 矩阵，把它所有的对应元素相加所得的矩阵称为矩阵 A 与矩阵 B 的和，记作 $A+B$，即

设 $A=(a_{ij})_{s\times n}$，$B=(b_{ij})_{s\times n}$，则

$$A+B=\begin{pmatrix}a_{11}+b_{11}&a_{12}+b_{12}&\cdots&a_{1n}+b_{1n}\\a_{21}+b_{21}&a_{22}+b_{22}&\cdots&a_{2n}+b_{2n}\\\vdots&\vdots&&\vdots\\a_{s1}+b_{s1}&a_{s2}+b_{s2}&\cdots&a_{sn}+b_{sn}\end{pmatrix}$$

我们把行数相等、列数也相同的矩阵称为同型矩阵，由定义 1 可知，只有同型矩阵才能相加，即

$$A+B=(a_{ij})_{s\times n}+(b_{ij})_{s\times n}=(a_{ij}+b_{ij})_{s\times n}$$

根据矩阵加法的定义，矩阵的加法满足以下性质：

(1) 加法的交换律：$A+B=B+A$.

(2) 加法的结合律：$(A+B)+C=A+(B+C)$.

(3) $A+0=A$；

(4) $A+(-A)=0$.

例 2 矩阵 $A=\begin{pmatrix}2&3&5\\-1&4&-6\end{pmatrix}$，$B=\begin{pmatrix}4&-3&1\\0&-7&8\end{pmatrix}$，求 $A+B$.

解
$$A+B=\begin{pmatrix}2+4&3+(-3)&5+1\\-1+0&4+(-7)&-6+8\end{pmatrix}=\begin{pmatrix}6&0&6\\-1&-3&2\end{pmatrix}$$

由矩阵的加法和负矩阵可得到矩阵的减法.

定义 2 设 A 与 B 都是 $s\times n$ 矩阵，矩阵 A 加上矩阵 B 的负矩阵称为矩阵 A 与矩阵 B 的差，记作 $A-B$，即

设 $A=(a_{ij})_{s\times n}$，$B=(b_{ij})_{s\times n}$，则

$$A-B=A+(-B)=\begin{pmatrix} a_{11}-b_{11} & a_{12}-b_{12} & \cdots & a_{1n}-b_{1n} \\ a_{21}-b_{21} & a_{22}-b_{22} & \cdots & a_{2n}-b_{2n} \\ \vdots & \vdots & & \vdots \\ a_{s1}-b_{s1} & a_{s2}-b_{s2} & \cdots & a_{sn}-b_{sn} \end{pmatrix}$$

例 3 矩阵 $A=\begin{pmatrix} 2 & 3 & 5 \\ -1 & 4 & -6 \end{pmatrix}$，$B=\begin{pmatrix} 4 & -3 & 1 \\ 0 & -7 & 8 \end{pmatrix}$，求 $A-B$.

解 $$A-B=\begin{pmatrix} 2-4 & 3-(-3) & 5-1 \\ -1-0 & 4-(-7) & -6-8 \end{pmatrix}=\begin{pmatrix} -2 & 6 & 4 \\ -1 & 11 & -14 \end{pmatrix}$$

例 4 设某种商品有三个产地 A_1，A_2，A_3，四个不同的销地 B_1，B_2，B_3，B_4，产地与销地之间的距离可用矩阵表示为

$$A=\begin{pmatrix} 60 & 70 & 50 & 100 \\ 20 & 120 & 30 & 40 \\ 100 & 50 & 200 & 80 \end{pmatrix}$$

如果每吨每公里运费为 0.3 元，则各地之间每吨货物的运价(元)应等于相应的里程数与单位运费 0.3 元的乘积，因此各个产地与销地之间每吨货物的运价可用矩阵表示为

$$B=\begin{pmatrix} 60\times 0.3 & 70\times 0.3 & 50\times 0.3 & 100\times 0.3 \\ 20\times 0.3 & 120\times 0.3 & 30\times 0.3 & 40\times 0.3 \\ 100\times 0.3 & 50\times 0.3 & 200\times 0.3 & 80\times 0.3 \end{pmatrix}=\begin{pmatrix} 18 & 21 & 15 & 30 \\ 6 & 36 & 9 & 12 \\ 30 & 15 & 60 & 24 \end{pmatrix}$$

定义 3 用数 k 乘矩阵 A 的每个元素所得到的矩阵，称为数 k 与矩阵 A 的数乘，记作 kA，即

$$kA=k\,(a_{ij})_{s\times n}=(ka_{ij})_{s\times n}=\begin{pmatrix} ka_{11} & ka_{12} & \cdots & ka_{1n} \\ ka_{21} & ka_{22} & \cdots & ka_{2n} \\ \vdots & \vdots & & \vdots \\ ka_{s1} & ka_{s2} & \cdots & ka_{sn} \end{pmatrix}$$

要注意数乘矩阵与数乘行列式是完全不同的，若有二阶方阵 A：

$$A=\begin{pmatrix} 1 & 2 \\ 0 & 3 \end{pmatrix}$$

则

$$2A=\begin{pmatrix} 2 & 4 \\ 0 & 6 \end{pmatrix}$$

而

$$|2A|=\begin{vmatrix} 2 & 4 \\ 0 & 6 \end{vmatrix}=12,\ 2|A|=2\begin{vmatrix} 1 & 2 \\ 0 & 3 \end{vmatrix}=6$$

这里 $2|A|\neq|2A|$，因为 $2|A|$ 等于行列式 $|A|$ 中某一行(列)中的元素乘以 2，即 $2|A|=2\times 6$.

根据定义，矩阵数乘满足以下性质：

(1) $k(\boldsymbol{A}+\boldsymbol{B})=k\boldsymbol{A}+k\boldsymbol{B}$；

(2) $(k_1+k_2)\boldsymbol{A}=k_1\boldsymbol{A}+k_2\boldsymbol{B}$；

(3) $k_1(k_2)\boldsymbol{A}=(k_1\cdot k_2)\boldsymbol{A}$；

(4) $1\cdot\boldsymbol{A}=\boldsymbol{A}$.

例 5　已知矩阵：

$$\boldsymbol{A}=\begin{pmatrix}3 & -2 & 7 & 5\\1 & 0 & 4 & -3\\6 & 8 & 0 & 2\end{pmatrix},\ \boldsymbol{B}=\begin{pmatrix}-2 & 0 & 1 & 4\\5 & -1 & 7 & 6\\4 & 2 & 1 & -9\end{pmatrix}$$

求 $3\boldsymbol{A}-2\boldsymbol{B}$.

解　先求数乘运算，然后求差：

$$\begin{aligned}3\boldsymbol{A}-2\boldsymbol{B}&=3\begin{pmatrix}3 & -2 & 7 & 5\\1 & 0 & 4 & -3\\6 & 8 & 0 & 2\end{pmatrix}-2\begin{pmatrix}-2 & 0 & 1 & 4\\5 & -1 & 7 & 6\\4 & 2 & 1 & -9\end{pmatrix}\\&=\begin{pmatrix}9+4 & -6-0 & 21-2 & 15-8\\3-10 & 0+2 & 12-14 & -9-12\\18-8 & 24-4 & 0-2 & 6+18\end{pmatrix}\\&=\begin{pmatrix}13 & -6 & 19 & 7\\-7 & 2 & -2 & -21\\10 & 20 & -2 & 24\end{pmatrix}\end{aligned}$$

例 6　已知 3×4 矩阵：

$$\boldsymbol{A}=\begin{pmatrix}3 & -1 & 2 & 0\\1 & 5 & 7 & 9\\2 & 4 & 6 & 8\end{pmatrix},\ \boldsymbol{B}=\begin{pmatrix}7 & 5 & -2 & 4\\5 & 1 & 9 & 7\\4 & 2 & -2 & 6\end{pmatrix}$$

且 $\boldsymbol{A}+2\boldsymbol{X}=\boldsymbol{B}$，求 $\boldsymbol{X}$.

解　由 $\boldsymbol{A}+2\boldsymbol{X}=\boldsymbol{B}$ 可得

$$\boldsymbol{X}=\frac{1}{2}(\boldsymbol{B}-\boldsymbol{A})=\frac{1}{2}\begin{pmatrix}4 & 6 & -4 & 4\\4 & -4 & 2 & -2\\2 & -2 & -8 & -2\end{pmatrix}=\begin{pmatrix}2 & 3 & -2 & 2\\2 & -2 & 1 & -1\\1 & -1 & -4 & -1\end{pmatrix}$$

17.1.2　矩阵的乘法

例 7　甲、乙、丙三个家用电器零售商店分别经销电视机和电冰箱，各商店的月销售量、各商品购进的批发价格(百元)与零售价格分别用矩阵 $\boldsymbol{A}$ 和矩阵 $\boldsymbol{B}$ 表示：

电视机　电冰箱　　　　　　批发价　零售价

$$\boldsymbol{A}=\begin{pmatrix}50 & 30\\40 & 10\\30 & 20\end{pmatrix},\qquad \boldsymbol{B}=\begin{pmatrix}14 & 16\\10 & 11\end{pmatrix}\begin{matrix}\text{电视机}\\\text{电冰箱}\end{matrix}$$

为了计算各商店当月所得各商品的利润，只需将各商店卖出各商品量的零售金额总数与相应购进金额总数的差求出即可，购进总额与零售总额计算的结果可以矩阵 $\boldsymbol{C}$ 表示如下：

$$\boldsymbol{C}=\begin{pmatrix} 50\times 14+30\times 10 & 50\times 16+30\times 11 \\ 40\times 14+10\times 10 & 40\times 16+10\times 11 \\ 30\times 14+20\times 10 & 30\times 16+20\times 11 \end{pmatrix}\begin{matrix}\text{甲}\\ \text{乙}\\ \text{丙}\end{matrix}$$

（列：购进总额　零售总额）

从例 7 可以看出，矩阵 $\boldsymbol{C}$ 的每个元素都是矩阵 $\boldsymbol{A}$ 某一行的元素与矩阵 $\boldsymbol{B}$ 某一列的相应元素的乘积之和，我们将这样的运算过程称为矩阵 $\boldsymbol{A}$ 与 $\boldsymbol{B}$ 的乘积.

定义 4　设 $\boldsymbol{A}=(a_{ij})$ 是一个 $m\times s$ 矩阵，$\boldsymbol{B}=(b_{ij})$ 是一个 $s\times n$ 矩阵，则由元素 $c_{ij}=a_{i1}b_{1j}+a_{i2}b_{2j}+\cdots+a_{is}b_{sj}$ $(i=1, 2, \cdots, m;\ j=1, 2, \cdots, n)$ 构成的 m 行 n 列矩阵 $\boldsymbol{C}=(c_{ij})_{m\times n}$ 称为矩阵 $\boldsymbol{A}$ 与矩阵 $\boldsymbol{B}$ 的乘积，记作 $\boldsymbol{C}=\boldsymbol{AB}$.

由矩阵乘法的定义可知：

(1)矩阵 $\boldsymbol{A}$ 的列数等于矩阵 $\boldsymbol{B}$ 的行数，这样才能得到乘积 $\boldsymbol{AB}$；

(2)矩阵的乘法一般不满足交换律，即 $\boldsymbol{AB}$ 存在，但 $\boldsymbol{BA}$ 不一定存在；

(3)乘积 $\boldsymbol{AB}$ 仍是一个矩阵，它的行数等于左边矩阵 $\boldsymbol{A}$ 的行数，它的列数等于右边矩阵 $\boldsymbol{B}$ 的列数.

例 8　已知矩阵 $\boldsymbol{A}=\begin{pmatrix} 1 & 0 & 3 \\ 2 & 1 & 0 \end{pmatrix}$，$\boldsymbol{B}=\begin{pmatrix} 4 & 1 & 0 \\ -1 & 1 & 3 \\ 2 & 0 & 1 \end{pmatrix}$，求 $\boldsymbol{AB}$.

解

$$\boldsymbol{AB}=\begin{pmatrix} 1 & 0 & 3 \\ 2 & 1 & 0 \end{pmatrix}\begin{pmatrix} 4 & 1 & 0 \\ -1 & 1 & 3 \\ 2 & 0 & 1 \end{pmatrix}$$

$$=\begin{pmatrix} 1\times 4+0\times(-1)+3\times 2 & 1\times 1+0\times 1+3\times 0 & 1\times 0+0\times 3+3\times 1 \\ 2\times 4+1\times(-1)+0\times 2 & 2\times 1+1\times 1+0\times 0 & 2\times 0+1\times 3+0\times 1 \end{pmatrix}$$

$$=\begin{pmatrix} 10 & 1 & 3 \\ 7 & 3 & 3 \end{pmatrix}$$

例 9　设矩阵 $\boldsymbol{A}=(1\quad 1\quad 0\quad 2)$，$\boldsymbol{B}=\begin{pmatrix} 4 \\ -1 \\ 2 \\ 1 \end{pmatrix}$，求 $\boldsymbol{AB}$ 和 $\boldsymbol{BA}$.

解

$$\boldsymbol{AB}=(1\quad 1\quad 0\quad 2)\begin{pmatrix} 4 \\ -1 \\ 2 \\ 1 \end{pmatrix}=(5)$$

$$BA=\begin{pmatrix}4\\-1\\2\\1\end{pmatrix}(1\quad 1\quad 0\quad 2)=\begin{pmatrix}4&4&0&8\\-1&-1&0&-2\\2&2&0&4\\1&1&0&2\end{pmatrix}$$

例 10　已知矩阵 $A=\begin{pmatrix}-1&1\\0&0\end{pmatrix}$，$B=\begin{pmatrix}-1&0\\-1&0\end{pmatrix}$，求 AB 和 BA.

解
$$AB=\begin{pmatrix}-1&1\\0&0\end{pmatrix}\begin{pmatrix}-1&0\\-1&0\end{pmatrix}=\begin{pmatrix}0&0\\0&0\end{pmatrix}$$

$$BA=\begin{pmatrix}-1&0\\-1&0\end{pmatrix}\begin{pmatrix}-1&1\\0&0\end{pmatrix}=\begin{pmatrix}1&-1\\1&-1\end{pmatrix}$$

例 11　已知矩阵 $A=\begin{pmatrix}1&0&0\\0&1&0\end{pmatrix}$，$B=\begin{pmatrix}1&0\\0&1\\1&0\end{pmatrix}$，$C=\begin{pmatrix}1&0\\0&1\\0&0\end{pmatrix}$，求 AB 与 AC.

解
$$AB=\begin{pmatrix}1&0&0\\0&1&0\end{pmatrix}\begin{pmatrix}1&0\\0&1\\1&0\end{pmatrix}=\begin{pmatrix}1&0\\0&1\end{pmatrix}$$

$$AC=\begin{pmatrix}1&0&0\\0&1&0\end{pmatrix}\begin{pmatrix}1&0\\0&1\\0&0\end{pmatrix}=\begin{pmatrix}1&0\\0&1\end{pmatrix}$$

由此可见，尽管有 $AB=AC$，且 $A\neq 0$，但是 $B\neq C$.

由以上例题可以看出，矩阵乘法具有以下特殊的性质：

(1) 矩阵乘法不满足交换律，即 $AB\neq BA$.

(2) 矩阵乘法不满足消去律.

(3) 两个非零矩阵的乘积可能是零矩阵.

矩阵的乘法除具有以上性质外，还满足下列运算性质：

(1) 结合律：$A(BC)=(AB)C$.

(2) 左乘分配律：$A(B+C)=AB+AC$.

(3) 右乘分配律：$(A+B)C=AC+BC$.

(4) $k(AB)=(kA)B=A(kB)$，$k\in\mathbf{R}$.

17.1.3　矩阵的转置

定义 5　把矩阵 $A=\begin{pmatrix}a_{11}&a_{12}&\cdots&a_{1n}\\a_{21}&a_{22}&\cdots&a_{2n}\\\vdots&\vdots&&\vdots\\a_{s1}&a_{s2}&\cdots&a_{sn}\end{pmatrix}$ 的行、列互换得到的矩阵称作 A_{sn} 的转置矩阵，

记作 A^T，即 $A^T=\begin{pmatrix} a_{11} & a_{21} & \cdots & a_{s1} \\ a_{12} & a_{22} & \cdots & a_{s2} \\ \vdots & \vdots & & \vdots \\ a_{1n} & a_{2n} & \cdots & a_{sn} \end{pmatrix}$.

(1) 由定义可知，A 的第 i 行第 j 列的元素等于 A^T 第 j 行第 i 列的元素，所以若 A 是 $s\times n$ 矩阵，则 A^T 一定是 $n\times s$ 矩阵.

例如，$A=\begin{pmatrix} 1 & 2 & 3 \\ 4 & 5 & 6 \end{pmatrix}$，则 $A^T=\begin{pmatrix} 1 & 4 \\ 2 & 5 \\ 3 & 6 \end{pmatrix}$.

(2) 矩阵 A 的转置矩阵的转置矩阵是它本身，即 $(A^T)^T=A$.

例如，$A=\begin{pmatrix} 1 & 2 & 3 \\ 4 & 5 & 6 \end{pmatrix}$，$A^T=\begin{pmatrix} 1 & 4 \\ 2 & 5 \\ 3 & 6 \end{pmatrix}$，则 $(A^T)^T=\begin{pmatrix} 1 & 2 & 3 \\ 4 & 5 & 6 \end{pmatrix}$.

(3) 转置矩阵具有如下性质：

$$(A+B)^T=A^T+B^T$$

$$(kA)^T=kA^T(k\text{ 是常数})$$

$$(AB)^T=B^TA^T$$

定义 6　若方阵 A 与它的转置方阵 A^T 相等，即 $A=A^T$，则称 A 为对称矩阵.

例如，矩阵 $A=\begin{pmatrix} 1 & 0 & 2 & 1 \\ 0 & 2 & -1 & 3 \\ 2 & -1 & 5 & 1 \\ 1 & 3 & 1 & 4 \end{pmatrix}$，而 $A^T=\begin{pmatrix} 1 & 0 & 2 & 1 \\ 0 & 2 & -1 & 3 \\ 2 & -1 & 5 & 1 \\ 1 & 3 & 1 & 4 \end{pmatrix}$，所以矩阵 A 是一个对称矩阵. 由此可以看出，对称矩阵除主对角线元素外，其余元素均满足 $a_{ij}=a_{ji}(i\neq j)$.

定义 6′　若方阵 A 的转置矩阵 A^T 等于它的负矩阵，即 $A=-A^T$，则称 A 为反对称矩阵.

例如，由定义可以验证 $A=\begin{pmatrix} 0 & 4 & -3 \\ -4 & 0 & 7 \\ 3 & -7 & 0 \end{pmatrix}$ 是一个反对称矩阵. 由此可以看出，反对称矩阵 A 的元素满足：$a_{ij}=-a_{ji}(i\neq j)$，当 $i=j$ 时，$a_{ii}=0$.

例 12　设 $A=\begin{pmatrix} 1 & 2 \\ 1 & 0 \end{pmatrix}$，$B=\begin{pmatrix} 2 & 0 \\ 1 & 1 \end{pmatrix}$，求：

(1) $(AB)^T$；

(2) A^2-B^2；

(3) $(A+B)(A-B)$.

解　(1) $\boldsymbol{AB}=\begin{pmatrix}4&2\\2&0\end{pmatrix}$，所以$(\boldsymbol{AB})^{\mathrm{T}}=\begin{pmatrix}4&2\\2&0\end{pmatrix}$. 易见 $\boldsymbol{AB}=\begin{pmatrix}4&2\\2&0\end{pmatrix}$是对称矩阵.

(2) $\boldsymbol{A}^2=\begin{pmatrix}1&2\\1&0\end{pmatrix}\begin{pmatrix}1&2\\1&0\end{pmatrix}=\begin{pmatrix}3&2\\1&2\end{pmatrix}$，$\boldsymbol{B}^2=\begin{pmatrix}2&0\\1&1\end{pmatrix}\begin{pmatrix}2&0\\1&1\end{pmatrix}=\begin{pmatrix}4&0\\3&1\end{pmatrix}$.

所以

$$\boldsymbol{A}^2-\boldsymbol{B}^2=\begin{pmatrix}3&2\\1&2\end{pmatrix}-\begin{pmatrix}4&0\\3&1\end{pmatrix}=\begin{pmatrix}-1&2\\-2&1\end{pmatrix}$$

(3) $\boldsymbol{A}+\boldsymbol{B}=\begin{pmatrix}3&2\\2&1\end{pmatrix}$，$A-B=\begin{pmatrix}-1&2\\0&-1\end{pmatrix}$.

所以

$$(\boldsymbol{A}+\boldsymbol{B})(\boldsymbol{A}-\boldsymbol{B})=\begin{pmatrix}3&2\\2&1\end{pmatrix}\begin{pmatrix}-1&2\\0&-1\end{pmatrix}=\begin{pmatrix}-3&4\\-2&3\end{pmatrix}$$

由例 12 可得

$$\boldsymbol{A}^2-\boldsymbol{B}^2\neq(\boldsymbol{A}+\boldsymbol{B})(\boldsymbol{A}-\boldsymbol{B})$$

17.1.4　矩阵的秩

项目四中介绍了矩阵的行初等变换，其步骤如下：

(1) 交换矩阵的两行(交换 i，j 两行记为 $r_i\leftrightarrow r_j$)；

(2) 用数 $k\neq0$ 乘某一行的所有元素(用数 k 乘第 i 行的所有元素记为 $k\times r_i$)；

(3) 将矩阵某一行所有元素的 k 倍对应加到另一行(第 i 行的 k 倍加到第 j 行记为r_j+kr_i).

以上变换如果对列实施，则相应地可得到矩阵的列初等变换的定义. 矩阵的行初等变换和矩阵的列初等变换统称为矩阵的初等变换.

矩阵的初等变换是一种解决矩阵问题的有效方法，利用矩阵的初等变换可以求矩阵的秩.

定义 7　设 $\mathbf{A}=(a_{ij})$为 $s\times n$ 矩阵，从 $\mathbf{A}$ 中任取 k 行 k 列($k\leqslant\min\{s, n\}$)，则位于这些行列式相交处的元素按原来的相应位置构成的行列式称为矩阵 $\mathbf{A}$ 的一个 k 阶子式.

定义 8　设 $\mathbf{A}=(a_{ij})$为 $s\times n$ 矩阵，如果存在 $\mathbf{A}$ 的 r 阶子式不为零，而 $\mathbf{A}$ 的任何一个 $r+1$ 阶子式都等于零，则称 r 为矩阵 $\mathbf{A}$ 的秩，记为 $R(\mathbf{A})=r$. 当 $\mathbf{A}$ 为零矩阵时，规定 $R(\mathbf{A})=0$.

例如，$\mathbf{A}=\begin{pmatrix}1&-1&2&1&3\\-1&2&3&-2&1\\0&1&5&-1&4\end{pmatrix}$，$\mathbf{A}$ 有 2 阶子式 $\begin{vmatrix}1&-1\\-1&2\end{vmatrix}=1\neq0$，而矩阵 $\mathbf{A}$ 的所有 3 阶子式都等于 0，所以，$R(\mathbf{A})=2$.

上例中矩阵 $\mathbf{A}$ 共有 10 个 3 阶子式，要用定义求出 $\mathbf{A}$ 的秩，可以一一计算出这 10 个 3

阶行列式，但是这个计算量很大，因此，按定义通过子式来求矩阵的秩是很麻烦的. 在实际问题中，常用初等变换的方法来求矩阵的秩.

定义 9　若矩阵某行的元素都是零，则称该行为矩阵的零行；若矩阵某行的元素不全为零，则称该行为矩阵的非零行. 由左往右，矩阵的非零行中第一个不等于零的元素称为该非零行的首非零元素.

例如，$\boldsymbol{A}=\begin{pmatrix}1&0&2&1&5\\0&3&1&2&1\\0&0&0&0&0\end{pmatrix}$，最后一行为零行，第二行中 3 为该行的首非零元素.

定理 1　阶梯形矩阵的秩等于其非零的行数.

定理 2　任一矩阵 $\boldsymbol{A}$ 总可以有限次初等行变换化成阶梯形矩阵 $\boldsymbol{B}$，且 $R(\boldsymbol{A})=R(\boldsymbol{B})$

由上述定理可得求矩阵秩的方法：

(1) $\boldsymbol{A}$ 经初等变换化成阶梯形矩阵；

(2) 得到阶梯形矩阵非零行的行数，即为矩阵 $\boldsymbol{A}$ 的秩 $R(\boldsymbol{A})$.

例 13　已知矩阵 $\boldsymbol{A}=\begin{pmatrix}3&2&3&4&5&9\\3&1&0&2&1&5\\0&1&3&2&6&10\\6&4&6&8&12&24\end{pmatrix}$，求 $R(\boldsymbol{A})$.

解　$\boldsymbol{A}\to\begin{pmatrix}3&2&3&4&5&9\\0&-1&-3&-2&-4&-4\\0&1&3&2&6&10\\0&0&0&0&2&6\end{pmatrix}\to\begin{pmatrix}3&2&3&4&5&9\\0&-1&-3&-2&-4&-4\\0&0&0&0&2&6\\0&0&0&0&0&0\end{pmatrix}$

所以 $R(\boldsymbol{A})=3$.

例 14　已知矩阵 $\boldsymbol{B}=\begin{pmatrix}2&-1&-3&1\\1&-1&-1&2\\3&2&-5&0\end{pmatrix}$，求 $R(\boldsymbol{B})$.

解　$\boldsymbol{B}=\begin{pmatrix}2&-1&-3&1\\1&-1&-1&2\\3&2&-5&0\end{pmatrix}\to\begin{pmatrix}1&-1&-1&2\\2&-1&-3&1\\3&2&-5&0\end{pmatrix}\to\begin{pmatrix}1&-1&-1&2\\0&1&-1&-3\\0&5&-2&-6\end{pmatrix}$

$\to\begin{pmatrix}1&-1&-1&2\\0&1&-1&-3\\0&0&3&9\end{pmatrix}\to\begin{pmatrix}1&-1&-1&2\\0&1&-1&-3\\0&0&1&3\end{pmatrix}$

所以 $R(\boldsymbol{B})=3$.

17.2 专业应用案例

例 15 某企业生产 5 种产品，各种产品的季度产值(单位:万元)见表 17.1：

表 17.1 某企业 5 种产品的季度产值

季度	产品				
	A	B	C	D	E
一	8	7	5	6	10
二	11	7	12	9	8
三	7	12	9	5	9
四	15	6	4	7	8

用矩阵来表示这家企业各种产品各季度的产值.

解 将表 17.1 中的数据排成 4 行 5 列的产值阵列：

$$\begin{pmatrix} 8 & 7 & 5 & 6 & 10 \\ 11 & 7 & 12 & 9 & 8 \\ 7 & 12 & 9 & 5 & 9 \\ 15 & 6 & 4 & 7 & 8 \end{pmatrix}$$

阵列具体描述了这家企业各种产品各季度的产值，同时也揭示了产值随季节变化规律的季节增长率及年产量等情况. 这种阵列就是一个 4 行 5 列矩阵.

例 16 如下图，此图为 1、2、3、4 四个城市之间空运航线的有向图，用矩阵来表示航路.

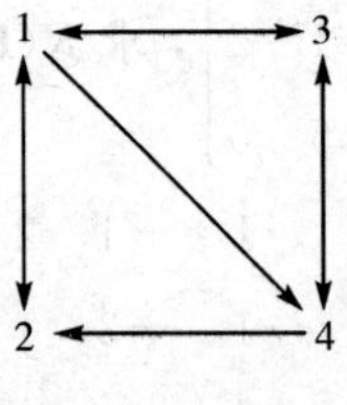

解 将四个城市的航路表示为四行四列，1 表示通，0 表示不通，行表示起点，列表示终点，即有

$$\begin{array}{c} \\ 1 \\ 2 \\ 3 \\ 4 \end{array}\begin{array}{c} \begin{matrix} 1 & 2 & 3 & 4 \end{matrix} \\ \begin{pmatrix} 0 & 1 & 1 & 1 \\ 1 & 0 & 0 & 0 \\ 1 & 0 & 0 & 1 \\ 0 & 1 & 1 & 0 \end{pmatrix} \end{array}$$

例 17　根据游戏“剪刀、石头、布”的游戏规则，作出一个 3 阶方阵(赢用 1 表示，输用 −1 表示，相同则用 0 表示).

解　表示矩阵为

$$\begin{array}{c} \\ 剪刀 \\ 石头 \\ 布 \end{array}\begin{array}{c} \begin{array}{ccc} 剪刀 & 石头 & 布 \end{array} \\ \begin{pmatrix} 0 & -1 & 1 \\ 1 & 0 & -1 \\ -1 & 1 & 0 \end{pmatrix} \end{array}$$

例 18　设 A 国和 B 国城市之间的交通连接情况用矩阵 $\boldsymbol{M}$ 表示如下：

$$\boldsymbol{M}=\begin{array}{c} \\ A_1 \\ A_2 \\ A_3 \end{array}\begin{array}{c} \begin{array}{ccc} B_1 & B_2 & B_3 \end{array} \\ \begin{pmatrix} 1 & 1 & 0 \\ 1 & 0 & 1 \\ 1 & 0 & 0 \end{pmatrix} \end{array}，\quad 其中\ m_{ij}=\begin{cases} 1，A_i\ 与\ B_j\ 连接 \\ 0，A_i\ 与\ B_j\ 不连接 \end{cases}$$

同样，B 国和 C 国城市之间的交通连接情况用矩阵 $\boldsymbol{N}$ 表示如下：

$$\boldsymbol{N}=\begin{array}{c} \\ B_1 \\ B_2 \\ B_3 \end{array}\begin{array}{c} \begin{array}{cc} C_1 & C_2 \end{array} \\ \begin{pmatrix} 1 & 0 \\ 1 & 1 \\ 0 & 1 \end{pmatrix} \end{array}，\quad 其中\ m_{ij}=\begin{cases} 1，B_i\ 与\ C_j\ 连接 \\ 0，B_i\ 与\ C_j\ 不连接 \end{cases}$$

求 A、C 两国城市之间的交通连接情况.

解　用 $\boldsymbol{P}$ 来表示矩阵 $\boldsymbol{M}$ 与 $\boldsymbol{N}$ 的乘积，那么可算出

$$\boldsymbol{P}=\boldsymbol{M}\cdot\boldsymbol{N}=\begin{pmatrix} 1 & 1 & 0 \\ 1 & 0 & 1 \\ 1 & 0 & 0 \end{pmatrix}\begin{pmatrix} 1 & 0 \\ 1 & 1 \\ 0 & 1 \end{pmatrix}=\begin{pmatrix} 2 & 1 \\ 1 & 1 \\ 1 & 0 \end{pmatrix}$$

矩阵 $\boldsymbol{P}$ 正是 A、C 两国城市之间的交通连接条数矩阵.

例 19　某厂生产 3 种产品，每件产品的成本及每季度产品生产件数分别见表 17.2、表 17.3，试用矩阵表示每个季度原材料、劳动、企业管理费的各类总成本.

表 17.2　每件产品的成本　　元

成本	产品 A	产品 B	产品 C
原材料	0.10	0.30	0.15
劳动	0.30	0.40	0.25
企业管理费	0.10	0.20	0.15

表 17.3　每季度产品生产件数　　件

产品	夏	秋	冬	春
A	4000	4500	4500	4000
B	2000	2800	2400	2200
C	5800	6200	6000	6000

解　用矩阵来描述此问题，设该产品的成本矩阵为 $\boldsymbol{M}$，季度产量矩阵为 $\boldsymbol{P}$，则有

$$\boldsymbol{M}=\begin{pmatrix}0.10 & 0.30 & 0.15\\0.30 & 0.40 & 0.25\\0.10 & 0.20 & 0.15\end{pmatrix},\ \boldsymbol{P}=\begin{pmatrix}4000 & 4500 & 4500 & 4000\\2000 & 2800 & 2400 & 2200\\5800 & 6200 & 6000 & 6000\end{pmatrix}$$

令 $\boldsymbol{Q}=\boldsymbol{M}\cdot\boldsymbol{P}$，则

$$\boldsymbol{Q}=\boldsymbol{M}\cdot\boldsymbol{P}=\begin{pmatrix}0.10 & 0.30 & 0.15\\0.30 & 0.40 & 0.25\\0.10 & 0.20 & 0.15\end{pmatrix}\begin{pmatrix}4000 & 4500 & 4500 & 4000\\2000 & 2800 & 2400 & 2200\\5800 & 6200 & 6000 & 6000\end{pmatrix}$$

$$=\begin{pmatrix}1870 & 2220 & 2070 & 1960\\3450 & 4020 & 3810 & 3580\\1670 & 1940 & 1830 & 1740\end{pmatrix}$$

$\boldsymbol{Q}$ 的第一行第一列元素 1870 表示夏季消耗原材料的总成本，第二行第四列元素 3580 表示春季劳动总成本，第三行第三列元素 1830 表示冬季企业管理费总成本.

思政课堂

国家最高科学技术奖获得者——著名数学家吴文俊

吴文俊(1919.05.12—2017.05.07)：数学家，中国科学院院士，中国科学院数学与系统科学研究院研究员，系统科学研究所名誉所长. 早期毕业于交通大学数学系，1949 年，获法国斯特拉斯堡大学博士学位；1957 年，当选为中国科学院学部委员(院士)；1991 年，当选第三世界科学院院士；陈嘉庚科学奖获得者，2019 年 9 月 17 日，吴文俊被授予“人民科学家”国家荣誉称号，2001 年 2 月，获 2000 年度国家最高科学技术奖.

1919 年 5 月 12 日，吴文俊出生于上海，因战乱迁至地势高、远离战乱的青浦县朱家角. 吴文俊自幼受父亲民主思想熏陶. 1932 年，上海“一·二八”事变爆发后，吴文俊被送回浙江嘉兴老家，躲避战乱. 半年之后，他返回上海继续读书. 1933 年秋，吴文俊就读于正始中学，这是他正规读书生涯的开始. 吴文俊高中毕业时，其实兴趣在物理而不在数学. 一次物理考试题很难，他却成绩出色. 毕业时校方讨论保送，物理老师却以独特的目光推荐他学数学. 他也认定自己物理考得好的原因在于数学，而攻读数学才能使他的才能得到更好的发挥. 1936 年，吴文俊被保送至交通大学数学系. 在大三学实变函数论时，他以自学

为主，读经典著作．有了实变函数论的基础，他很快就进入了康托尔集合论的学习，钻研点集拓扑知识．

1947 年，吴文俊完成了一项重要的拓扑学研究，证明了 Whitney 乘积公式和对偶定理，并于 1948 年在《Annalsof Math》上发表；同年 10 月，由于成绩斐然，他经推荐去欧洲，到巴黎留学，在 Strassbourg 大学跟随 C. Ehresmann 学习；1949 年，去苏黎世访问，获得法国国家博士学位；同年秋天，应 H. 嘉当邀请进入巴黎法国国家科学研究中心工作；1949 年，完成了《论球丛空间结构的示性类》的博士论文；1950 年，与 Thom 合作发表关于流形上的 Stiefel-Whitney 示性类的论文，后通称为吴类与吴公式；1951 年 8 月，回到中国，在北京大学数学系任教授．

示性类是指刻画流形与纤维丛的基本不变量．吴文俊将示性类概念从繁化简，从难变易，形成了系统的理论．他分析了 Stiefel 示性类、Whitney 示性类、Pontrjagin 示性类和陈示性类之间的关系，指出陈示性类可以导出其他示性类，反之则不成立．他在示性类研究中还引入了新的方法和手段．在微分情形，吴文俊引出了一类示性类，被称为吴示性类．它不但是抽述性的抽象概念，而且是可具体计算的．吴文俊给出了 Stiefel 示性类和 Whitney 示性类可由吴示性类明确表示的公式，被称为吴(第一)公式，他证明了示性类之间的关系式，被称为吴(第二)公式．这些公式给出了各种示性类之间的关系与计算方法，从而导致了一系列重要应用，使示性类理论成为拓扑学中完美的一章．

吴文俊提出了吴示嵌类等一系列拓扑不变量，研究了嵌入理论的核心，并由此发展了嵌入的统一理论．后来他将关于示嵌类的成果用于电路布线问题，给出线性图平面嵌入的新判定准则，这种判定准则与以往的判定准则在性质上是完全不同的，是可计算的．在拓扑学研究中，吴文俊起到了承前启后的作用，极大地推进了拓扑学的发展，引发了大量的后续研究，他的工作也已经成为拓扑学的经典结果，半个世纪以来一直发挥着重要作用．吴文俊把我国传统数学的思想概括为机械化思想，指出它是贯穿于我国古代数学的精髓，他列举了大量事实说明，我国传统数学的机械化思想为近代数学的建立和发展作出了不可磨灭的贡献．

1974 年以后，吴文俊开始研究我国数学史．作为一位有战略眼光的数学家，他一直在思索数学应该怎样发展，并最终在对我国数学史的研究中得到了启发．我国古代数学曾高度发展，直到 14 世纪，在许多领域都处于国际领先地位，是名副其实的数学强国．但西方学者不了解也不承认我国古代数学的光辉成就，将其排斥在数学主流之外．吴文俊的研究起到了正本清源的作用．他指出，中国传统数学在代数学、几何学、极限概念等方面既有丰硕的成果，又有系统的理论．

长期以来，吴文俊站在数学科学的前沿，潜心研究，勇于探索，取得了一系列原创性成就，特别是在拓扑学、数学机械化等领域作出了杰出贡献，获得了国际学术界的广泛认可，为我国科技界争得了荣誉，也为青年学者树立了榜样．

任务18 矩阵的逆

※任务内容

(1) 完成逆矩阵概念及性质相关的工作页；

(2) 学习逆矩阵的概念及性质，求矩阵的逆矩阵；

(3) 逆矩阵在实际问题中的应用.

※任务目标

(1) 理解逆矩阵的概念及相关性质；

(2) 能够计算逆矩阵及利用逆矩阵解决实际问题.

※任务工作页

1. n 阶矩阵 $\boldsymbol{A}$ 的伴随矩阵 $\boldsymbol{A}^*$ 为________；其性质为________.

2. 可逆矩阵的性质为________________.

3. 设有 n 阶矩阵 $\boldsymbol{A}$，则其逆矩阵的计算公式 $\boldsymbol{A}^{-1}=$________.

4. 若矩阵 $\boldsymbol{A}$ 可逆，矩阵方程为 $\boldsymbol{AX}=\boldsymbol{B}$，则 $\boldsymbol{X}$________.

18.1 相关知识

前面对矩阵定义了加、减、数乘、乘法、转置等运算，但矩阵是无法进行除法运算的. 虽然矩阵没有定义除法，但是能用逆矩阵与原来矩阵的乘法来表示两个矩阵相除，同时逆矩阵还可以用来解非齐次线性方程组等.

18.1.1 逆矩阵

【案例引入】

某汽车销售公司有两个销售部，矩阵 $\boldsymbol{S}$ 给出了两个汽车销售部的两种汽车的销售量：

$$\begin{array}{c} \quad\ \text{一}\quad \text{二} \\ \boldsymbol{S}=\begin{pmatrix} 18 & 15 \\ 24 & 17 \end{pmatrix}\begin{matrix}\text{大}\\ \text{小}\end{matrix} \end{array}$$

月末盘点时统计得到两个销售部的利润 $\boldsymbol{W}=(45200\quad 35050)$. 设两种车的销售利润为矩阵 $\boldsymbol{P}=(a\quad b)$，则有 $\boldsymbol{PS}=\boldsymbol{W}$，问公司如何从 $\boldsymbol{PS}=\boldsymbol{W}$ 中得到两种车的销售利润矩阵 $\boldsymbol{P}$？

分析　要解决这一问题，需要引入类似于数的除法运算. 从矩阵的角度来看，单位矩阵 $\boldsymbol{E}$ 类似于数 1 的作用. 一个数 $a\neq 0$ 的倒数 a^{-1} 可用 $aa^{-1}=a^{-1}a=1$ 来表示. 若要从 $\boldsymbol{PS}=\boldsymbol{W}$ 中求出 $\boldsymbol{P}$，可以右乘 $\boldsymbol{S}^{-1}$，即 $\boldsymbol{P}\cdot\boldsymbol{S}\cdot\boldsymbol{S}^{-1}=\boldsymbol{W}\cdot\boldsymbol{S}^{-1}$，$\boldsymbol{P}\cdot\boldsymbol{E}=\boldsymbol{W}\cdot\boldsymbol{S}^{-1}$，则 $\boldsymbol{P}=\boldsymbol{W}\cdot\boldsymbol{S}^{-1}$.

定义 10　在各元素位置不变的情况下，由 n 阶矩阵 $\boldsymbol{A}$ 的元素构成的行列式称为矩阵 $\boldsymbol{A}$ 的方阵行列式，记为 $|\boldsymbol{A}|$.

方阵行列式具有以下性质：

(1) $|A^{\mathrm{T}}|=|A|$；

(2) $|\lambda A|=\lambda^n|A|(\lambda\in\mathbf{R})$；

(3) $|AB|=|A||B|$（B 也是 n 阶矩阵）.

例 20　设 A，B 均为 4 阶矩阵，已知 $|A|=2$，$|B|=3$，求 $|2AB|$.

解　显然 $|2AB|=|2(AB)|$. 两个 4 阶矩阵的积仍是一个 4 阶矩阵，则

$$|2AB|=|2(AB)|=2^4|A||B|=16|A||B|=16\times2\times3=96$$

定义 11　设 A 为 n 阶矩阵，则称**矩阵** $A^*=\begin{pmatrix}A_{11}&A_{21}&\cdots&A_{n1}\\A_{12}&A_{22}&\cdots&A_{n2}\\\vdots&\vdots&&\vdots\\A_{1n}&A_{2n}&\cdots&A_{nn}\end{pmatrix}$ **为矩阵** A 的伴随矩阵. 其中 A_{ij} 为 A 中元素 a_{ij} 的代数余子式，$i,j=1,2,\cdots,n$.

定理 3　设 A 为 n 阶矩阵，A^* 为矩阵 A 的伴随矩阵，则 $AA^*=A^*A=|A|E$. 其中，E 为 n 阶单位矩阵.

定义 12　对于 n 阶矩阵 A，如果存在 n 阶矩阵 B，使得 $AB=BA=E$，则把 A 称为可逆矩阵，简称 A 可逆，而 B 称为 A 的逆矩阵，记为 $B=A^{-1}$.

例 21　设有二阶矩阵 $A=\begin{pmatrix}1&1\\3&4\end{pmatrix}$，$B=\begin{pmatrix}4&-1\\-3&1\end{pmatrix}$，容易验证 $AB=BA=E$，则按定义可知 A 是可逆矩阵，B 是 A 的逆矩阵.

可逆矩阵的性质如下：

(1) 若矩阵 A 可逆，则 A 的逆矩阵是唯一的.

(2) 若矩阵 A 可逆，则 A^{-1} 也可逆，并且 $(A^{-1})^{-1}=A$.

(3) 若矩阵 A，B 是同阶可逆矩阵，则它们的乘积 AB 也可逆，且 $(AB)^{-1}=B^{-1}A^{-1}$.

18.1.2　可逆的判定

设矩阵 $A=\begin{pmatrix}1&2\\0&0\end{pmatrix}$，那么对任何二阶矩阵 $B=\begin{pmatrix}a&b\\c&d\end{pmatrix}$，均有

$$AB=\begin{pmatrix}1&2\\0&0\end{pmatrix}\begin{pmatrix}a&b\\c&d\end{pmatrix}=\begin{pmatrix}a+2c&b+2d\\0&0\end{pmatrix}$$

因此，不存在这样的二阶矩阵，使得 $AB=BA=E$，即 A 是不可逆的. 那么，方阵 A 满足什么条件才可逆？若可逆，怎么样求出 A 的逆矩阵呢？

定理 4　n 阶矩阵 A 是可逆矩阵的充分必要条件是 $|A|\neq0$，而且 $A^{-1}=\dfrac{1}{|A|}A^*$，其中 A^* 是 A 的伴随矩阵.

例 22　已知矩阵 $A=\begin{pmatrix}1&-2&1\\2&-3&1\\3&1&-3\end{pmatrix}$，判断矩阵 A 是否可逆，若可逆，求出它的逆

矩阵.

解 因为$|\boldsymbol{A}|=\begin{vmatrix}1 & -2 & 1\\2 & -3 & 1\\3 & 1 & -3\end{vmatrix}=1\neq 0$，所以矩阵$\boldsymbol{A}$是可逆的. 而

$$A_{11}=(-1)^{1+1}\begin{vmatrix}-3 & 1\\1 & -3\end{vmatrix}=8,\ A_{12}=(-1)^{1+2}\begin{vmatrix}2 & 1\\3 & -3\end{vmatrix}=9$$

$$A_{13}=(-1)^{1+3}\begin{vmatrix}2 & -3\\3 & 1\end{vmatrix}=11$$

类似可算得$A_{21}=-5$，$A_{22}=-6$，$A_{23}=-7$，$A_{31}=1$，$A_{32}=1$，$A_{33}=1$. 所以$\boldsymbol{A}^{-1}=\begin{pmatrix}8 & -5 & 1\\9 & -6 & 1\\11 & -7 & 1\end{pmatrix}$.

定理5 设$\boldsymbol{A}$与$\boldsymbol{B}$都是n阶方阵，若有$\boldsymbol{AB}=\boldsymbol{E}$，则$\boldsymbol{A}$、$\boldsymbol{B}$都可逆，且$\boldsymbol{A}^{-1}=\boldsymbol{B}$，同时$\boldsymbol{B}^{-1}=\boldsymbol{A}$.

例如，已知矩阵$\boldsymbol{A}=\begin{pmatrix}1 & 0 & 1\\0 & 2 & 0\\1 & 0 & 3\end{pmatrix}$，$\boldsymbol{B}=\begin{pmatrix}\frac{3}{2} & 0 & -\frac{1}{2}\\0 & \frac{1}{2} & 0\\-\frac{1}{2} & 0 & \frac{1}{2}\end{pmatrix}$，因为有

$$\boldsymbol{AB}=\begin{pmatrix}1 & 0 & 1\\0 & 2 & 0\\1 & 0 & 3\end{pmatrix}\begin{pmatrix}\frac{3}{2} & 0 & -\frac{1}{2}\\0 & \frac{1}{2} & 0\\-\frac{1}{2} & 0 & \frac{1}{2}\end{pmatrix}=\begin{pmatrix}1 & 0 & 0\\0 & 1 & 0\\0 & 0 & 1\end{pmatrix}$$

所以$\boldsymbol{A}^{-1}=\boldsymbol{B}$，同时$\boldsymbol{B}^{-1}=\boldsymbol{A}$. 又因为

$$\boldsymbol{BA}=\begin{pmatrix}\frac{3}{2} & 0 & -\frac{1}{2}\\0 & \frac{1}{2} & 0\\-\frac{1}{2} & 0 & \frac{1}{2}\end{pmatrix}\begin{pmatrix}1 & 0 & 1\\0 & 2 & 0\\1 & 0 & 3\end{pmatrix}=\begin{pmatrix}1 & 0 & 0\\0 & 1 & 0\\0 & 0 & 1\end{pmatrix}$$

所以$\boldsymbol{B}^{-1}=\boldsymbol{A}$，同时$\boldsymbol{A}^{-1}=\boldsymbol{B}$.

18.1.3 分块矩阵

矩阵分块是矩阵运算的一个重要技巧，它不仅可以减少计算量，而且可以使计算更为简明.

例如：

$$A=\left(\begin{array}{ccc|cc}5&0&0&0&0\\0&5&0&0&0\\0&0&5&0&0\\\hline 1&-2&3&-1&0\\-4&5&-6&0&-1\end{array}\right)$$

矩阵 A 中用横线和竖线分成许多小块，每一小块本身也是一个矩阵，这些小矩阵称为矩阵 A 的子矩阵(或子块)，这种以子块为元素的矩阵就是分块矩阵. 矩阵 A 被分成四个子矩阵，记

$$A_1=\begin{pmatrix}5&0&0\\0&5&0\\0&0&5\end{pmatrix},\qquad A_2=\begin{pmatrix}0&0\\0&0\\0&0\end{pmatrix}$$

$$A_3=\begin{pmatrix}1&-2&3\\-4&5&-6\end{pmatrix},\qquad A_4=\begin{pmatrix}-1&0\\0&-1\end{pmatrix}$$

则矩阵 A 可以表示成以下分块矩阵的形式：

$$A=\begin{pmatrix}A_1&A_2\\A_3&A_4\end{pmatrix}$$

称为 A 的 2×2 分块矩阵.

定义 13　把一个矩阵 $A_{s\times n}$ 分成若干小块叫作矩阵的分块.

矩阵的分块是多种多样的，同一个矩阵可以根据需要，采用不同的方法，构成各种不同结构的分块矩阵. 常用的分块矩阵有下列几种：

(1) 2×2 分块阵(四块阵)，如上例.

(2) 按行分块阵. 例如：

$$A=\left(\begin{array}{cccc}a_{11}&a_{12}&\cdots&a_{1n}\\\hline a_{21}&a_{22}&\cdots&a_{2n}\\\hline \vdots&\vdots&&\vdots\\\hline a_{s1}&a_{s2}&\cdots&a_{sn}\end{array}\right)=\begin{pmatrix}A_1\\A_2\\\vdots\\A_n\end{pmatrix}$$

(3) 按列分块阵. 例如：

$$A=\left(\begin{array}{c|c|c|c}a_{11}&a_{12}&\cdots&a_{1n}\\a_{21}&a_{22}&\cdots&a_{2n}\\\vdots&\vdots&&\vdots\\a_{s1}&a_{s2}&\cdots&a_{sn}\end{array}\right)=(A_1\quad A_2\quad\cdots\quad A_n)$$

矩阵分块后可用低阶的子块参与矩阵运算，使得复杂的矩阵运算变得简单.

1. 分块矩阵的加减法和数量乘法

分块矩阵 A 与 B 相加减，只要把对应的子块相加减即可. 不过，矩阵 A 与 B 的分块结

构要相同.

分块矩阵的数量乘法，即以数 k 乘其每个子块.

例 23　已知矩阵

$$\boldsymbol{A}=\left(\begin{array}{cc|c}1&0&0\\0&1&0\\\hline 1&3&1\\2&1&0\end{array}\right),\quad \boldsymbol{B}=\left(\begin{array}{cc|c}3&1&0\\2&0&-1\\\hline 0&1&5\\-1&0&4\end{array}\right)$$

求 $\boldsymbol{A}+\boldsymbol{B}$ 与 $3\boldsymbol{A}$ 及 $\boldsymbol{B}-3\boldsymbol{A}$.

解

$$\boldsymbol{A}=\left(\begin{array}{cc|c}1&0&0\\0&1&0\\\hline 1&3&1\\2&1&0\end{array}\right)=\begin{pmatrix}\boldsymbol{A}_{11}&\boldsymbol{A}_{12}\\\boldsymbol{A}_{21}&\boldsymbol{A}_{22}\end{pmatrix},\qquad \boldsymbol{B}=\left(\begin{array}{cc|c}3&1&0\\2&0&-1\\\hline 0&1&5\\-1&0&4\end{array}\right)=\begin{pmatrix}\boldsymbol{B}_{11}&\boldsymbol{B}_{12}\\\boldsymbol{B}_{21}&\boldsymbol{B}_{22}\end{pmatrix}$$

因此，有下列子块运算：

$$\boldsymbol{A}_{11}+\boldsymbol{B}_{11}=\begin{pmatrix}1&0\\0&1\end{pmatrix}+\begin{pmatrix}3&1\\2&0\end{pmatrix}=\begin{pmatrix}4&1\\2&1\end{pmatrix}$$

$$\boldsymbol{A}_{12}+\boldsymbol{B}_{12}=\begin{pmatrix}0\\0\end{pmatrix}+\begin{pmatrix}0\\-1\end{pmatrix}=\begin{pmatrix}0\\-1\end{pmatrix}$$

$$\boldsymbol{A}_{21}+\boldsymbol{B}_{21}=\begin{pmatrix}1&3\\2&1\end{pmatrix}+\begin{pmatrix}0&1\\-1&0\end{pmatrix}=\begin{pmatrix}1&4\\1&1\end{pmatrix}$$

$$\boldsymbol{A}_{22}+\boldsymbol{B}_{22}=\begin{pmatrix}1\\0\end{pmatrix}+\begin{pmatrix}5\\4\end{pmatrix}=\begin{pmatrix}6\\4\end{pmatrix}$$

故分块矩阵 $\boldsymbol{A}$ 和 $\boldsymbol{B}$ 相加与数乘如下：

$$\boldsymbol{A}+\boldsymbol{B}=\begin{pmatrix}\boldsymbol{A}_{11}+\boldsymbol{B}_{11}&\boldsymbol{A}_{12}+\boldsymbol{B}_{12}\\\boldsymbol{A}_{21}+\boldsymbol{B}_{21}&\boldsymbol{A}_{22}+\boldsymbol{B}_{22}\end{pmatrix}=\left(\begin{array}{cc|c}4&1&0\\2&1&-1\\\hline 1&4&6\\1&1&4\end{array}\right)$$

$$3\boldsymbol{A}=\begin{pmatrix}3\boldsymbol{A}_{11}&3\boldsymbol{A}_{12}\\3\boldsymbol{A}_{21}&3\boldsymbol{A}_{22}\end{pmatrix}=\left(\begin{array}{cc|c}3&0&0\\0&3&0\\\hline 3&9&3\\6&3&0\end{array}\right)$$

$$\boldsymbol{B}-3\boldsymbol{A}=\begin{pmatrix}\boldsymbol{B}_{11}-3\boldsymbol{A}_{11}&\boldsymbol{B}_{12}-3\boldsymbol{A}_{12}\\\boldsymbol{B}_{21}-3\boldsymbol{A}_{21}&\boldsymbol{B}_{22}-3\boldsymbol{A}_{22}\end{pmatrix}=\left(\begin{array}{cc|c}0&1&0\\2&-3&-1\\\hline -3&-8&2\\-7&-3&4\end{array}\right)$$

2. 分块矩阵的乘法

分块矩阵的乘法就是把子块当作元素，与通常矩阵乘法运算规则一样进行. 两个分块矩阵相乘，必须满足以下条件：

(1) 左矩阵分块后的列组数要等于右矩阵分块后的行组数.

(2) 左矩阵每个列组所含列数要与右矩阵相应行组所含行数相等.

例 24　已知矩阵

$$\boldsymbol{A}=\begin{pmatrix}1&0&1&3&0\\0&1&2&4&0\\0&0&-1&0&0\\0&0&0&-1&0\\0&0&0&0&-1\end{pmatrix},\quad \boldsymbol{B}=\begin{pmatrix}1&2&3&0\\2&0&0&0\\1&0&0&-1\\0&1&0&-1\\0&0&1&-1\end{pmatrix}$$

用分块矩阵乘法计算矩阵 $\boldsymbol{AB}$.

解

$$\boldsymbol{AB}=\left(\begin{array}{cc|ccc}1&0&1&3&0\\0&1&2&4&0\\\hline 0&0&-1&0&0\\0&0&0&-1&0\\0&0&0&0&-1\end{array}\right)\left(\begin{array}{ccc|c}1&2&3&0\\2&0&0&0\\\hline 1&0&0&-1\\0&1&0&-1\\0&0&1&-1\end{array}\right)$$

$$=\begin{pmatrix}\boldsymbol{E}_2&\boldsymbol{A}_1\\\boldsymbol{0}&-\boldsymbol{E}_3\end{pmatrix}\begin{pmatrix}\boldsymbol{B}_1&\boldsymbol{0}\\\boldsymbol{E}_3&\boldsymbol{B}_2\end{pmatrix}$$

$$=\begin{pmatrix}\boldsymbol{B}_1+\boldsymbol{A}_1&\boldsymbol{A}_1\boldsymbol{B}_2\\-\boldsymbol{E}_3&-\boldsymbol{B}_2\end{pmatrix}$$

其中

$$\boldsymbol{B}_1+\boldsymbol{A}_1=\begin{pmatrix}1&2&3\\2&0&0\end{pmatrix}+\begin{pmatrix}1&3&0\\2&4&0\end{pmatrix}=\begin{pmatrix}2&5&3\\4&4&0\end{pmatrix}$$

$$\boldsymbol{A}_1\boldsymbol{B}_2=\begin{pmatrix}1&3&0\\2&4&0\end{pmatrix}\begin{pmatrix}-1\\-1\\-1\end{pmatrix}=\begin{pmatrix}-4\\-6\end{pmatrix},\quad -\boldsymbol{B}_2=\begin{pmatrix}1\\1\\1\end{pmatrix}$$

所以

$$\boldsymbol{AB}=\left(\begin{array}{ccc|c}2&5&3&-4\\4&4&0&-6\\\hline -1&0&0&1\\0&-1&0&1\\0&0&-1&1\end{array}\right)$$

18.2 专业应用案例

例 25　一艘载有毒品的船以 63 km/h 的速度离开港口，警方得到群众举报，24 min 后驾驶一艘缉毒船以 75 km/h 的速度从港口出发追赶载有毒品的船，问当缉毒船追上载有毒品的船时，它们各行驶了多长时间？

解　设当缉毒船追上载有毒品的船时，载有毒品的船和缉毒船各行驶了 x_1 小时、x_2 小时. 由题意可知，它们满足：

$$\begin{cases} 63x_1=75x_2 \\ x_1-\dfrac{24}{60}=x_2 \end{cases}$$

即

$$\begin{cases} 63x_1-75x_2=0 \\ x_1-x_2=0.4 \end{cases}$$

设

$$\boldsymbol{A}=\begin{pmatrix} 63 & -75 \\ 1 & -1 \end{pmatrix},\quad \boldsymbol{X}=\begin{pmatrix} x_1 \\ x_2 \end{pmatrix},\quad \boldsymbol{B}=\begin{pmatrix} 0 \\ 0.4 \end{pmatrix}$$

则

$$\boldsymbol{AX}=\boldsymbol{B}$$

方程两边同时左乘 $\boldsymbol{A}^{-1}$ 得

$$\boldsymbol{X}=\boldsymbol{A}^{-1}\boldsymbol{B}$$

通过计算得

$$\boldsymbol{A}^{-1}=\frac{1}{12}\begin{pmatrix} -1 & 75 \\ -1 & 63 \end{pmatrix}$$

$$\boldsymbol{X}=\boldsymbol{A}^{-1}\boldsymbol{B}=\frac{1}{12}\begin{pmatrix} -1 & 75 \\ -1 & 63 \end{pmatrix}\begin{pmatrix} 0 \\ 0.4 \end{pmatrix}=\frac{1}{12}\begin{pmatrix} 30 \\ 25.2 \end{pmatrix}=\begin{pmatrix} 2.5 \\ 2.1 \end{pmatrix}$$

答　当缉毒船追上载有毒品的船时，载有毒品的船行驶了 2.5 小时，缉毒船行驶了 2.1 小时.

例 26　某工厂检验室有甲、乙两种不同的化学原料，甲种原料含锌与镁各 10% 与 20%，乙种原料含锌与镁各 10% 与 30%，现在要用这两种原料分别配制 A、B 两种试剂，A 试剂需含锌、镁各 2 g、5 g，B 试剂需含锌、镁各 1 g、2 g，问配制 A、B 两种试剂分别需要甲、乙两种化学原料各多少克？

解　设配制 A 试剂需要甲、乙两种化学原料分别为 x、y，配制 B 试剂需要甲、乙两种化学原料分别为 s、t. 根据题意，可得如下矩阵方程：

$$\begin{pmatrix} 0.1 & 0.1 \\ 0.2 & 0.3 \end{pmatrix}\begin{pmatrix} x & s \\ y & t \end{pmatrix}=\begin{pmatrix} 2 & 1 \\ 5 & 2 \end{pmatrix}$$

设

$$\boldsymbol{A}=\begin{pmatrix} 0.1 & 0.1 \\ 0.2 & 0.3 \end{pmatrix},\quad \boldsymbol{X}=\begin{pmatrix} x & s \\ y & t \end{pmatrix},\quad \boldsymbol{B}=\begin{pmatrix} 2 & 1 \\ 5 & 2 \end{pmatrix}$$

则

$$\boldsymbol{AX}=\boldsymbol{B}$$

所以得

$$\boldsymbol{X}=\boldsymbol{A}^{-1}\boldsymbol{B}$$

通过计算得

$$\boldsymbol{A}^{-1}=\begin{pmatrix} 30 & -10 \\ -20 & 10 \end{pmatrix}$$

$$\boldsymbol{X}=\begin{pmatrix} x & s \\ y & t \end{pmatrix}=\boldsymbol{A}^{-1}\boldsymbol{B}=\begin{pmatrix} 30 & -10 \\ -20 & 10 \end{pmatrix}\begin{pmatrix} 2 & 1 \\ 5 & 2 \end{pmatrix}=\begin{pmatrix} 10 & 10 \\ 10 & 0 \end{pmatrix}$$

答　配制 A 试剂需要甲、乙两种化学原料各 10 g，配制 B 试剂需要甲、乙两种化学原料各 10 g、0 g.

思政课堂

托起山里孩子的未来——乡村教师支月英

支月英，女，汉族，1961 年 5 月生，江西进贤人，中共党员，江西省宜春市奉新县澡下镇白洋村泥洋小学教师. 她几十年坚守在偏远的山村讲台，从“支姐姐”到“支妈妈”，教育了大山深处的两代人. 她努力创新教学方法，总结出适合乡村教学点的动静搭配教学法. 她关爱孩子，资助贫困生，不让一个孩子辍学. 她走得最多的是崎岖的山路，想得最多的是如何教好深山里的孩子.

1. 守望承诺

1980 年，江西省奉新县边远山村教师奇缺，时年只有 19 岁的南昌市进贤县姑娘支月英不顾家人反对，远离家乡，只身来到离家两百多公里，离乡镇 45 公里，海拔近千米且道路不通的泥洋小学，成了一名深山乡村女教师.

一到白洋，她发现这里的条件比想象中还要艰苦. 学校地处江西省奉新县和靖安县两县交界的泥洋山深处，交通不便，离最近的车站都要 20 多里，师生上学全靠两条腿在崇山峻岭间爬行. 山村生活条件异常艰苦，食品稀缺. 支月英像当地人一样，自己动手种菜.

当地老百姓十分疑虑：这外地姑娘能坚持下来吗？是不是想过渡一下，过不久就溜掉？这话不假，山旮旯太偏太穷，前些年，教师如同走马灯似的来了又走. 但过了一年又一年，乡亲们不但看到支月英坚持了下来，还看到无论刮风下雨、结冰打霜，她都护送孩子们回家，对待孩子像自己的亲人一般. 于是乡亲们议论开了："这位老师靠得住，肯定会用心思教好我们的孩子！"冬去春来，寒来暑往. 这位外乡的女教师用自己35年的倾心守望，兑现了自己的承诺，成为深山乡村人人尊敬的人民教师.

2. 撑起希望

在白洋村，支月英与一个个渴望知识的孩子相伴. 她教孩子们读书识字，唱歌跳舞，认识大千世界. 然而，贫穷的山村并不是世外桃源，山村的教育更显落后. 但艰苦的条件并没有难倒支月英. 刚参加工作时，她的工资只有几十块钱，有些孩子交不起学费，支月英经常为学生垫付学费，垫着垫着，有时买米买菜的钱都不够，她只得去借、家人不理解，劝她赶紧离开，她总是笑着说："日子会好起来的！"后来，支月英被任命为校长，她肩上的担子更重了，工作也更忙了. 她既要承担教育教学任务，还要做好教学点的管理服务工作.

山村的学校破烂不堪，她买了材料，修整教室. 学校不通班车，每逢开学，孩子们的课本、笔等都是支老师和其他几位同事步行二十多里的山路肩挑手提运上山的，一趟下来，他们就会腰酸腿疼，筋疲力尽. 山村的家长重男轻女，不让女孩读书. 支老师走门串户，与家长促膝谈心，动员家长把孩子送来学校，没让一个孩子辍学在家.

母亲从老家来学校看她，发现女儿步行二十多里到山下接自己，心疼不已. 支月英对母亲说："这里山好，水好，村民朴实善良."母亲心疼地说："你就净说好！"她只是望着母亲笑. 其实她心里装满了对亲人深深的愧疚，她何尝不想尽享天伦之乐，但她更愿意把爱意播撒在这青山绿水，让这份爱生根发芽，承载起贫瘠山村的绿色希望.

3. 彰显本色

为了提高教学质量，支月英除了自学外，每年都积极参加各类教育培训，不断提高教育教学水平. 她努力创新教学方法，不断提高学生的学习效率，总结出适合乡村教学点的动静搭配教学法. 她真诚对待每一个学生，把以人为本的教育思想融入教学过程中. 在她眼里没有差生的概念，只是学生们的爱好和特长不同. 她循循善诱的教诲，像甘泉，像雨露，滋润着每一个深山孩子的心田. 在她的精心教育下，一个又一个学生走出大山，成为各行各业的骨干.

一人一校的工作特别辛苦，支月英经常累得头晕眼花. 她血压偏高，导致视网膜出血，只有一只眼睛正常. 更让人揪心的是，2003年10月18日上午，正在讲课的她突然身体剧烈疼痛，几位家长迅速把她送往医院，医生诊断她身患胆总管胆囊结石，并马上进行了手术. 住院的那几天，她心里一直惦记着学生. 刚刚出院，她就立刻回到了学校.

2012年暑假，为了解决白洋村教学点校舍破旧问题，上级教育部门决定新建校舍. 支月英就起早摸黑，一边教学，一边照料施工，帮工人做饭，将丈夫也拉来帮忙. 整个暑假，支月英都是在校建工地度过的. 如今崭新的校舍宽敞明亮. 乡亲们看到崭新的校舍，感动不已．支月英既是校长、老师，又是保姆，上课教书、下课照应学生生活．家里人担心她的身体，总是说：“你也年过半百了，身体又不好，别的老师都往山外调，而你还往更远的深山里钻．”她乐呵呵地说：“如果人人都向往山外，大山里、山旮旯里的孩子谁来教育，山区教育谁来支撑．”各级领导关心她，几次要给她调换工作，但她每次都婉言拒绝．这就是全国脱贫攻坚先进个人、全国优秀共产党员、全国三八红旗手标兵、全国模范教师、最美奋斗者——支月英．

任务19 初等矩阵

※任务内容

(1) 完成初等矩阵相关的工作页；

(2) 学习初等矩阵的概念；

(3) 学习利用矩阵的行初等变换求一般可逆矩阵的逆矩阵；

(4) 学习利用矩阵的行初等变换求解矩阵方程.

※任务目标

(1) 理解初等矩阵的概念；

(2) 能够利用矩阵的行初等变换求一般可逆矩阵的逆矩阵；

(3) 能够利用矩阵的行初等变换求解矩阵方程.

※任务工作页

1. 写出两个三阶的初等矩阵__________，__________.

2. $\begin{pmatrix} 1 & 2 \\ 3 & 4 \end{pmatrix}$是否可逆，若可逆，它的逆矩阵为________________.

3. 三阶单位矩阵 $\boldsymbol{E}=\begin{pmatrix} 1 & 0 & 0 \\ 0 & 1 & 0 \\ 0 & 0 & 1 \end{pmatrix}$，则 $\boldsymbol{P}(1,2)=$__________，$\boldsymbol{P}(2(3))=$__________，

$\boldsymbol{P}(1,3(2))=$__________.

4. 已知 $\boldsymbol{A}=\begin{pmatrix} 0 & 1 & 2 \\ 1 & 1 & 4 \\ 2 & -1 & 0 \end{pmatrix}$，则 $\boldsymbol{A}^{-1}=$____________.

19.1 相关知识

初等矩阵与矩阵的初等变换密切相关. 初等矩阵是由单位矩阵 $\boldsymbol{E}$ 经过一次初等变换得到的，矩阵的初等变换是线性代数中应用十分广泛的重要工具. 初等矩阵作为线性代数的基本知识，需要我们熟练掌握其概念、性质和应用，为学习其他相关知识打下必要的基础. 本节的主要任务是讨论初等矩阵、矩阵的逆与矩阵乘法的关系.

19.1.1 初等矩阵的概念

初等矩阵是由单位矩阵 $\boldsymbol{E}$ 经过一次初等变换得到的，相应的初等行(列)变换有三种，所以，对应的初等矩阵也有三种基本形式. 我们以初等行变换为例进行说明，列变换只要把相应的行改变为列即可.

定义 14　由单位矩阵 $\boldsymbol{E}_n$ 经过一次行(列)初等变换后得到的矩阵称为初等矩阵．三种初等行变换及其所对应的初等矩阵分别如下：

(1) $\boldsymbol{E}_n$ 经过交换矩阵的两行($r_i \leftrightarrow r_j$)得到的矩阵，记作 $\boldsymbol{P}(i, j)$．

$$\boldsymbol{P}(i, j)=\begin{pmatrix} 1 &&&&&&&&& \\ & \cdots &&&&&&&& \\ && 1 &&&&&&& \\ &&& 0 &&&& 1 && \\ &&&& 1 &&&&& \\ &&&&& \cdots &&&& \\ &&&&&& 1 &&& \\ &&& 1 &&&& 0 && \\ &&&&&&&& 1 & \\ &&&&&&&&& \cdots \\ &&&&&&&&&& 1 \end{pmatrix}\begin{matrix} \\ \\ \\ (i\text{行}) \\ \\ \\ \\ (j\text{行}) \\ \\ \\ \\ \end{matrix}$$

例如，三阶单位矩阵 $\boldsymbol{E}=\begin{pmatrix}1&0&0\\0&1&0\\0&0&1\end{pmatrix}$，对应的初等矩阵 $\boldsymbol{P}(2, 3)=\begin{pmatrix}1&0&0\\0&0&1\\0&1&0\end{pmatrix}$．

(2) 用不为零的数 k 乘 $\boldsymbol{E}_n$ 的第 i 行的所有元素得到的矩阵，记作 $\boldsymbol{P}(i(k))$（它也可以用不为零的数 k 乘 $\boldsymbol{E}_n$ 的第 j 列的所有元素得到，记作 $\boldsymbol{P}(j(k))$）．

$$\boldsymbol{P}(i(k))=\begin{pmatrix} 1 &&&& \\ & \cdots &&& \\ && k && \\ &&& \cdots & \\ &&&& 1 \end{pmatrix}\begin{matrix} \\ \\ (i\text{行}) \\ \\ \\ \end{matrix}$$

例如，三阶单位矩阵 $\boldsymbol{E}=\begin{pmatrix}1&0&0\\0&1&0\\0&0&1\end{pmatrix}$，对应的初等矩阵 $\boldsymbol{P}(3(k))=\begin{pmatrix}1&0&0\\0&1&0\\0&0&k\end{pmatrix}$．

(3) 将 $\boldsymbol{E}_n$ 的第 j 行的 k 倍对应加到第 i 行得到的矩阵，记作 $\boldsymbol{P}(i, j(k))$（它也可以通过 $\boldsymbol{E}_n$ 的第 j 列的 k 倍对应加到第 i 列得到）．

$$\boldsymbol{P}(i, j(k))=\begin{pmatrix} 1 &&&&& \\ & \ddots &&&& \\ && 1 & \cdots & k & \\ &&& \ddots & \vdots & \\ &&&& 1 & \\ &&&&& \ddots & \\ &&&&&& 1 \end{pmatrix}\begin{matrix} \\ \\ (i\text{行}) \\ \\ (j\text{行}) \\ \\ \\ \end{matrix}$$

例如，三阶单位矩阵 $\boldsymbol{E}=\begin{pmatrix}1&0&0\\0&1&0\\0&0&1\end{pmatrix}$，对应的初等矩阵 $\boldsymbol{P}(2,3(k))=\begin{pmatrix}1&0&0\\0&1&k\\0&0&1\end{pmatrix}$.

易知，三种初等矩阵的行列式 $|\boldsymbol{P}(i,j)|=-1$，$|\boldsymbol{P}(i(k))|=k$，$|\boldsymbol{P}(i,j(k))|=1$. 三种初等矩阵均可逆，初等矩阵的逆矩阵是和它同类的初等矩阵.

19.1.2 初等矩阵的性质

定理 6 对一个 $s\times n$ 的矩阵 $\boldsymbol{A}$ 作一次行初等变换就相当于在 $\boldsymbol{A}$ 的左边乘以一个 s 阶的初等矩阵(对一个 $s\times n$ 的矩阵 $\boldsymbol{A}$ 作一次列初等变换就相当于在 $\boldsymbol{A}$ 的右边乘以一个 n 阶的初等矩阵).

证明 我们只看行变换的情形，列变换的情形可同样证明. 令 $\boldsymbol{B}=(b_{ij})$ 为任意一个 s 阶初等矩阵，$\boldsymbol{A}_1$，$\boldsymbol{A}_2$，…，$\boldsymbol{A}_s$ 为 $\boldsymbol{A}$ 的行向量. 由矩阵的分块乘法可知：

$$\boldsymbol{B}=\begin{pmatrix}b_{11}&b_{12}&\cdots&b_{1s}\\b_{21}&b_{22}&\cdots&b_{2s}\\\vdots&\vdots&&\vdots\\b_{s1}&b_{s2}&\cdots&b_{ss}\end{pmatrix},\ \boldsymbol{A}=\begin{pmatrix}a_{11}&a_{12}&\cdots&a_{1n}\\a_{21}&a_{22}&\cdots&a_{2n}\\\vdots&\vdots&&\vdots\\a_{s1}&a_{s2}&\cdots&a_{sn}\end{pmatrix}=\begin{pmatrix}\boldsymbol{A}_1\\\boldsymbol{A}_2\\\vdots\\\boldsymbol{A}_s\end{pmatrix}$$

$$\begin{aligned}\boldsymbol{BA}&=\begin{pmatrix}b_{11}&b_{12}&\cdots&b_{1s}\\b_{21}&b_{22}&\cdots&b_{2s}\\\vdots&\vdots&&\vdots\\b_{s1}&b_{s2}&\cdots&b_{ss}\end{pmatrix}\begin{pmatrix}a_{11}&a_{12}&\cdots&a_{1n}\\a_{21}&a_{22}&\cdots&a_{2n}\\\vdots&\vdots&&\vdots\\a_{s1}&a_{s2}&\cdots&a_{sn}\end{pmatrix}=\begin{pmatrix}b_{11}&b_{12}&\cdots&b_{1s}\\b_{21}&b_{22}&\cdots&b_{2s}\\\vdots&\vdots&&\vdots\\b_{s1}&b_{s2}&\cdots&b_{ss}\end{pmatrix}\begin{pmatrix}\boldsymbol{A}_1\\\boldsymbol{A}_2\\\vdots\\\boldsymbol{A}_s\end{pmatrix}\\&=\begin{pmatrix}b_{11}\boldsymbol{A}_1+b_{12}\boldsymbol{A}_2+\cdots+b_{1s}\boldsymbol{A}_s\\b_{21}\boldsymbol{A}_1+b_{22}\boldsymbol{A}_2+\cdots+b_{2s}\boldsymbol{A}_s\\\vdots\\b_{s1}\boldsymbol{A}_1+b_{s2}\boldsymbol{A}_2+\cdots+b_{ss}\boldsymbol{A}_s\end{pmatrix}\end{aligned}$$

特别地，令 $\boldsymbol{B}=\boldsymbol{P}(i,j)$，得

$$\begin{matrix}\\\\i\text{行}\\\\j\text{行}\\\\\\\end{matrix}\begin{pmatrix}\boldsymbol{A}_1\\\vdots\\\boldsymbol{A}_j\\\vdots\\\boldsymbol{A}_i\\\vdots\\\boldsymbol{A}_s\end{pmatrix}=\boldsymbol{P}(i,j)\boldsymbol{A}$$

这说明矩阵 $\boldsymbol{A}$ 的 i 行与 j 行互换也相当于 $\boldsymbol{A}$ 的左边乘以一个 s 阶的初等矩阵 $\boldsymbol{B}=\boldsymbol{P}(i,j)$.

令 $\boldsymbol{B}=\boldsymbol{P}(i(k))$，得

$$i\text{行}\begin{pmatrix} \boldsymbol{A}_1 \\ \vdots \\ k\boldsymbol{A}_i \\ \vdots \\ \boldsymbol{A}_s \end{pmatrix}=\boldsymbol{P}(i(k))\boldsymbol{A}$$

这说明常数 k 乘以矩阵 $\boldsymbol{A}$ 的第 i 行也相当于 $\boldsymbol{A}$ 的左边乘以一个 s 阶的初等矩阵 $\boldsymbol{B}=\boldsymbol{P}(i(k))$.

令 $\boldsymbol{B}=\boldsymbol{P}(i, j)$，得

$$\begin{matrix} \\ \\ i\text{行} \\ \\ j\text{行} \\ \\ \\ \end{matrix}\begin{pmatrix} \boldsymbol{A}_1 \\ \vdots \\ \boldsymbol{A}_i+k\boldsymbol{A}_j \\ \vdots \\ \boldsymbol{A}_j \\ \vdots \\ \boldsymbol{A}_s \end{pmatrix}=\boldsymbol{P}(i, j(k))\boldsymbol{A}$$

这说明矩阵 $\boldsymbol{A}$ 的第 j 行的 k 倍加到第 i 行也相当于 $\boldsymbol{A}$ 的左边乘以一个 s 阶的初等矩阵 $\boldsymbol{B}=\boldsymbol{P}(i, j)$.

定理 7　$n\times n$ 矩阵 $\boldsymbol{A}$ 可逆的充分必要条件是 $\boldsymbol{A}$ 是一些初等矩阵的积.

证明　充分性是明显的. 现证明必要性.

设 $\boldsymbol{A}$ 是 $n\times n$ 的矩阵，$\boldsymbol{A}$ 可以经过一系列的初等变换变成行最简矩阵 $\boldsymbol{H}$，也就是说，存在可逆矩阵 $\boldsymbol{P}=\boldsymbol{P}_s\cdots\boldsymbol{P}_2\boldsymbol{P}_1$，其中 $\boldsymbol{P}_s\cdots\boldsymbol{P}_2\boldsymbol{P}_1$ 都是初等矩阵，使得 $\boldsymbol{H}=\boldsymbol{PA}$.

若 $\boldsymbol{A}$ 可逆，则 $\boldsymbol{H}=\boldsymbol{PA}$ 可逆，即 $|\boldsymbol{H}|\neq 0$，故 $\boldsymbol{H}$ 没有零行，即有 n 个非零行，因此 $\boldsymbol{H}=\boldsymbol{E}_n$（$n\times n$ 的行最简矩阵有 n 个非零行则必为 $\boldsymbol{E}_n$）.

因此，可逆矩阵总可以经过一系列初等行变换化成单位矩阵.

19.1.3　用初等变换求逆矩阵

引理 1　设 $\boldsymbol{B}$ 是一个 $m\times n$ 的矩阵，$\boldsymbol{\alpha}_j(j=1, 2, \cdots, t)$ 是一个 $n\times 1$ 的矩阵，$\boldsymbol{A}_1$ 是一个 $n\times t$ 的矩阵，$\boldsymbol{A}_2$ 是一个 $n\times s$ 的矩阵，则

(1) $\boldsymbol{B}(\boldsymbol{\alpha}_1, \boldsymbol{\alpha}_2, \cdots, \boldsymbol{\alpha}_t)=(\boldsymbol{B\alpha}_1, \boldsymbol{B\alpha}_2, \cdots, \boldsymbol{B\alpha}_t)$；

(2) $\boldsymbol{B}(\boldsymbol{A}_1 \vdots \boldsymbol{A}_2)=(\boldsymbol{BA}_1 \vdots \boldsymbol{BA}_2)$.

如果有初等矩阵 $\boldsymbol{P}_s\cdots\boldsymbol{P}_2\boldsymbol{P}_1$，使 $\boldsymbol{P}_s\cdots\boldsymbol{P}_2\boldsymbol{P}_1\boldsymbol{A}=\boldsymbol{E}_n$，则 $\boldsymbol{A}$ 可逆，并且 $\boldsymbol{A}^{-1}=\boldsymbol{P}_s\cdots\boldsymbol{P}_2\boldsymbol{P}_1$. 因此有 $\boldsymbol{P}_s\cdots\boldsymbol{P}_2\boldsymbol{P}_1(\boldsymbol{A} \vdots \boldsymbol{E}_n)=(\boldsymbol{P}_s\cdots\boldsymbol{P}_2\boldsymbol{P}_1\boldsymbol{A} \vdots \boldsymbol{P}_s\cdots\boldsymbol{P}_2\boldsymbol{P}_1\boldsymbol{E}_n)=(\boldsymbol{E}_n \vdots \boldsymbol{A}^{-1})$.

注意到，$\boldsymbol{P}_1(\boldsymbol{A} \vdots \boldsymbol{E}_n)$ 相当于作一次行初等变换. 于是，可得用初等变换求逆矩阵的方法如下：

(1) 构造 $n\times 2n$ 矩阵 $(\boldsymbol{A} \vdots \boldsymbol{E}_n)$；

(2) 对矩阵$(\boldsymbol{A} \vdots \boldsymbol{E}_n)$实施行初等变换，使$(\boldsymbol{A} \vdots \boldsymbol{E}_n)$左边的矩阵化成行最简；

(3) 如果得到$(\boldsymbol{E}_n \vdots \boldsymbol{H})$，则$\boldsymbol{A}$可逆，并且$\boldsymbol{A}^{-1}=\boldsymbol{H}$.

例 27　已知矩阵$\boldsymbol{A}=\begin{pmatrix}1 & -2 & 1\\ 2 & -3 & 1\\ 3 & 1 & -3\end{pmatrix}$，求$\boldsymbol{A}^{-1}$.

解　$$(\boldsymbol{A} \vdots \boldsymbol{E}_3)=\begin{pmatrix}1 & -2 & 1 & 1 & 0 & 0\\ 2 & -3 & 1 & 0 & 1 & 0\\ 3 & 1 & -3 & 0 & 0 & 1\end{pmatrix}\xrightarrow[r_3-3r_1]{r_2-2r_1}\begin{pmatrix}1 & -2 & 1 & 1 & 0 & 0\\ 0 & 1 & -1 & -2 & 1 & 0\\ 0 & 7 & -6 & -3 & 0 & 1\end{pmatrix}$$

$$\xrightarrow[r_3-7r_2]{r_1+2r_2}\begin{pmatrix}1 & 0 & -1 & -3 & 2 & 0\\ 0 & 1 & -1 & -2 & 1 & 0\\ 0 & 0 & 1 & 11 & -7 & 1\end{pmatrix}\xrightarrow[r_2+r_3]{r_1+r_3}\begin{pmatrix}1 & 0 & 0 & 8 & -5 & 1\\ 0 & 1 & 0 & 9 & -6 & 1\\ 0 & 0 & 1 & 11 & -7 & 1\end{pmatrix}$$

所以$\boldsymbol{A}^{-1}=\begin{pmatrix}8 & -5 & 1\\ 9 & -6 & 1\\ 11 & -7 & 1\end{pmatrix}$.

注：(1) 如果$\boldsymbol{A}$可逆，则必须经过行初等变换，将$(\boldsymbol{A} \vdots \boldsymbol{E}_n)$变成$(\boldsymbol{E}_n \vdots \boldsymbol{H})$. 如果$\boldsymbol{A}$不可逆，则用行初等变换将$(\boldsymbol{A} \vdots \boldsymbol{E}_n)$的左边化成行最简矩阵时，左边必然出现零行. 因此，利用上述方法可以判断$\boldsymbol{A}$是否可逆.

(2) 利用逆矩阵求解矩阵方程$\boldsymbol{AX}=\boldsymbol{B}$时，除可利用将其等价于求矩阵$\boldsymbol{X}=\boldsymbol{A}^{-1}\boldsymbol{B}$的方法外，还可采用类似矩阵行初等变换求矩阵的逆的方法，其步骤如下：

① 构造矩阵$(\boldsymbol{A} \vdots \boldsymbol{B})$；

② 对$(\boldsymbol{A} \vdots \boldsymbol{B})$施以行初等变换，将矩阵$(\boldsymbol{A} \vdots \boldsymbol{B})$的左边化为行最简；

③ 如果得到的是$(\boldsymbol{E} \vdots \boldsymbol{H})$，则$\boldsymbol{X}=\boldsymbol{H}$是方程的(唯一)解.

例 28　求解矩阵方程$\boldsymbol{AX}=\boldsymbol{B}$，其中

$$\boldsymbol{A}=\begin{pmatrix}1 & 0 & 1\\ 1 & 2 & -1\\ -1 & 2 & 0\end{pmatrix},\ \boldsymbol{B}=\begin{pmatrix}1 & 0 & 2\\ -1 & 1 & 1\\ 1 & 0 & 1\end{pmatrix}$$

解　方法一　构造矩阵：

$$(\boldsymbol{A} \vdots \boldsymbol{E}_3)=\begin{pmatrix}1 & 0 & 1 & 1 & 0 & 0\\ 1 & 2 & -1 & 0 & 1 & 0\\ -1 & 2 & 0 & 0 & 0 & 1\end{pmatrix}\xrightarrow[r_3+r_1]{r_2-r_1}\begin{pmatrix}1 & 0 & 1 & 1 & 0 & 0\\ 0 & 2 & -2 & -1 & 1 & 0\\ 0 & 2 & 1 & 1 & 0 & 1\end{pmatrix}$$

$$\xrightarrow{r_3-r_2}\begin{pmatrix}1 & 0 & 1 & 1 & 0 & 0\\ 0 & 2 & -2 & -1 & 1 & 0\\ 0 & 0 & 3 & 2 & -1 & 1\end{pmatrix}\xrightarrow[\frac{1}{3}r_3]{\frac{1}{2}r_2}\begin{pmatrix}1 & 0 & 1 & 1 & 0 & 0\\ 0 & 1 & -1 & -\frac{1}{2} & \frac{1}{2} & 0\\ 0 & 0 & 1 & \frac{2}{3} & -\frac{1}{3} & \frac{1}{3}\end{pmatrix}$$

$$\xrightarrow[r_2+r_3]{r_1-r_3}\begin{pmatrix}1&0&0&\frac{1}{3}&\frac{1}{3}&-\frac{1}{3}\\0&1&0&\frac{1}{6}&\frac{1}{6}&\frac{1}{3}\\0&0&1&\frac{2}{3}&-\frac{1}{3}&\frac{1}{3}\end{pmatrix},\quad \boldsymbol{A}^{-1}=\begin{pmatrix}\frac{1}{3}&\frac{1}{3}&-\frac{1}{3}\\\frac{1}{6}&\frac{1}{6}&\frac{1}{3}\\\frac{2}{3}&-\frac{1}{3}&\frac{1}{3}\end{pmatrix}$$

所以

$$\boldsymbol{X}=\boldsymbol{A}^{-1}\boldsymbol{B}=\begin{pmatrix}\frac{1}{3}&\frac{1}{3}&-\frac{1}{3}\\\frac{1}{6}&\frac{1}{6}&\frac{1}{3}\\\frac{2}{3}&-\frac{1}{3}&\frac{1}{3}\end{pmatrix}\begin{pmatrix}1&0&2\\-1&1&1\\1&0&1\end{pmatrix}=\begin{pmatrix}-\frac{1}{3}&\frac{1}{3}&\frac{2}{3}\\\frac{1}{3}&\frac{1}{6}&\frac{5}{6}\\\frac{4}{3}&-\frac{1}{3}&\frac{4}{3}\end{pmatrix}$$

方法二　构造矩阵：

$$(\boldsymbol{A}\vdots\boldsymbol{B})=\begin{pmatrix}1&0&1&1&0&2\\1&2&-1&-1&1&1\\-1&2&0&1&0&1\end{pmatrix}\xrightarrow[r_3+r_1]{r_2-r_1}\begin{pmatrix}1&0&1&1&0&2\\0&2&-2&-2&1&-1\\0&2&1&2&0&3\end{pmatrix}$$

$$\xrightarrow{r_3-r_2}\begin{pmatrix}1&0&1&1&0&2\\0&2&-2&-2&1&-1\\0&0&3&4&-1&4\end{pmatrix}\xrightarrow[\frac{1}{3}r_3]{\frac{1}{2}r_2}\begin{pmatrix}1&0&1&1&0&2\\0&1&-1&-1&\frac{1}{2}&-\frac{1}{2}\\0&0&1&\frac{4}{3}&-\frac{1}{3}&\frac{4}{3}\end{pmatrix}$$

$$\xrightarrow[r_2+r_3]{r_1-r_3}\begin{pmatrix}1&0&0&-\frac{1}{3}&\frac{1}{3}&\frac{2}{3}\\0&1&0&\frac{1}{3}&\frac{1}{6}&\frac{5}{6}\\0&0&1&\frac{4}{3}&-\frac{1}{3}&\frac{4}{3}\end{pmatrix},\quad \boldsymbol{X}=\begin{pmatrix}-\frac{1}{3}&\frac{1}{3}&\frac{2}{3}\\\frac{1}{3}&\frac{1}{6}&\frac{5}{6}\\\frac{4}{3}&-\frac{1}{3}&\frac{4}{3}\end{pmatrix}$$

类似地，通过转置，我们可以利用行初等变换来解矩阵方程 $\boldsymbol{XA}=\boldsymbol{C}$. 对方程左右两边做转置，$(\boldsymbol{XA})^{\mathrm{T}}=\boldsymbol{C}^{\mathrm{T}}\Rightarrow\boldsymbol{A}^{\mathrm{T}}\boldsymbol{X}^{\mathrm{T}}=\boldsymbol{C}^{\mathrm{T}}$，其求解步骤如下：

(1) 构造矩阵$(\boldsymbol{A}^{\mathrm{T}}\vdots\boldsymbol{C}^{\mathrm{T}})$；

(2) 利用行初等变换将$(\boldsymbol{A}^{\mathrm{T}}\vdots\boldsymbol{C}^{\mathrm{T}})$的左边化成行最简；

(3) 如果得到的是$(\boldsymbol{E}\vdots\boldsymbol{H})$，则 $\boldsymbol{X}=\boldsymbol{H}^{\mathrm{T}}$ 是方程的(唯一)解.

例 29　求解矩阵方程 $\boldsymbol{XB}=\boldsymbol{C}$，其中

$$\boldsymbol{B}=\begin{pmatrix}1&-1&0\\0&2&4\\1&0&1\end{pmatrix},\quad \boldsymbol{C}=\begin{pmatrix}2&-3&1\\1&1&0\\2&1&1\end{pmatrix}$$

解　构造矩阵：

$$(\boldsymbol{B}^{\mathrm{T}} \vdots \boldsymbol{C}^{\mathrm{T}})=\begin{pmatrix}1&0&1&2&1&2\\-1&2&0&-3&1&1\\0&4&1&1&0&1\end{pmatrix}\xrightarrow{r_2+r_1}\begin{pmatrix}1&0&1&2&1&2\\0&2&1&-1&2&3\\0&4&1&1&0&1\end{pmatrix}$$

$$\xrightarrow{r_3-2r_2}\begin{pmatrix}1&0&1&2&1&2\\0&2&1&-1&2&3\\0&0&-1&3&-4&-5\end{pmatrix}\xrightarrow[r_2+r_3]{r_1+r_3}\begin{pmatrix}1&0&0&5&-3&-3\\0&2&0&2&-2&-2\\0&0&-1&3&-4&-5\end{pmatrix}$$

$$\xrightarrow[-r_3]{\frac{1}{2}r_2}\begin{pmatrix}1&0&0&5&-3&-3\\0&1&0&1&-1&-1\\0&0&1&-3&4&5\end{pmatrix},\quad \boldsymbol{X}^{\mathrm{T}}=\begin{pmatrix}5&-3&-3\\1&-1&-1\\-3&4&5\end{pmatrix}$$

因此

$$\boldsymbol{X}=\begin{pmatrix}5&1&-3\\-3&-1&4\\-3&-1&5\end{pmatrix}$$

19.2　专业应用案例

例 30　王某用 60 万元投资 A、B 两个项目，其中项目 A 的收益率为 7%，项目 B 的收益率为 12%，最终总收益为 5.6 万元，问王某在 A、B 项目上各投资多少万元？

解　设王某在 A、B 项目上各投资了 x_1，x_2 万元，根据题意，可列如下线性方程组：

$$\begin{cases}0.07x_1+0.12x_2=5.6\\x_1+x_2=60\end{cases}$$

建立矩阵方程如下：

$$\begin{pmatrix}0.07&0.12\\1&1\end{pmatrix}\begin{pmatrix}x_1\\x_2\end{pmatrix}=\begin{pmatrix}5.6\\60\end{pmatrix}$$

即 $\boldsymbol{AX}=\boldsymbol{B}$，再通过求逆矩阵解得 $\boldsymbol{X}=\boldsymbol{A}^{-1}\boldsymbol{B}$.

构造矩阵$(\boldsymbol{A} \vdots \boldsymbol{B})$，即 $\begin{pmatrix}0.07&0.12&5.6\\1&1&60\end{pmatrix}$，则

$$\begin{pmatrix}0.07&0.12&5.6\\1&1&60\end{pmatrix}\xrightarrow[100r_2]{r_1\leftrightarrow r_2}\begin{pmatrix}1&1&60\\7&12&560\end{pmatrix}\xrightarrow[\frac{1}{5}r_2]{r_2-7r_1}\begin{pmatrix}1&1&60\\0&1&28\end{pmatrix}\xrightarrow{r_1-r_2}\begin{pmatrix}1&0&32\\0&1&28\end{pmatrix}$$

所以，王某在项目 A 上投资 32 万元，在项目 B 上投资 28 万元.

例 31　(利用矩阵编制密码)将“WEARESTUDENTS”编成密码.

解　(1) 将26个字母与26个数字一一对应：

$$A-1,\ B-2,\ C-3,\ D-4,\ E-5,\ \cdots,\ Y-25,\ Z-26$$

(2) 把要加密的字母分组得到相应的矩阵，选用两个元素的矩阵：

$$\begin{pmatrix} W \\ E \end{pmatrix}=\begin{pmatrix} 23 \\ 5 \end{pmatrix},\ \begin{pmatrix} A \\ R \end{pmatrix}=\begin{pmatrix} 1 \\ 18 \end{pmatrix},\ \begin{pmatrix} E \\ S \end{pmatrix}=\begin{pmatrix} 5 \\ 19 \end{pmatrix},\ \begin{pmatrix} T \\ U \end{pmatrix}=\begin{pmatrix} 20 \\ 21 \end{pmatrix}$$

$$\begin{pmatrix} D \\ E \end{pmatrix}=\begin{pmatrix} 4 \\ 5 \end{pmatrix},\ \begin{pmatrix} N \\ T \end{pmatrix}=\begin{pmatrix} 14 \\ 20 \end{pmatrix},\ \begin{pmatrix} S \\ Z \end{pmatrix}=\begin{pmatrix} 19 \\ 26 \end{pmatrix}$$

最后一组字母用 Z 补齐.

(3) 将每个矩阵左乘可逆矩阵 $\boldsymbol{A}$(保密的)，发出得到的新的数字矩阵(公开的).

(4) 接收到密码后再左乘 $\boldsymbol{A}^{-1}$，即可还原密码，得到真码.

(5) 将还原之后的数字与字母比照即可翻译成原话(最后一个字母不在句子中，自然可以省略).

注:数字可公开，但矩阵 $\boldsymbol{A}$(保密的)不能公开，同时矩阵 $\boldsymbol{A}$(保密的)还可以随时进行调整.

思政课堂

最美奋斗者——张桂梅

张桂梅，女，满族，中共党员，1957年6月出生，辽宁岫岩人，丽江华坪女子高级中学书记、校长，华坪县儿童福利院院长(义务兼任). 她是改革开放中成长起来的忠诚的共产主义信仰者，总是以自己的思想、人格、情感、行为和学识起到先锋引领作用. 她以共产主义信仰为办学教育模式，改革创新锻造了丽江教育史上的奇迹，展示了锐意改革、敢打敢拼的光辉形象.

她是党的十七大代表，是全国十佳师德标兵、全国先进工作者、全国十大女杰、全国精神文明十佳人物、全国十佳知识女性、中国十大教育年度人物、全国百名优秀母亲、全国最美乡村教师，以及全国“五一”劳动奖章、兴滇人才奖等40多个荣誉称号的获得者，是百名孩子口中的妈妈，更是山区女孩子的一线曙光，她以忘我的精神在华坪教育战线上辛勤奉献了23年，用心血和汗水为华坪教育谱写着新篇章.

1. 全新办学模式——创办免费的女子高中

2008年9月1日，在张桂梅老师的倡导下，在省、市、县各级党委政府的支持和社会各界的捐助下，丽江华坪女子高中开学了. 女子高中是全国第一家全免费的高中，是践行教育公平的改革先遣队. 开学那天，一些家长放声哭起来，激动地喊出了:“感谢共产党，感谢政府，感谢全社会好心人!”

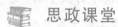

在女子高中建校10年中，张桂梅老师先后失去了三位亲人，但每一次，她都没能回去

看一眼. 然而，即便如此，在募捐中，她还是会遭到一些不解，甚至有次被人放狗出来追咬. 小脑萎缩的她本来就不能很好地保持平衡，自然跑不过恶狗. 一番撕咬后，看着被狗撕破的裤腿和流血的脚，想着自己的委屈，她坐在地上放声大哭. 还有一次，在募捐时，被人误以为是骗子，在大庭广众之下被吐口水. 但张桂梅为了心中那份对党的教育事业的忠诚，默默承受着.

2. 不忘教育初心用生命办学

办校以来，身患重症、满身药味、满脸浮肿的张桂梅住在女子高中学生宿舍，与学生同吃、同住，陪伴学生学习. 她每天早上 5 点钟起床，拖着疲惫的身躯咬牙坚持到晚上 12 点 30 分才睡，周而复始，常年如此.

张桂梅每年春节一直坚持家访，亲自走访了 1527 名学生的家庭，没有在账上报过一分钱. 学生来自丽江市四个县的各大山头，家访行程十万多公里. 不管山路多么艰险，她从未退缩. 车子到不了，便步行；步行走不稳，爬也要爬到. 每次家访回来，她都要重病一次. 张桂梅用柔弱的身躯扛过了病痛带来的巨大的痛苦，用共产党人的信念，支撑着走进每个孩子的家.

张桂梅为了女子高中，一直孜孜不倦地前行. 她用生命陪伴着女子高中的孩子们，忘记了失去亲人的悲痛，忘记了别人的诸多不解、非议和委屈，忘记了头顶上的一长串殊荣，忘记了折磨她的病痛和不幸，忘记了年龄和生死，以忘我的精神投入到党的教育事业中. 她坚信要让最底层的百姓看到希望；要让他们的孩子和所有孩子一样，享受教育的公平，享受着党和政府的关怀与温暖；学校就是要培养能回报社会、真正具有共产主义理想、能把自己从社会上得到的帮助再传递下去的学生. 她曾经这样说过："如果说我有追求，那就是我的事业；如果说我有期盼，那就是我的学生；如果说我有动力，那就是党和人民."

3. 打破常规改革创新以信仰教育培养社会主义合格的接班人

女子高中在建校初期没有宿舍，没有食堂、厕所，没有围墙. 不管是老师还是学生都住在教室里，食堂、厕所和邻近的学校共用. 教师辞职、学生辍学是常有的事. 这时，在张桂梅那共产党人坚定信念的影响下，党支部率先打破常规，以党建统领校建 ，开创了"五个一"党性常规活动，"五个一"即"全体党员一律佩戴党徽上班""每周重温一次入党誓词""每周唱一支革命经典歌曲""党员每周一次理论学习""组织党员每周观看一部具有教育意义的影片并写观后感交流".

张桂梅之所以为党的教育事业、为人民的教育事业锲而不舍、坚定不移、无私奉献，就是因为她具有崇高的理想和坚定的信念，虽病魔缠身，遭受一次又一次的打击，却始终把学生放在心上，把党的教育事业放在心上. 她把所有捐给她治病的钱和奖金、工资，共 70 多万元全部捐献出来修建乡村校舍. 2015 年，她把十七大党代表证、五一劳动奖章、奥运火炬和毕生获得的所有荣誉证书，毫无保留地全部交给了组织，全部保留在了县档案馆里.

她说是党为她指引了一条光明的人生路，是党为她铺就了鲜花盛开的路，她所做的算不了什么，她就是要以共产党人坚定的理想信念，为党和人民奉献自己的全部.

2018年，以张桂梅老师为首的女子高中——这个贫困山区女孩实现梦想的大家庭容纳了1527名成员，高考成绩始终保持全市第一名. 从女子高中毕业的八届学生没有一个辜负家乡父老的期望，没有辜负学校老师孜孜不倦的教诲，全部进入了大学的殿堂，实现了走出大山、飞越大山的梦想. 张桂梅曾说过“人要有一种不倒的精神、一种忘我的精神、一种自信的精神，雨水冲不倒，大风刮不倒，只有我们坚持着，觉得自己能行，就不会倒，什么样的奇迹都会创造”. 如今张桂梅让人熟知的不再仅仅是儿童之家的“张妈妈”了，更多地，她是山里女孩的“老师妈妈”，她创办的女子高中免费为山里女孩提供教育，如今学校已真正成为山里女孩的“梦工场”、最贴心的“家”、党和政府联系群众的一座爱心之桥.

习 题

任 务 17

一、填空题

1. 矩阵与行列式的不同点为________.

2. 若 n 阶方阵 $\boldsymbol{A}$ 为零矩阵，则 $\boldsymbol{A}$ 所对应的行列式 $|\boldsymbol{A}|=$________. 反过来，若 $|\boldsymbol{A}|=0$，那么 $\boldsymbol{A}$ 也是零矩阵吗？举例说明________.

3. 对于 n 阶方阵 $\boldsymbol{A}$，$|-\boldsymbol{A}|=|\boldsymbol{A}|$ 是否成立，举例说明________.

4. $\boldsymbol{A}=\begin{pmatrix}1 & 0\\ 0 & 1\end{pmatrix}$，$D=\begin{vmatrix}1 & 0\\ 0 & 1\end{vmatrix}$，则 $2\boldsymbol{A}=$________，$3D=$________，$\boldsymbol{A}^3=$________.

5. $\boldsymbol{A}=\begin{pmatrix}4 & -1 & 2 & 1\\ 1 & 1 & 0 & 3\\ 0 & 3 & 1 & 4\end{pmatrix}$，$\boldsymbol{B}=\begin{pmatrix}40 & -1 & 2 & 1\\ 17 & 1 & 10 & 3\\ 0 & 32 & 1 & 4\end{pmatrix}$，则 $10\boldsymbol{A}-2\boldsymbol{B}=$________，$\boldsymbol{A}^{\mathrm{T}}=$________.

二、解答题

1. 已知甲、乙、丙三家企业某年用电量如下表所示，试把这三家企业某年度用电情况写成矩阵形式.

用电量　　　　万瓦/小时

企业	一季度	二季度	三季度	四季度
甲	920	910	865	925
乙	780	810	877	805
丙	585	607	599	615

2. 已知二阶方阵

$$\begin{pmatrix}x & 2y\\ z & -8\end{pmatrix}=\begin{pmatrix}2u & u\\ 1 & 2x\end{pmatrix}$$

求 x，y，u，z 的值.

三、计算题

1. 设 $\boldsymbol{A}=\begin{pmatrix}2 & 1 & 3\\ -1 & 2 & -1\\ 4 & 0 & 2\end{pmatrix}$，$\boldsymbol{B}=\begin{pmatrix}3 & 2 & 1\\ -2 & 0 & 4\\ 2 & 1 & 3\end{pmatrix}$，求 $\boldsymbol{A}^{\mathrm{T}}\boldsymbol{B}$ 和 $\boldsymbol{A}\boldsymbol{B}^{\mathrm{T}}$.

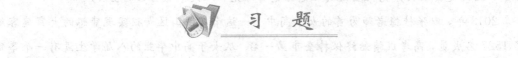

2. 计算.

(1) $\begin{pmatrix} 4 & 3 & 1 \\ 1 & -2 & 3 \\ 5 & 7 & 0 \end{pmatrix}\begin{pmatrix} 7 & -1 \\ 2 & 1 \\ 1 & 0 \end{pmatrix}$；　　(2) $\begin{pmatrix} 0 & 1 & 0 \\ 1 & 0 & 0 \\ 0 & 0 & 1 \end{pmatrix}\begin{pmatrix} 1 & 2 & 3 & 4 \\ 5 & 6 & 7 & 8 \\ 9 & 10 & 11 & 12 \end{pmatrix}$.

3. 设 $\boldsymbol{A}=\begin{pmatrix} 1 & 2 \\ 3 & 4 \end{pmatrix}$，$\boldsymbol{B}=\begin{pmatrix} 3 & 1 \\ -1 & 2 \end{pmatrix}$，满足 $2\boldsymbol{A}+\boldsymbol{X}=\boldsymbol{B}$，求 $\boldsymbol{X}$.

4. 计算矩阵：$\begin{pmatrix} -1 & 2 \\ 2 & -1 \end{pmatrix}^2+\begin{pmatrix} 0 & 1 \\ 1 & 0 \end{pmatrix}^3$.

任　务　18

一、填空题

1. 设矩阵 $\boldsymbol{A}=\begin{pmatrix} 1 & 3 \\ 2 & 4 \end{pmatrix}$，则 $\boldsymbol{A}$ 的方阵行列式等于________，伴随矩阵 $\boldsymbol{A}^*$ 等于________，$2|\boldsymbol{A}|=$________，$|2\boldsymbol{A}|=$________.

2. 设矩阵 $\boldsymbol{A}=\begin{pmatrix} 1 & 3 \\ \sqrt{2} & 4 \end{pmatrix}$，则其经初等变换后得到的阶梯形矩阵等于________，且它的秩 $R(\boldsymbol{A})=$________.

二、解答题

1. 已知矩阵 $\boldsymbol{A}=\begin{pmatrix} a & b \\ c & d \end{pmatrix}$，且 $ad-bc=0$，求 $\boldsymbol{A}^{-1}$.

2. 判别下列矩阵是否可逆，若可逆则求出逆矩阵.

(1) $\begin{pmatrix} 1 & 0 & 1 \\ 0 & 2 & 0 \\ 1 & 0 & 3 \end{pmatrix}$；　　(2) $\begin{pmatrix} 3 & 4 & 1 \\ 2 & -1 & 1 \\ 5 & 3 & 2 \end{pmatrix}$.

3. 利用矩阵的初等变换求逆矩阵

(1) $\boldsymbol{A}=\begin{pmatrix} 1 & 1 & 1 & 1 \\ 1 & 1 & -1 & -1 \\ 1 & -1 & 1 & -1 \\ 1 & -1 & -1 & 1 \end{pmatrix}$；　　(2) $\boldsymbol{A}=\begin{pmatrix} 1 & 3 & -5 & 7 \\ 0 & 1 & 2 & -3 \\ 0 & 0 & 1 & 2 \\ 0 & 0 & 0 & 1 \end{pmatrix}$.

4. 已知 $\boldsymbol{A}=\begin{pmatrix} 1 & 2 & 3 \\ 2 & 3 & -5 \\ 4 & 7 & 1 \end{pmatrix}$，$\boldsymbol{B}=\begin{pmatrix} 1 \\ 3 \\ 0 \end{pmatrix}$，求 $R(\boldsymbol{A})$，$R(\boldsymbol{B})$，$R(\boldsymbol{AB})$.

5. 按指定的分块求矩阵 $\boldsymbol{AB}$ 的乘积.

$$\boldsymbol{A}=\left(\begin{array}{cc|c} 1 & 0 & 2 \\ 0 & 1 & -2 \end{array}\right),\quad \boldsymbol{B}=\left(\begin{array}{cc} 1 & 0 \\ 0 & 1 \\ \hline 3 & -1 \end{array}\right)$$

任　务　19

1. 求满足方程$\begin{pmatrix}1&2&0\\2&4&1\\3&1&3\end{pmatrix}\cdot \boldsymbol{X}=\begin{pmatrix}2&1&3\\0&2&3\\0&0&1\end{pmatrix}$的$\boldsymbol{X}$.

2. 求下列矩阵的秩，并化成行最简形.

(1) $\begin{pmatrix}0&16&-7&-5&5\\1&-5&2&1&-1\\-1&-11&5&4&-4\\2&6&-3&-3&7\end{pmatrix}$；　　(2) $\begin{pmatrix}2&-1&-1&1&2\\1&1&-2&1&4\\4&-6&2&-2&4\\3&6&-9&7&9\end{pmatrix}$.

3. 用矩阵的初等变换求方阵$\boldsymbol{A}=\begin{pmatrix}3&2&1\\3&1&5\\3&2&3\end{pmatrix}$的逆矩阵.

4 已知矩阵$\boldsymbol{A}=\begin{pmatrix}1&0&1\\2&1&0\\-3&2&-5\end{pmatrix}$，求$(\boldsymbol{E}-\boldsymbol{A})^{-1}$.

综 合 练 习

一、填空题

1. 设$\boldsymbol{A}=\begin{pmatrix}1&2&0\\3&1&2\\-1&1&2\end{pmatrix}$，$\boldsymbol{B}=\begin{pmatrix}1&0&-1\\2&3&1\\3&1&0\end{pmatrix}$，则$3\boldsymbol{A}+2\boldsymbol{B}=$__________.

2. 设$\boldsymbol{A}=\begin{pmatrix}5&2&0&0\\2&1&0&0\\0&0&8&3\\0&0&5&2\end{pmatrix}$，$\boldsymbol{B}=\begin{pmatrix}1&0&0&0\\0&1&0&0\\-2&3&1&0\\4&-1&0&1\end{pmatrix}$，则$\boldsymbol{AB}=$__________，$\boldsymbol{BA}=$__________，$\boldsymbol{AB}-\boldsymbol{BA}=$__________.

3. 设$\boldsymbol{A}$，$\boldsymbol{B}$是3阶方阵，$\boldsymbol{E}$是3阶单位矩阵，已知$\boldsymbol{AB}=2\boldsymbol{A}+\boldsymbol{B}$，且$\boldsymbol{B}=\begin{pmatrix}2&0&2\\0&4&0\\2&0&2\end{pmatrix}$，则$(\boldsymbol{A}-\boldsymbol{E})^{-1}=$__________.

4. 设3阶方阵$\boldsymbol{A}$，$\boldsymbol{B}$满足$\boldsymbol{A}^2\boldsymbol{B}-\boldsymbol{A}-\boldsymbol{B}=\boldsymbol{E}$，其中$\boldsymbol{E}$是3阶单位矩阵，$\boldsymbol{A}=\begin{pmatrix}1&0&1\\0&2&0\\-2&0&1\end{pmatrix}$，则$|\boldsymbol{B}|=$__________.

5. 设$\boldsymbol{A}$，$\boldsymbol{B}$是n阶方阵，$\boldsymbol{A}^*$，$\boldsymbol{B}^*$分别是$\boldsymbol{A}$，$\boldsymbol{B}$对应的伴随矩阵，分块矩阵$\boldsymbol{C}=\begin{pmatrix}\boldsymbol{A} & \boldsymbol{0}\\ \boldsymbol{0} & \boldsymbol{B}\end{pmatrix}$，则矩阵$\boldsymbol{C}$的伴随矩阵$\boldsymbol{C}^*=$________________.

二、解答题

1. 设矩阵$\boldsymbol{A}=\begin{pmatrix}1 & 3 & 2\\ 4 & -1 & 0\end{pmatrix}$，$\boldsymbol{B}=\begin{pmatrix}1 & 1\\ 1 & 2\\ 0 & 1\end{pmatrix}$，求$\boldsymbol{AB}$.

2. 设矩阵$\boldsymbol{A}=\begin{pmatrix}1 & -1\\ -2 & 2\end{pmatrix}$，$\boldsymbol{B}=\begin{pmatrix}2 & 4\\ 2 & 4\end{pmatrix}$，求$\boldsymbol{AB}$和$\boldsymbol{BA}$.

3. 求矩阵$\boldsymbol{A}=\begin{pmatrix}1 & 1 & -1\\ 2 & 1 & 0\\ 1 & -1 & 0\end{pmatrix}$的逆矩阵.

4. 设矩阵$\boldsymbol{A}=\begin{pmatrix}1 & -1\\ 2 & 3\end{pmatrix}$，$\boldsymbol{B}=\boldsymbol{A}^2-3\boldsymbol{A}+2\boldsymbol{E}$，求$\boldsymbol{B}^{-1}$.

5. 求矩阵$\boldsymbol{X}$，使下列等式成立.

$$\boldsymbol{X}\begin{pmatrix}1 & 1 & -1\\ 0 & 2 & 2\\ 1 & -1 & 0\end{pmatrix}=\begin{pmatrix}1 & -1 & 1\\ 1 & 1 & 0\\ 2 & 1 & 1\end{pmatrix}$$

拓展模块

幻方与数阵

1. 主要理论

1）幻方

（1）幻方的概念及起源.

幻方又称为魔方、方阵，在正方形方格内填入自然数，使其每行、每列及两条对角线上的各数之和相等，这样的正方形方格称为幻方. 由自然数构成的 $n\times n$ 正方形方阵称为 n 阶幻方($n>2$)，它的每一行及两条对角线上的数之和都相等. n 是幻方的阶数，$[n\times(n\times n+1)]/2$ 是它的幻和. 当 n 为奇数时，称该幻方为单阶幻方（奇阶幻方）；当 n 为偶数时，称该幻方为双阶幻方（偶阶幻方）. 幻方最早起源于我国，是一种广为流传的数学游戏，宋代数学家杨辉称之为纵横图.

（2）幻方的解题方法.

幻方题可以粗略地分为两种：一种是限制了所填入的数字，如给出了幻方所需要填入的各个数字，或者已经填入一个或几个数字；另一种是对填入的数字没有任何限制，填对即可.

解答幻方问题通常采用两种方法：一种是累加法，另一种是比较法.

① 累加法. 累加法通常是先将若干个幻和累加在一起，计算每一个位置上的重数，从而求出幻和与关键位置上的数字，然后结合枚举法完成幻方的填写. 利用这种方法填写幻方时要注意从特殊的数字和位置入手.

② 比较法. 比较法是指利用比较的方法直接填出某些位置的数字. 利用这种方法填写幻方时要注意观察幻方中相关联的幻和之间的关系，注意它们之间的共同部分，并比较不同的部分.

另外，解答幻方问题也有一些特殊的方法，如单幻方的罗伯法、斜线填法等.

2）数阵

（1）数阵的概念.

小学数学中我们常把含有数量关系的实际问题用语言或文字叙述出来，这样所形成的题目叫作应用题. 任何一道应用题都由两部分构成：第一部分是已知条件（简称条件），第二部分是所求问题（简称问题）. 应用题的条件和问题组成了应用题的结构. 下面我们来介绍小学数学中的方阵问题.

定义　将一些数按照一定的规则填在某种特定图形的规定位置上，这类图形称为数阵图，简称数阵. 将若干人或物依一定条件排成正方形，简称方阵. 根据已知条件求总人数或总物数，这类问题就叫作方阵问题. 数阵是由幻方演化出来的另一种数图. 方阵问题的三个方面可用图 1 表示.

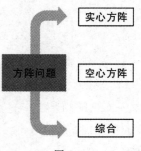

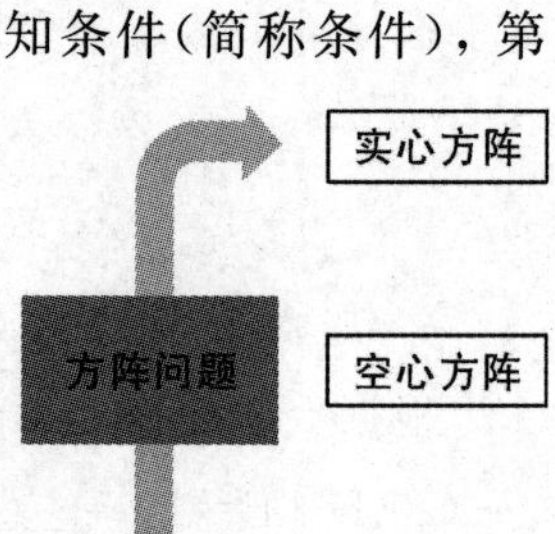

图 1

(2) 方阵的数量关系.

① 方阵每边人数与四周人数的关系：

$$四周人数=(每边人数-1)\times 4$$
$$每边人数=四周人数\div 4+1$$

② 方阵总人数的求法：

实心方阵：总人数＝每边人数×每边人数

空心方阵：总人数＝(外层每边人数－层数)×层数×4

内边人数＝外边人数－层数×2

③ 若将空心方阵分成四个相等的矩形计算，则

$$总人数=(每边人数-层数)\times 层数\times 4$$

(3) 解数阵问题的一般思路如下：

① 根据和相等，列出关系式，找出关键数——重复使用的数.

② 确定重复使用的数后，对照和相等的条件，求出其他各数.

③ 方阵问题有实心与空心两种：实心方阵的求法是以每边的数自乘；空心方阵的变化较多，其解答方法应根据具体情况确定.

2. 应用实例

1) 幻方

例 1　将 1～9 填入 3×3 的方格表中(如图 2 所示)，使其每行、每列及两条对角线上的 3 个数字之和都相等，一共有多少种填法？

图 2

分析　首先应求出幻和，因为它是最重要的量. 由于

$$1+2+3+4+5+6+7+8+9=45$$

所以幻和为

$$45\div 3=15$$

然后考虑中间一格应填哪个数字(如图 3 所示).

A	B	C
D	E	F
G	H	I

图 3

下面就需要考虑 E 这个数字，因为包含 E 的 4 条直线上的和都是 15，即

$$A+E+I=15,\ B+E+H=15,\ C+E+G=15,\ D+E+F=15$$

如果把这 4 个式子的左右两边分别相加，就可以得

$$A+B+C+D+E+F+G+H+I=45$$

那么 $45+3\times E=60$，故 $E=5$.

解　应用奇偶分析法.

根据上面的分析可以知道幻和为 15，E＝5. 从而 A＋I＝B＋H＝C＋G＝D＋F＝10，这意味着在所有经过中心(E)的直线两端的数字奇偶性相同. 然后就可以通过枚举的方法确定每个位置上数字的奇偶性(如图 4 所示)

偶	奇	偶
奇	5	奇
偶	奇	偶

图 4

可以看到，如果 4 个角上的偶数被确定下来，那么其余 4 个奇数也就被确定了，所以可以考虑 4 个偶数的填法，利用乘法原理，可知本题共有 8 种填法，具体如下：

2	9	4
7	5	3
6	1	8

2	7	6
9	5	1
4	3	8

8	3	4
1	5	9
6	7	2

8	1	6
3	5	7

4	9	2
3	5	7
8	1	6

4	3	8
9	5	1
2	7	6

6	7	2
1	5	9
8	3	4

6	1	8
7	5	3
2	9	4

此题还可进一步扩展到将 1～25 填入到 5×5 的方格表内，使每一行、每一列及两条对角线上的 5 个数字之和都相等.

2）数阵（方阵）

例 2　在育才小学的运动会上，进行体操表演的同学排成方阵，每行 22 人，参加体操表演的同学一共有多少人？

解
$$22\times 22=484(\text{人})$$

答　参加体操表演的同学一共有 484 人.

例 3　有一个 3 层中空方阵，最外边一层每边有 10 人，求全方阵的人数.

解
$$(10-3)\times 3\times 4=84(\text{人})$$

答　全方阵有 84 人.

例 4　有一队学生，排成一个中空方阵，最外层人数是 52 人，最内层人数是 28 人，这队学生共多少人？

解　(1) 中空方阵外层每边人数 $=52\div 4+1=14$(人).

(2) 中空方阵内层每边人数 $=28\div 4-1=6$(人).

(3) 中空方阵的总人数 $=14\times 14-6\times 6=160$(人).

答　这队学生共 160 人.

例 5　一堆棋子，排列成正方形，多余 4 个棋子. 若正方形纵横两个方向各增加一层，则缺少 9 个棋子，问有棋子多少个？

解　(1) 纵横方向各增加一层所需棋子数 $=4+9=13$(个).

(2) 纵横增加一层后正方形每边棋子数 $=(13+1)\div 2=7$(个).

(3) 原有棋子数 $=7\times 7-9=40$(个).

答　棋子有 40 个.

例 6　有一个三角形树林，顶点上有 1 棵树，以下每排的树都比前一排多 1 棵，最下面一排有 5 棵树．这个树林一共有多少棵树？

解　方法一：1＋2＋3＋4＋5＝15(棵)．

方法二：(5＋1)×5÷2＝15(棵)．

答　这个树林一共有 15 棵树．

3. 思考与练习

(1) 在九宫格的第一行、第三列的位置上填 5，第二行、第一列的位置上填 6，如图 5 所示，请你在其他方格中填上适当的数，使九宫格的横、纵、斜三个方向的 3 个数之和均为 27.

		5
6		

图 5

(2) 用 3～18 这 16 个数编排一个四阶幻方.

图 6

(3) 把 1～8 这 8 个数填入图 7 的方格内，使正方形每边上的加、减、乘、除都成立.

	−		＝	
÷				＋
＝				＝
	×		＝	

图 7

项目五习题
参考答案

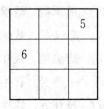

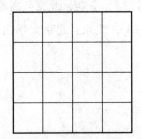

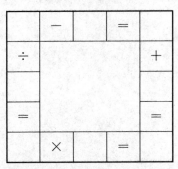

参 考 文 献

[1] 郭立焕，汤琴芳. 线性代数[M]. 北京：科学技术文献出版社，1988.

[2] 潘承洞，潘承彪. 简明数论[M]. 北京：北京大学出版社，1998.

[3] 李文林. 数学史教程[M]. 北京：高等教育出版社，2000.

[4] 唐忠明，戴桂生. 高等代数[M]. 南京：南京大学出版社，2000.

[5] 王萼芳，石生明. 高等代数[M]. 3 版. 北京：高等教育出版社，2003.

[6] 杨桂元. 线性代数[M]. 成都：电子科技大学出版社，2004.

[7] 张禾瑞，郝炳. 新编高等代数[M]. 5 版. 北京：高等教育出版社，2007.

[8] 蓝以中. 高等代数学习指南[M]. 北京：北京大学出版社，2007.